西北旱区生态水利学术著作丛书

西北旱区多泥沙河库水沙数值模拟及调控研究

王新宏 吴 巍 周孝德 著

U0389168

科学出版社

北京

内 容 简 介

本书针对我国西北干旱地区水资源短缺及时空分布不均、水土流失严重导致的河库含沙量高等问题，面向推进生态文明建设和构筑生态安全屏障、保障生态安全的国家需求，从发挥河库生态系统服务功能的视角出发，以水沙科学技术领域内"泥沙运动过程模拟及水沙调控"这一关键科学问题为突破点，紧密围绕"多泥沙"核心要素，兼顾理论研究与实际应用，透过对多泥沙河库水沙运动机理的分析，从不同空间尺度出发，构建基于多泥沙河库挟沙水流特性的泥沙冲淤预测模型。并以此为基础，耦合水沙资源多目标优化配置模型，形成多泥沙河库水沙联合调控技术支撑模式，为西北旱区多泥沙河库水沙调控综合体系的建设提供理论依据与技术支撑。

本书可供泥沙运动力学、水力学及河流动力学、水文与水资源工程、河流生态学、河流地貌学等专业的研究人员和高校师生使用，也可供从事河库治理和规划、设计、管理的工程技术人员参考。

图书在版编目（CIP）数据

西北旱区多泥沙河库水沙数值模拟及调控研究 / 王新宏，吴巍，周孝德著. —北京：科学出版社，2018.12
（西北旱区生态水利学术著作丛书）
ISBN 978-7-03-059368-9

Ⅰ. ①西… Ⅱ. ①王…②吴…③周… Ⅲ. ①干旱区-水库泥沙-数值模拟-研究-西北地区 Ⅳ. ①TV145

中国版本图书馆 CIP 数据核字(2018)第 251662 号

责任编辑：祝 洁 徐世钊 / 责任校对：郭瑞芝
责任印制：张克忠 / 封面设计：谜底书装

科学出版社 出版

北京东黄城根北街 16 号
邮政编码：100717
http://www.sciencep.com

北京通州皇家印刷厂 印刷
科学出版社发行 各地新华书店经销

*

2018 年 12 月第 一 版 开本：720×1000 B5
2018 年 12 月第一次印刷 印张：15 1/4 插页：2
字数：300 000
定价：120.00 元
（如有印装质量问题，我社负责调换）

《西北旱区生态水利学术著作丛书》学术委员会

《西北旱区生态水利学术著作丛书》编写委员会

总　序　一

　　水资源作为人类社会赖以延续发展的重要要素之一，主要来源于以河流、湖库为主的淡水生态系统。这个占据着少于1%地球表面的重要系统虽仅容纳了地球上全部水量的0.01%，但却给全球社会经济发展提供了十分重要的生态服务，尤其是在全球气候变化的背景下，健康的河湖及其完善的生态系统过程是适应气候变化的重要基础，也是人类赖以生存和发展的必要条件。人类在开发利用水资源的同时，对河流上下游的物理性质和生态环境特征均会产生较大影响，从而打乱了维持生态循环的水流过程，改变了河湖及其周边区域的生态环境。如何维持水利工程开发建设与生态环境保护之间的友好互动，构建生态友好的水利工程技术体系，成为传统水利工程发展与突破的关键。

　　构建生态友好的水利工程技术体系，强调的是水利工程与生态工程之间的交叉融合，由此生态水利工程的概念应运而生，这一概念的提出是新时期社会经济可持续发展对传统水利工程的必然要求，是水利工程发展史上的一次飞跃。作为我国水利科学的国家级科研平台，西北旱区生态水利工程省部共建国家重点实验室培育基地(西安理工大学)是以生态水利为研究主旨的科研平台。该平台立足我国西北旱区，开展旱区生态水利工程领域内基础问题与应用基础研究，解决若干旱区生态水利领域内的关键科学技术问题，已成为我国西北地区生态水利工程领域高水平研究人才聚集和高层次人才培养的重要基地。

　　《西北旱区生态水利学术著作丛书》作为重点实验室相关研究人员近年来在生态水利研究领域内代表性成果的凝炼集成，广泛深入地探讨了西北旱区水利工程建设与生态环境保护之间的关系与作用机理，丰富了生态水利工程学科理论体系，具有较强的学术性和实用性，是生态水利工程领域内重要的学术文献。丛书的编纂出版，既是对重点实验室研究成果的总结，又对今后西北旱区生态水利工程的建设、科学管理和高效利用具有重要的指导意义，为西北旱区生态环境保护、水资源开发利用及社会经济可持续发展中亟待解决的技术及政策制定提供了重要的科技支撑。

中国科学院院士　王光谦

2016 年 9 月

总 序 二

近50年来全球气候变化及人类活动的加剧，影响了水循环诸要素的时空分布特征，增加了极端水文事件发生的概率，引发了一系列社会-环境-生态问题，如洪涝、干旱灾害频繁，水土流失加剧，生态环境恶化等。这些问题对于我国生态本底本就脆弱的西北地区而言更为严重，干旱缺水(水少)、洪涝灾害(水多)、水环境恶化(水脏)等严重影响着西部地区的区域发展，制约着西部地区作为"一带一路"桥头堡作用的发挥。

西部大开发水利要先行，开展以水为核心的水资源-水环境-水生态演变的多过程研究，揭示水利工程开发对区域生态环境影响的作用机理，提出水利工程开发的生态约束阈值及减缓措施，发展适用于我国西北旱区河流、湖库生态环境保护的理论与技术体系，确保区域生态系统健康及生态安全，既是水资源开发利用与环境规划管理范畴内的核心问题，又是实现我国西部地区社会经济、资源与环境协调发展的现实需求，同时也是对"把生态文明建设放在突出地位"重要指导思路的响应。

在此背景下，作为我国西部地区水利学科的重要科研基地，西北旱区生态水利工程省部共建国家重点实验室培育基地(西安理工大学)依托其在水利及生态环境保护方面的学科优势，汇集近年来主要研究成果，组织编纂了《西北旱区生态水利学术著作丛书》。该丛书兼顾理论基础研究与工程实际应用，对相关领域专业技术人员的工作起到了启发和引领作用，对丰富生态水利工程学科内涵、推动生态水利工程领域的科技创新具有重要指导意义。

在发展水利事业的同时，保护好生态环境，是历史赋予我们的重任。生态水利工程作为一个新的交叉学科，相关研究尚处于起步阶段，期望以此丛书的出版为契机，促使更多的年轻学者发挥其聪明才智，为生态水利工程学科的完善、提升做出自己应有的贡献。

中国工程院院士

2016 年 9 月

总　序　三

　　我国西北干旱地区地域辽阔、自然条件复杂、气候条件差异显著、地貌类型多样，是生态环境最为脆弱的区域。20世纪80年代以来，随着经济的快速发展，生态环境承载负荷加大，遭受的破坏亦日趋严重，由此导致各类自然灾害呈现分布渐广、频次显增、危害趋重的发展态势。生态环境问题已成为制约西北旱区社会经济可持续发展的主要因素之一。

　　水是生态环境存在与发展的基础，以水为核心的生态问题是环境变化的主要原因。西北干旱生态脆弱区由于地理条件特殊，资源性缺水及其时空分布不均的问题同时存在，加之水土流失严重导致水体含沙量高，对种类繁多的污染物具有显著的吸附作用。多重矛盾的叠加，使得西北旱区面临的水问题更为突出，急需在相关理论、方法及技术上有所突破。

　　长期以来，在解决如上述水问题方面，通常是从传统水利工程的逻辑出发，以人类自身的需求为中心，忽略甚至破坏了原有生态系统的固有服务功能，对环境造成了不可逆的损伤。老子曰"人法地，地法天，天法道，道法自然"，水利工程的发展绝不应仅是工程理论及技术的突破与创新，而应调整以人为中心的思维与态度，遵循顺其自然而成其所以然之规律，实现由传统水利向以生态水利为代表的现代水利、可持续发展水利的转变。

　　西北旱区生态水利工程省部共建国家重点实验室培育基地(西安理工大学)从其自身建设实践出发，立足于西北旱区，围绕旱区生态水文、旱区水土资源利用、旱区环境水利及旱区生态水工程四个主旨研究方向，历时两年筹备，组织编纂了《西北旱区生态水利学术著作丛书》。

　　该丛书面向推进生态文明建设和构筑生态安全屏障、保障生态安全的国家需求，瞄准生态水利工程学科前沿，集成了重点实验室相关研究人员近年来在生态水利研究领域内取得的主要成果。这些成果既关注科学问题的辨识、机理的阐述，又不失在工程实践应用中的推广，对推动我国生态水利工程领域的科技创新，服务区域社会经济与生态环境保护协调发展具有重要的意义。

中国工程院院士

2016 年 9 月

前　言

我国西北地区地域辽阔、自然地理条件特殊，涉及黄土高原、黄河中上游、荒漠及荒漠化地区、农牧交错带、矿产开采区等，几乎囊括了所有备受关注的典型脆弱生态区域。水资源作为生态脆弱区社会经济、生态环境存续发展的基础与核心，在西北旱区面临资源总量少、时空分布不均以及水体含沙量高等问题。为改善此状况，采用工程技术手段，如河道整治、引调水工程及库坝工程等，基于区域生态安全保障调节水资源的时空分布是有效途径之一。但在西北多泥沙河流进行涉水工程建设，不容忽视的一个因素即为"泥沙"。以库坝工程为例，在多泥沙河流上兴建水库，拦河筑坝导致入库水流流速减小，挟沙能力降低，泥沙不断落淤于库内，如不进行有效调控，势必带来严重的淤积问题，影响工程兴利效益发挥的同时，导致水沙过程变异，对区域生态环境也会造成不可估量的影响。

水沙联合调控是目前解决多泥沙河库用水兴利、排沙减淤及维持生态系统健康之间矛盾冲突的有效手段。它一方面从水量平衡角度出发，对径流过程进行调节；另一方面兼顾"多泥沙"特性，对泥沙过程从数量、时程分配和级配等方面重新安排，进行泥沙调度。水沙联合调控是一个泥沙基础理论研究与工程泥沙实践应用紧密结合的课题。本书相关工作即以此为切入点，立足我国西北地区广泛分布的多泥沙河库，围绕"多泥沙"这一核心，遵循"规律分析—过程模拟—技术调控"的总体思路，在分析挟沙水流特性、构建泥沙冲淤数学模型及水沙资源多目标配置模型的基础上，形成适用于多泥沙河库的水沙联合调控技术支撑模式，将其应用于实际工程进行实效检验，丰富并完善了多泥沙条件下的河库水沙调控理论与技术，为西北旱区多泥沙河库水沙联合调控体系的构建提供了科学的理论指导和先进的技术手段，满足了国家在生态文明建设层面的重大需求。

目前，本书相关研究取得的主要成果已广泛应用于我国西北旱区多泥沙河库的综合治理、规划建设及运行管理中，尤其在陕西省关中地区渭河流域及陕北黄土丘陵沟壑区等典型多泥沙区域。本书相关研究获得的结论已成为设计规划部门、政府决策部门的重要技术依据。例如，黄河三门峡水库、小浪底水库以及陕西省"十二五"十大重点水利工程中的渭河陕西段综合治理工程、陕北黄河引水工程、榆林王圪堵水库、延安南沟门水库、咸阳亭口水库等，均采用了本书提出的相关技术，为协调多泥沙河库用水兴利、排沙减淤及生态安全三者之间的矛盾提供了重要的技术支撑，对保障区域生态系统健康及社会经济的可持续发展，具有重要的实践价值和指导意义。

本书主要内容是作者及研究团队十余载的研究成果，撰写成书是对过往理论与技术的梳理总结，更为重要的是在总结经验的同时为后续研究奠定基础，进一步推动成果在工程实践中的应用。全书共9章，第1、9章由王新宏、吴巍、周孝德共同撰写；第3、8章由王新宏撰写；第2章及第4～7章由吴巍撰写，全书由吴巍统稿、王新宏审定。课题组成员郭梦京、袁博、任雷、朱来福、龚立尧、杨露、眭红艳、魏英建、刘文波、徐雪婷、孙丽诗、黄亚琦等不仅参与了部分研究工作，在本书撰写过程中，还承担了大量资料收集、整编以及插图绘制、书稿整理工作，在此表示谢意。同时，西北旱区生态水利国家重点实验室在组织管理层面也给予了诸多支持与保障，在此一并表示感谢。

本书得到国家自然科学基金重大研究计划重点支持项目（91747206）、陕西省水利科技项目（2017slkj-13、2017slkj-18）、陕西省科技统筹创新工程重点实验室项目（2013SZS02-P01）、高等学校博士学科点专项科研基金（20136118120022）的资助，在此致以诚挚谢意。

本书撰写过程中，作者始终注重基础理论与实践应用的充分结合，但鉴于河流水沙问题的复杂性，加之作者研究水平有限，书中难免存在不足之处，恳请广大读者批评指正。

作　者

2018 年 5 月 9 日

目 录

第1章 绪　　论

1.1　研究背景和意义

1.1.1　研究背景

我国河流纵横交错、数量众多，诸如兴修水利、江河整治等涉水事务一直与中华民族的兴衰息息相关。从某种意义上来讲，中华民族五千年的文明史就是一部治水史，历代统治者皆将其视为治国安邦的大计，从古代的都江堰，到近代的关中八惠，及现代的三峡工程等无不佐证着这一点。据统计，我国有近 50000 条河流流域面积超过 $100km^2$，有 1500 余条超过 $1000km^2$，有 79 条超过 $10000km^2$。这些河流普遍具有两个显著的特征：①水资源时空分布极不均匀，空间上地区分布不均衡，南多北少，时间上径流量年内及年际变化大，夏季丰水、冬季枯水；②多数河流挟带大量泥沙，含沙量偏高，尤其是西北、华北地区的一些河流，由于流域水土流失严重导致大量泥沙被挟带到河流中，形成多泥沙河流，其中尤以黄河为甚，其干流最高含沙量达 $920kg/m^3$，多年平均含沙量近 $35kg/m^3$，堪称世界含沙量最大的河流。

基于上述特征，同时考虑到我国工业化、城市化进程的不断推进，对水资源的需求强劲上涨，水资源的供需矛盾也日益凸显。为合理开发水资源，改善水资源相对短缺、利用不足的现状，亟须调节水资源的时空分布，而其中一个重要的手段是修建水库，以此满足供水、灌溉、发电及防洪等目标需求。但我国河流含沙量普遍较高，针对我国河流的特性，将河流按含沙量大小划分为多泥沙河流、次多泥沙河流及中泥沙河流三种类型（胡明罡，2004）。其中，多年平均含沙量大于 $5.0kg/m^3$ 的河流称为多泥沙河流（高含沙量河流），多年平均含沙量为 $1.5\sim5.0kg/m^3$ 的称为次多泥沙河流（大含沙量河流），多年平均含沙量为 $0.4\sim1.5kg/m^3$ 的称为中泥沙河流（中度含沙量河流）。在多泥沙河流上兴建水库，由于拦河筑坝导致入库水流流速减小，挟沙能力降低，泥沙不断落淤于库内，如不采取相应措施，予以足够重视，势必带来较清水或少泥沙河流水库更为严重的淤积问题，由此造成诸多不利影响。

水库泥沙淤积是一个全球性的问题。表 1.1 给出了全球主要大型水库的地域分布及其泥沙淤积情况，可以看出，在全球范围内水库淤积现象普遍存在，全世界每年库容平均淤损率为 0.5%～1.0%，经计算每年损失库容为 316.25 亿～632.50 亿 m^3。

就我国而言，每年库容平均淤损率达到 2.3%，为世界平均水平的 2.3~4.6 倍，每年损失库容约 117 亿 m³，占全球库容淤损量的 19%~37%。据统计，截至 2007 年底，我国已建成各类水库 8.5 万座，总库容达 6345 亿 m³。若保持此规模并以淤损率来估算，在 50~60 年以后，我国境内水库将全部因泥沙淤积问题而丧失功效，濒临报废。换言之，每年需新建库容 1.2 亿 m³ 左右的水库 100 座方可维持当前的库容规模，满足各方用水需求。而由此带来的建设费用每年近 228 亿元，占 2009 年我国全年水利总投资的 16%，且未考虑新建水库带来的生态、环境及社会等诸多问题。

表 1.1 全球主要大型水库的地域分布及其泥沙淤积情况

地区或国家	大型水库数量/座	库容/亿 m³	总装机容量/GW	库容平均淤损率/%
欧洲	5497	10830	170	0.17~0.2
北美洲（不含中美洲）	7205	18450	140	0.2
中、南美洲	1498	10390	120	0.1
北非	280	1880	4.5	0.08~1.5
撒哈拉沙漠	966	5750	16	0.23
中东	895	2240	14.5	1.5
亚洲（不含中国）	7230	8610	145	0.3~1.0
中国	22000	5100	65	2.3
全球	45571	63250	675	0.5~1.0

注：表中数据源于 Palmieri 等，2010。

黄河作为多泥沙河流的典型代表，1990~1992 年曾在全流域进行过一次水库泥沙淤积调查。调查显示，截至 1989 年，黄河流域共有小（Ⅰ）型以上水库 601 座，总库容 522.5 亿 m³。其中，干流水库 8 座，总库容 412.8 亿 m³；支流水库总库容 109.7 亿 m³。已淤损库容 109.0 亿 m³，占总库容的 21%；干流水库淤积 79.9 亿 m³，占其总库容的 19%；支流水库淤积 29.1 亿 m³，占其总库容的 26%（韩其为等，2003）。再观测 20 世纪 90 年代以来新建水库泥沙淤积情况，其中以黄河干流小浪底水库所面临的问题最为复杂。小浪底水库是黄河治理开发整体规划中的关键工程，在黄河治理开发的总体布局中具有重要的战略地位，水库主体工程于 1994 年 9 月开工建设，1997 年 10 月截流，1999 年 10 月下闸蓄水，2000 年 5 月正式投入运用。截至 2016 年 10 月已运用近 17 年，库区淤积泥沙 32.6 亿 m³，占其原始库容的 25.5%，历年水库淤积情况详见表 1.2。

表 1.2 黄河干流小浪底水库泥沙淤积情况

运用时间	275m 高程以下库容/亿 m³	累计淤积量/亿 m³	库容损失程度/%
1997.10	127.5（原始库容）	—	—
2000.11	123.3	4.2	3.3

续表

运用时间	275m 高程以下库容/亿 m³	累计淤积量/亿 m³	库容损失程度/%
2001.12	120.4	7.2	5.6
2002.10	118.3	9.3	7.2
2003.10	113.4	14.2	11.1
2004.10	112.2	15.3	12.0
2005.11	109.3	18.2	14.3
2006.10	105.9	21.7	16.9
2007.10	103.6	24.0	18.7
2008.10	103.4	24.2	18.9
2009.10	101.6	25.9	20.3
2010.10	99.2	26.4	22.2
2011.10	101.3	26.3	20.6
2012.10	100.0	27.6	21.6
2013.10	97.1	30.5	23.8
2014.10	96.7	30.9	24.1
2015.10	96.3	31.3	24.5
2016.10	95.0	32.6	25.5

注：表中数据源于中华人民共和国水利部编著的《中国河流泥沙公报》(2000～2016)。

建于多泥沙河流上的水库备受淤积问题的困扰，由此给诸多方面带来不利影响（吴腾等，2010；姜乃森等，1997；陕西省水利科学研究所河渠研究室等，1979）。在兴利方面，库容是水库除害兴利的基础，泥沙淤积将导致库容消减，不仅在洪水期使水库调蓄能力受到限制，难以有效削峰滞洪，影响防洪安全，而且由于没有足够的库容在丰水期"蓄盈"，致使枯水期无法"补缺"，制约了各种兴利目标的实现。水库淤积还会威胁水工建筑物及相关设施的安全运行，坝前泥沙淤积过高将导致泥沙压力增大，这对大坝的稳定性是不利的。此外在建有电站的水库，泥沙淤积到一定程度后，会使粗颗粒泥沙进入水轮机，引起过水部件发生磨损。在生态方面，多泥沙河库冲淤变化剧烈，淤积量大，导致水库淤积发展及回水末端不断上延，不仅扩大了淹没浸没范围，引起水库周边地下水位抬升，出现土地盐碱化和沼泽化，危及区域生态安全，而且库尾的"翘尾巴"淤积现象，也给库区上游地区带来新的防洪压力。多泥沙河库由于悬移质泥沙含量大，水中溶解氧含量发生变化，可能影响水生生物的正常生长。多泥沙河库蓄水拦沙造成库区淤积的同时也使下泄水沙过程发生显著改变，泥沙淤积在库内，下泄沙量减少，导致下游河道产生剧烈变化和调整，总的趋势是使下游河道发生冲刷。尤其在冲刷初期，河床调整十分剧烈，堤岸防护工程的布局与变化的水沙条件不相适应，增加了冲决的风险。与此同时，同流量水位下降，使得下游河道水流更难以漫滩，导致河漫滩连续性和异质性减少，河流栖息地多样性和异质性受到破坏，河流横向连续性受到影响，降低了河流主槽与漫滩之间的物质和能量的交换，使得某类水生动物和鱼类的一些生命过程因为无法在漫滩上自由迁徙而受阻，也使得河岸漫滩水生生态系统向陆地生态系统转化。在环境方面，水库淤积物是各种有机、无机污染物的极有利载体，其中铜、锌、铅等金属元素含量远较库水中的含量高，因此泥沙淤积可能进一步加重库区水体的污染，对水质影响很大。

水库泥沙淤积在多泥沙河流水库的规划建设及运行管理中是一个不容忽视的问题。为保障水库效益充分发挥，就必须妥善解决泥沙淤积这一难题，而水库库区冲淤变化主要受上游来水来沙及调度运行方式两个因素的影响。其中，上游来水来沙受制于流域产流、产沙情况，与所属流域特性及水土保持状况等相关，在一个相对较短的时间尺度内属于随机性因素，不宜主动掌控；水库调度运行方式则与之不同，在上游来水来沙一定的前提下，水库调度运行方式对水库的淤积形态、淤积时空分布及最终的淤积平衡具有决定作用，而且水库调度运行方式多种多样，其制订主要取决于水库的实际运行要求，属可主动控制性因素（陈建，2007）。

因此，对于多泥沙河流水库而言，水库调度运行方式是决定水库泥沙淤积最重要的因素。合理的水库调度运行方式不仅需要调节径流，还需要调节泥沙，而且从某种意义上来讲，泥沙调节甚至可以称之为多泥沙河流水库调度运行方式制订的控制性因素。这就提出了一个值得深入研究的课题，如何实现多泥沙河流水库径流与泥沙之间的联合调节，使此类型水库既能有效发挥其兴利效益，又不至于因泥沙淤积而损失过多库容。由此便引出了本书研究的主要问题，即多泥沙河流水库水沙联合优化调度的研究及应用。

1.1.2 研究意义

我国西北、华北地区分布着众多以水少沙多、水沙年内分布不均等为主要特征的多泥沙河流，建于此类河流上的水库，普遍采用"蓄清排浑"的调度运行方式，即水库在来沙较多的汛期降低运行水位，采取空库迎洪、滞洪排沙或控制低水位运用利用异重流排沙，而在来沙量较少的非汛期则蓄水兴利。在诸多已建工程中的运用表明，"蓄清排浑"能够使水库泥沙淤积得到有效控制，在很大程度上可以缓解泥沙淤积对水库的压力，但"蓄清排浑"仅是一个基本原则，针对不同水库的具体情况（如水库开发目标定位、入库水沙特性、库区地形特征等），需要进一步细化和调整，为此一项必要且有效的工作就是开展水库的水沙联合调度。通过水沙联合调度，可综合论证、全面分析水库蓄水兴利与排沙减淤之间的关系，剖析两者之间矛盾冲突的实质，求解水库在不同运用方式下蓄水兴利与排沙减淤之间的定量转换关系，使水库在最大限度保障长期有效库容的前提下，也能够最大限度地发挥其综合效益（童思陈等，2006）。同时，其也是为水库管理部门提供科学决策依据的一个重要技术手段，对指导多泥沙河流水库的规划建设及合理运行具有重要的实践价值和指导意义。

从研究方向来看多泥沙河流水库水沙联合调度属水库调度的范畴，但与一般清水或少泥沙河流水库调度相比，其所涉及内容要更为丰富和复杂，除常规水库调度方面的内容外，还要涵盖水库泥沙冲淤计算，而且两方面互为联系、互相影响。究其原因，在于多泥沙河流水库水沙联合调度，不仅要从水量平衡的角度出发，对入库径流过程进行调节，更为重要的是必须考虑泥沙因素（彭杨，2002）。对入库泥沙过程从数量、时程分配和级配三方面重新合理安排，进行泥沙调度，使水库泥沙淤积尽可能控制在一定程度及范围内，正如相关文献中所言"水库泥沙调度是目前我国泥沙淤积控制的主要手段"（朱鉴远，2010）。水库调度与泥沙冲淤计算是基于不同学科原理建立的两个独立系统，两者性质不同、求解模式不同，因此在进行多泥沙河流水库水沙联合调度的研究中，将两者同时引入并有机结合，不仅对实际工程有着重要的现实指导意义，而且在科学研究上也是一个水库泥沙冲淤计算、水库调度多学科交叉结合的课题，具有重要的学术价值和理论意义，值得深入研究。

1.2　国内外研究进展

1.2.1　水库泥沙的研究进展

1. 水沙运动基本理论的研究进展

1）不平衡输沙理论

不平衡输沙理论是相对于平衡输沙理论提出的。平衡输沙理论认为水流实际含沙量与其挟沙能力相当，忽略了冲淤进程中含沙量在时间和空间上的变化需要一个过程这一基本事实。对于泥沙输移以推移质为主的少泥沙河流，由于其含沙量小，河床调整速度快，平衡输沙理论可近似用来描述其水沙运动规律。但对于多泥沙河流，由于其中泥沙输移大部分以悬移运动的形式进行，含沙量大，河床调整速度较慢，影响范围广，若采用平衡输沙理论来描述其水沙运动规律将与实际情况不符，会带来较大误差，为此需引入不平衡输沙理论。

不平衡输沙理论是当前水沙运动基本规律研究领域的重要课题，是构建泥沙冲淤数学模型的理论基础，在生产实践及学术研究方面具有重要价值。该理论最初的体系由我国已故泥沙及河流动力学专家窦国仁（1963）在苏联早期研究成果的基础上提出，其在论著中以潮汐水流中的悬移质泥沙运动为主要研究内容，讨论了潮汐水流中含沙量逐时及沿程变化规律,并提出非恒定流不平衡输沙方程式。在此基础上,我国另一位泥沙与河床演变专家韩其为(1979)对不平衡输沙理论作了进一步完善,深入开展了非均匀悬移质不平衡输沙研究。韩其为的研究全面考虑了含沙量沿程变化、悬移质级配变化以及床沙级配变化三方面内容,给出了恒定条件下一维非均匀流含沙量沿程变化的解析解,以及显著冲刷与显著淤积情况下悬移质级配与床沙级配的变化方程(郭庆超等,2009;王光谦,2007)。为进一步揭示非均匀悬移质不平衡输沙的机理,拓宽其研究领域,何明民等(1990,1989)引入了挟沙能力级配及有效床沙级配两个重要概念,并给出了几种特殊条件下挟沙能力级配及有效床沙级配的计算表达式。刘月兰等(2011)则在此基础之上,利用黄河干支流的实测资料对这两个概念进行了检验计算,表明该研究成果可更好地反映多泥沙河流的输沙特性,为完善多泥沙河流数学模型提供了有力支撑。随着研究的进一步深入,韩其为等(1997a)又将研究视角由一维扩展至二维,较为严格地推导了非均匀悬移质二维不平衡输沙方程和其底部边界条件,进一步充实了不平衡输沙理论。此外,对于非平衡泥沙扩散过程的理论研究,相关学者作了深入细致的分析推导工作(Brown,2008;张启舜,1980;Hjelmfelt et al.,1970),对冲刷过程中含沙量沿程恢复问题和淤积过程中含沙量沿程衰减问题进行了理论分析与论述,得出的结果至今仍有指导意义(王光谦,1999)。

当前不平衡输沙计算中恢复饱和系数的确定是不平衡输沙理论研究的热点问题(王光谦,2007)。韩其为(1979)通过大量的实测资料验算,得出对于河道型水库、湖泊型水库淤积恢复饱和系数可分别近似取 0.25、0.5,冲刷恢复饱和系数则近似取 1。20 世纪 90 年代末,韩其为等(1997b)又依据基于泥沙运动统计理论建立的扩散方程在底部的边界条件,推导出恢复饱和系数的定义与方程,并在某种假定下,给出了恢复饱和系数及相关参数的表达式,得出冲淤平衡条件下恢复饱和系数为 0.02～1.78,平均值约 0.5,与 70 年代末的经验成果一致。Zhou 等(1998)针对非平衡输沙计算中存在的问题进行理论研究,探讨了恢复饱和系数的计算方法,从理论上给出了从三维床面边界条件到天然河道一维泥沙数学模型恢复饱和系数统一的理论和公式。王新宏等(2003)利用概率论的方法,分析了分组沙的恢复饱和系数与混合沙的平均恢复饱和系数之间的关系,并且给出了一个计算分组沙恢复饱和系数的半理论半经验关系式。

2)水流挟沙力

水流挟沙力是指在一定的水流、泥沙及边界条件下,水流所能挟带的最大含沙量(临界含沙量),是反映河床处于冲淤平衡状态时,水流挟带泥沙能力的综合性指标。水流挟沙力是河流泥沙研究中的基础核心问题之一,是涉河工程规划设计中需要确定的重要物理变量,历来为水利泥沙界众多学者所关注。

关于水流挟沙力的理论概括,最早可追溯到两千多年前(西汉末期)张戎从河流泥沙运动理论出发提出的水力刷沙说。张戎抓住黄河致患的症结，明确指出水流与挟沙力之间存在的正比关系，并对水流挟沙能力随流速大小而变化的关系有所认识。1914 年美国学者 Gilbert 通过水槽输沙实验，对水流挟沙能力进行了系统研究。20 世纪 50 年代以前，水流挟沙力进入初步定性探索和经验分析阶段，期间出现了著名的扎马林公式，主要用于渠系挟沙能力的计算问题（江恩惠等，2008）。50 年代到 80 年代初期，出于涉河建筑物规划设计及相关理论研究的需要，国内外众多学者对水流挟沙力开展了大规模研究，水流挟沙能力的研究取得长足进步，主要表现在水流挟沙能力的定量化和许多半理论半经验公式的问世（舒安平等，2008）。其中，最具代表性的公式有 Einstein 公式（Einstein et al.，1953；Einstein，1950），Einstein 在其论著中通过建立河底含沙量与推移质输沙率之间的关联，在求解单宽悬移质输沙率的基础之上分析水流挟沙力；苏联 Velikanov 公式（Velikanov，1958），从重力理论入手，认为浑水在单位时间的能量损失包括两部分，其中一部分用于克服阻力做功，另一部分用于悬浮泥沙做功，据此得出了以断面平均流速、水深以及沉速等为自变量的水流挟沙力公式；美籍华人杨志达从单位水流功率的理论入手，建立了包括沙质推移质的床沙质水流挟沙力公式（Yang et al.，1982；Yang，1976，1973）。张瑞瑾等（2007）在收集整理了大量长江、黄河及若干水库、渠道、水槽实验资料的基础之上，提出了著名的张瑞瑾水流挟沙力公式，至今仍应用广泛；沙玉清（1996）在分析影响水流挟沙力主要因素的基础上，运用多元回归分析的方法得到了另一表达形式的水流挟沙力公式。

由于理论本身的不完善及采用资料的局限，上述公式普遍仅适用于少泥沙河流，对于多泥沙河流则存在较大误差。自 20 世纪 80 年代中期以来，挟沙能力的研究进入了一个新的发展阶段，许多学者将一般水流挟沙力公式向高含沙水流范围进行了扩展，这些公式均能在某种程度上反映出高含沙水流挟沙力与水流携带泥沙数量和颗粒粒径组成之间的相互关系。其中比较有代表性的公式有曹如轩公式，该公式认为水流含沙量的变化将直接影响水流挟沙能力的大小，改变了以往水流挟沙力计算不考虑含沙量影响的状况（曹如轩，1987）；还有张红武公式，该公式引入了床沙中值粒径，使计算精度及对不同河床条件的适应性有所提高，在黄河流域应用较广（张红武等，1992）。

此外，随着平面二维水沙数学模型日趋广泛的应用，一维水流挟沙力的成果已不能满足模型计算的需要，但是由于对平面二维挟沙水流的运动规律还缺乏深入研究，使得该问题的研究成果甚少。目前，平面二维水流挟沙力的研究成果以李义天公式最为典型，可称为该领域的开拓性成果（李义天等，2001）。

3）动床阻力

动床阻力与河流、水库的泄流能力和输沙能力密切相关，是河流动力学研究领域及工程泥沙应用领域的核心问题之一，它反映水流对河床作用的大小，决定泥沙运动的强度，是挟沙水流运动特性的重要体现，有着重要的理论研究意义和工程实用价值（侯志军等，2008）。长期以来，国内外众多水利、泥沙界学者对这一课题开展过大量专门研究。

动床阻力根据其形成机理可以分为沿程阻力和局部阻力。其中，沿程阻力取决于河床表面状况（床沙组成及床面形态）、岸壁状况等，可以进一步细分为床面阻力，包括河床泥沙颗粒表面对水流产生的沙粒阻力和不同沙波床面形态产生的沙波阻力，以及岸壁阻力；局部阻力则主要由河势或边界突变引起（邵学军等，2008；邓安军等，2007）。对于天然河流及水库的动床阻力问题，由于床面阻力在总阻力中所占比例较大，且其随水流、床沙条件及相应的床面形态而变化，规律比较复杂，国内外研究成果较多，其计算方法目前主要有分解合成法及综合阻力法两种（黄才安，2004；黄才安等，2002）。

分解合成法，顾名思义是将床面阻力分解为沙粒阻力及沙波阻力分别来计算。这一方法最早由 Einstein 等于 1952 年提出，其原理与 Einstein 划分床面阻力及岸壁阻力的水力半径分割法相类似，即将表征床面阻力的 Darcy-Weisbach 阻力系数进行分解叠加，并给出沙波 Darcy-Weisbach 阻力系数与沙粒剪切应力之间的函数关系，这一开创性观点对推动动床阻力的研究具有重要意义。此后，遵循这一基本研究思路，Engelund（1966）将沙粒阻力和沙波阻力引起的剪切应力进行分解叠加，并通过实验及实测资料分析归纳出床面剪切应力与沙粒剪切应力之间的经验关系；Alam 等（1969）同样将 Darcy-Weisbach 阻力系数进行分解叠加；van Rijn（1984a，1984b，1984c）将床面粗糙突起高度进行分解叠加。在国内也有诸多适用范围较广、预报精度较高的动床阻力计算公式，如王士强公式、喻国良公式等（喻国良等，1999；王士强，1993；Wang et al.，1993）。

综合阻力法，即在研究动床阻力时不区分沙粒阻力、沙波阻力等，而是直接研究总阻力的变化，相对分解合成法而言，该方法计算较简洁，实用性较强。在天然河流及水库的应用中，综合阻力系数主要有三种计算途径，一是根据床面特征计算糙率系数的指数形式公式，如张有龄等得出的天然动床河流糙率计算公式，该公式主要适用于少泥沙河流，对于多泥沙河流而言，由于含沙量对阻力的影响，加之泥沙颗粒较细，沙粒阻力所占比例很小，其并不适用（钱宁等，1983）；二是根据实测资料，并考虑影响阻力系数的诸多因子而建立的经验公式，此类公式中比较典型的是赵连军等（1997）基于黄河流域水沙实测资料而建立的糙率公式，在类似黄河的多泥沙河流应用较广；三是水力要素法，即根据具体河流的实测资料率定阻力系数与某水力要素之间的关系曲线，在计算时根据该曲线插值求得相应的阻力系数，该方法对床沙较粗的少泥沙河流来说实际应用效果良好，但对床沙较细且变幅较小的多泥沙河流来说误差较大。

2. 水库泥沙冲淤模拟技术的研究进展

在多泥沙河流水库的规划、设计、运行及维护过程中，对工程兴建前后或不同运行阶段的库区河床冲淤演变过程及水沙运动过程进行定性分析及定量预测是一项必须充分重视的工作。目前，针对水库泥沙冲淤这一问题，水库（河流）泥沙模拟技术作为主要研究手段得到了迅猛发展，取得了诸多无论在理论研究还是工程实践中均有重要意义的成果。水库（河流）泥沙模拟通常有三种技术途径来实现，即类比模型、物理模型与数学模型，三种途径各有所长，既相互独立，又相辅相成，互为补充验证。

1）类比模型

类比模型，顾名思义是将类比水库（河流）的水沙特性、水库调节性能和泥沙调度方式等与所研究水库（河流）的相似性进行对比分析，掌握河床演变、水沙运动规律及其主要影响因素，据此推断所研究水库（河流）可能发生的冲淤变化，从而定性或半定量确定河床冲淤演变及水沙运动的规律。该模型主要适用于无资料、少资料或资料获取难度较大的水库（河流），尤其对于一些正处于规划设计阶段的水库工程，通过与类似已建工程的对比，可以探寻其中的内在规律，对后续工作推进起到一定的指导作用。但该模型天然地存在一个不足，即可靠性较差，模拟成果的合理性与类比对象的选择直接密切相关。该类模型应用较为成功的例子是 1986 年韩其为采用调查研究的技术手段，就新安江、西津、黄龙滩及丹江口四水库的泥沙冲淤、河势及变动回水区航道内存在的问题进行分析，进而以此揭示三峡水库建成后变动回水区航道可能出现的问题及其成因，同时根据三峡水库的特点，对该问题进行了估计。

2）物理模型

物理模型即实体模型，在水库（河流）泥沙冲淤研究范畴内通常被称为河工模型。其主要是根据水流和泥沙运动的力学规律，以相似理论为基础，通过复制与原型相似的周界条件和动力学条件，模拟水库（河流）原型，进而反演自然现象，揭示河床演变和水沙运动的客观规律（谢鉴衡，1990）。物理模型具有可模拟复杂三维水沙运动的优势，但所需人力、物力及费用等较多，周期也相对较长。根据所研究问题侧重点的不同，河工模型可分为定床模型和动床模型。其中，定床模型一般采用水泥砂浆塑造河床形态，模型水流为清水，河床在水流作用下不发生变形，适用于模拟河床冲淤变化不显著或虽有变化但对所研究的对象影响不大以及河床演变初期为单向淤积，以后有冲有淤，但冲刷达不到原河床的情况；动床模型一般采用铺设模型沙塑造河床形态，模型水流挟带泥沙，且周界在挟沙水流作用下可动，适用于模拟河床冲淤变化较大，同时这种冲淤变化及挟沙水流运动对所研究对象影响较大的情况。对于多泥沙河流水库河床冲淤演变及水沙运动的模拟，通常采用动床模型。此外，从模型是否严格遵循相似准则的角度，河工模型又分为正态模型和变态模型。其中，正态模型的设计严格遵循相似基本准则，对于Ⅰ级及以上重要水工建筑物或其他重要工程，且主要研究水流结构局部变化、泥沙冲淤对整体工程的影响等宜采用该类模型；变态模型则是由于某些条件的限制，模型设计无法严格遵循相似基本准则，不得不将某些本应遵守的相似条件，人为使其产生一定偏差，如为使模型平面尺度不至过大，深度不至太小，往往将水平比尺与垂直比尺分别取值，称为几何变态，同时还有密度变态、时间变态等。

物理模型的实际应用始于 1870 年 Froude 进行的船舶模型试验，距今已有140 余年的历史。通过试验，Froude 提出了著名的弗劳德相似律（毛野等，2003）。1885 年 Reynolds 运用弗劳德相似律进行了 Mersey 河模型试验（张红武等，2001），至此正式掀开了河工模型用于河流（水库）河床冲淤演变及水沙运动模拟的历史，距今已有超过 130 年的历史。此后，1913 年德国水利科学家 Engels 在德国德累斯顿建立了第一个大比尺河工模型试验，初步实践了河工模型试验在解决实际工程问题中的应用。在弗劳德相似律提出约半个世纪之后，Backingham 于 1914 年提出了用于求一般相似准则的 π 定理，为物理模型相似理论的进一步发展奠定了基础，将物理模型的理论基础向前推进了一步。

我国在河工模型试验方面与西方国家相比起步较晚，至 20 世纪 50 年代初期，才在引入苏联方程分析法及 Einstein 模型相似律的基础上，针对我国河流模拟技术发展的要求，开展了河工模型试验相关理论及模拟技术的研究（胡春宏等，2006），主要包括模型相似理论、模型设计等方面。在模型相似理论方面，1953 年留德学者郑兆珍引入西方近代河工模型相似理论，提出了较系统的悬移质泥沙模型相似律（张红武，2001；张俊华等，2000）。1958 年，李保如以黄河下游游荡性河段为研究对象开展了挟沙水流模型相似律的研究（李保如，1991）。1966 年，李昌华提出了河床冲淤相似必须满足输沙量沿程变化相似的原则，并开创了引用含沙量沿程变化方程分析悬沙相似条件的先河。70 年代，屈孟浩根据黄河的水沙特点及边界条件，形成了以底沙及悬沙运动相似条件为其主要特点的黄河动床泥沙模型相似律（屈孟浩，1981）。1977 年，窦国仁提出了包含输沙相似条件、输沙量连续条件相似条件、泥沙沉降相似条件、异重流发生相似条件以及泥沙起动、扬动相似条件在内的全沙模型相似律，并将其运用到了葛洲坝水库坝址区泥沙模型设计中（窦国仁，1978）。针对类似黄河的多泥沙河流，张红武等自 1988 年以来就动床河工模型的相似条件展开了系统研究，并得出了一套相对成熟完善的模型相似律。在水流运动方面，包括重力相似条件、阻力相似条件及对于水深和雷诺数的限制条件；在泥沙运动相似方面，除满足水流挟沙相似条件、泥沙起动及扬动相似条件外，还需满足泥沙悬移相似条件、河床冲淤变形相似条件（张俊华等，2001）。在模型设计方面，主要集中于对变态模型变率问题的研究。对此，谢鉴衡（1990）曾在其论著中进行过系统论述，此后诸多学者作了进一步研究。例如，朱鹏程（1986）讨论了变态动床河工模型试验中，由于变率引起争议的几个重要问题；陈德明等（1998）就模型变态的必要性、模型变态对水流泥沙运动的影响、变率允许值的确定方案等进行了论述；虞邦义（2000）指出几何变态对不同河型的水流运动影响程度不同，对推移质和悬移质泥沙运动的影响也不同，在实际应用中应根据实际情况选择合适的几何变率，此外对于时间变率应严格控制；姚文艺等（2002）基于能量守恒原理及水动力学理论，研究了多泥沙河流河工动床模型人工转折的设计原理、原则及方法，并将其应用到了黄河下游河道河工动床模型；窦希萍等（2007）论述了采用系列概化物理模型试验研究潮流和潮流、波浪共同作用下的模型变率影响问题，给出了进行潮流、波浪和泥沙物理模型的变率限制条件。

3）数学模型

数学模型是指利用数学的概念、方法和理论来定性描述或定量刻画水库（河流）河床冲淤演变及水沙运动的物理过程，进而为解决某些实际工程问题提供可靠技术支撑的方法，具有费用少、周期短及适应性强的优势，是目前研究水库泥沙问题的重要手段之一。根据模型构建采用方法的不同，数学模型可以分为水文学模型、水动力学模型、水文水动力学模型以及现代技术模型四类（钱意颖等，1998）。

（1）水文学模型。该模型是以水沙运动的基础理论为指导，从大量实测水文资料出发，通过对资料的统计分析，探求水库泥沙冲淤演变及水沙运动规律，进而建立具有一定物理意义，且适用于水库泥沙冲淤计算的经验关系，并据此关系确定相应经验参数或指数，可用于对水库冲淤演变进行定量预测。该类模型在水库泥沙研究及应用领域具有悠久历史，至今仍被广泛使用，但鉴于水沙运动的复杂性，水文学模型经验半经验性较强的特点，决定了其在实际应用中的广度和深度将受到很大限制。目前，此类模型中可靠性较高，较容易掌握和使用，且经过广泛生产应用的典型代表主要有，张启舜等（1982）针对多泥沙河流水库短时间内冲淤幅度大，河床形态变化与水库排沙紧密相关的特点，广泛利用国内外水库实测资料，建立的壅水情况下水库排沙量与壅水程度的经验关系式、冲刷及淤积条件下的挟沙力关系式，并将其成功应用到了三门峡水库冲淤计算中；涂启华等（2006）在分析黄河干、支流水库以及官厅、闹德海、红山等水库实测资料的基础上，建立了考虑参数多少不同的各种实用型水库壅水排沙、敞泄排沙经验计算式，并运用三门峡水库相关资料进行了验证；此外，夏震寰根据三门峡、官厅、青铜峡、巴家嘴、黑松林、汾河等多泥沙河流水库的实测资料建立了壅水排沙和敞泄排沙经验计算式，并据此对三门峡、黑山峡等水库的运用方案进行了分析研究（涂启华等，2006）。

（2）水动力学模型。该模型是借助数学和计算流体力学理论作为支撑，以水流、泥沙运动力学和河床演变基本规律为基础，从质量守恒定律和动量守恒定律出发，导出水流连续方程、水流运动方程、泥沙连续方程、泥沙运动方程以及河床变形方程（谢鉴衡等，1987）作为模型构建的控制方程，再辅以各种经验或半经验方程式封闭这些方程组，并给定相应的定解条件，即可采用适宜的计算方法和正确构造的离散格式来求解控制方程组得到数值解，从而达到模拟实际河床冲淤演变及水沙运动规律的效果（万远扬等，2006）。在水库（河流）泥沙领域，该类模型目前应用最为普遍，发展最为迅猛，是水库泥沙冲淤预测计算的主要手段。根据不同标准，水动力学模型可以被划分为若干种类，其中根据水沙运动在空间上的变化情况可分为一维、二维、三维模型；根据对来水来沙过程处理方法的不同可分为恒定模型和非恒定模型；根据模型水流及泥沙计算之间的联系可分为耦合解模型和非耦合解模型；按照所模拟的泥沙运动状态可分为仅模拟悬移质泥沙运动的悬移质模型、仅模拟推移质泥沙运动的推移质模型以及同时模拟悬移质泥沙和推移质泥沙运动的全沙模型；按照计算含沙量的方法进行分类，可分为平衡输沙模型（饱和输沙模型）和不平衡输沙模型（非饱和输沙模型）。此外，采用模型分类的不同组合也可将水动力学模型划分为若干类，如耦合恒定平衡输沙模型、耦合恒定不平衡输沙模型、耦合非恒定不平衡输沙模型、非耦合恒定平衡输沙模型、非耦合非恒定平衡输沙模型及非耦合非恒定不平衡输沙模型等。

水动力学模型的发展始于 20 世纪 60 年代，70 年代以后逐步成熟，整个发展历程遵循由简单到复杂的原则，按照所研究问题的维数从一、二维模型直至三维模型逐步演进而来。到目前为止，一、二维模型的研究已相对比较成熟，在工程实践中也得到了较好的应用，三维模型的研究尚处于探索阶段，但也已经有了不少成果。

一维模型模拟的是水沙变量沿河长方向的平均值，以断面平均的河床、水流及泥沙因子为研究对象，其基本思路是将计算河段划分成若干小河段，计算各断面的平均水力、泥沙要素以及上下两断面之间的平均冲淤厚度的沿程变化及因时变化情况（徐林春，2004；夏爱平，2003）。主要采用的计算方法是特征线法和有限差分法。一维模型在理论及实践上都比较成熟，国内外使用已很普遍，由于其计算量相对较小，可用于对长距离、长时间系列河道的河床变形做出总体性预测，但其一般只能给出某一河段的冲淤量，无法回答冲淤变化在河段内部沿河宽的分布以及河床细部变形等问题，从而使其解决问题的广度和深度受到很大限制。目前，针对多泥沙河流（水库）比较有代表性的一维模型主要集中于我国的黄河流域。例如，韩其为（2003）建立的一维非均匀不平衡输沙数学模型，对于高含沙和异重流均能较好模拟；王士强等（1995）采用其阻力研究成果，构建了三门峡库区、小浪底库区及黄河下游河道水沙冲淤数学模型；曲少军、张启为等构建了适于模拟黄河中游大型水库库区及下游河道泥沙冲淤过程的数学模型（钱意颖等，1998）；张仁、梁国亭等建立了禹门口至潼关河段的泥沙冲淤数学模型（钱意颖等，1998）；张红艺等（2001）通过修正泥沙运动基本方程，同时采用水流挟沙力、河床糙率、异重流计算等方面的最新研究成果，建立了高含沙水库泥沙数学模型等。此外，在国外也有诸多一维模型成果，如 HEC-6、IALLUVIAL、FLUVIAL 11、GSTARS、CHARIMA、SEDICOUP、EFDC 1D 以及美国陆军工程兵团的 HEC-RAS 模型、丹麦水利研究所的 MIKE11 模型与相关文献（Papanicolaou et al.，2008；Wu et al.，2008；Simpson，2006；Kavvas et al.，2005；Wu et al.，2004；Cao et al.，2002）中所述其他模型等。

　　二维模型可分为平面二维模型和立面（剖面）二维模型，其中平面二维模型以沿水深（垂线）方向平均的水流及泥沙因子作为研究对象，立面（剖面）二维模型以沿宽度方向平均水流及泥沙因子作为研究对象。对于水库（河流）泥沙冲淤模拟以平面二维模型应用更为广泛。与一维模型相比，平面二维模型的优势在于对河床细部冲淤变形的模拟，其采用的计算方法依发展前后主要有有限差分法、有限元法、有限分析法及有限体积法等。平面二维水沙数学模型最早应用于河口、湖泊等大尺度水域的模拟，发展至今，已逐步扩展应用至水库水沙运动的模拟当中，主要应用范围包括库区整体地形冲淤变化、建筑物附近河床变形及回水变动区河道演变等。近年来，随着水沙数学模型研究的不断深入，对于平面二维水沙数学模型的研究国内外已经有了很多报道。欧美国家二维模型的发展较早，数量也较多，早期的有 1982 年的 SERATRA，1985 年的 SUTRENCH-2D，1985 年美国陆军工程兵团水道试验站的 TABS-2，1990 年 Spasojevic 等的 MOBED2 等；近期的则有 UNIBEST-TC2、USTARS、FAST2D、FLUVIAL 12、DELFT-2D、CCHE2D 等。近年来，丹麦水利研究所的 MIKE 21 系列模型以其先进的性能、成熟的发展，赢得了水沙数模研究界的一致好评，并被完善成了一个通用的商业软件。此外，相关文献（Ye et al.，1997；Zhou，1995；Schoellhamer，1988）中也有诸多关于其他模型的报道。在我国，平面二维水沙数学模型的研究最早可以追溯到 20 世纪50 年代初期，但限于当时的计算水平，不得不对模型进行了很多简化，因此有许多不合理的地方，且功能较少，使其应用受到很大限制。鉴于平面二维水沙数学模型研究问题的高度复杂性，以至于在此之后二维模型的研究并未像一维模型那样迅速发展起来。随着 90 年代三峡工程中二维水沙数学模型的研究被列入"七五"国家重点科技攻关项目，以及国家"八五"重点科技攻关项目"黄河治理与水资源开发利用"的全面启动，二维水沙数学模型的研究才得到了迅速发展，已有不少解决工程实际问题的成功先例，模拟水平已跻身于国际先进行列。在国内比较典型的二维水沙模型主要是基于长江和黄河两大河流而开发的，主要有水利部科技教育司等（1993）建立的长江三峡水库变动回水区及其下游河段的平面二维水沙数学模型；王光谦等（2006）、李东风等（2004，1999）、钟德钰等（2004）、郑邦民等（2000）、刘树坤等（1999）、汤立群（1999）、窦国仁等（1995）、杨国录（1993）、李义天（1989）、韩其为等（1987）建立的适用于黄河泥沙冲淤计算的平面二维水沙数学模型。

三维模型主要用于研究沿水深方向由流速变化引起的河床变形（陈雄波等，2010）。与一、二维模型仅能反映断面平均及垂线平均水沙运动特性相比，三维模型要更为精细、接近实际。这主要是因为天然河流（水库）及实际工程中水流泥沙运动几乎均具有高度的三维性，尤其是在水工建筑物的影响之下，水沙运动的三维特性更为显著，水沙变量沿垂线基本呈非均匀分布（夏云峰，2002；陈国祥等，1998）。一、二维模型在解决此类问题方面显然力不从心，须构建三维模型方可解决。三维模型的建立要比一、二维模型复杂得多，国外自 20 世纪 70 年代中期开始了三维数值模拟的研究，并取得了一些成果，如 TELEMAC-3D、Delft 3D、FAST3D、MIKE 3、CH3D-SED、ROMS、SSIIM、EFDC3D、GBTOXe、RMA-10、ECOMSED 以及相关文献（Jain，2006；Cook et al.，2004；Kassem et al.，2003；van Rijn，1990）中报道的其他模型等。国内三维模型研究始于 80 年代中期，起步虽较晚，但推进速度较快，并已在一些实际工程中有了成功应用。例如，刘子龙等（1996）就长江口三维潮流过程采用破开算子法进行了卓有成效的模拟；马启南等（2001）利用 σ 变换和内外模式分裂技术，建立了杭州湾的三维潮流数值模型；李褆来等（2002）在正交曲线坐标系下，采用坐标变换、交替隐式求解、动边界处理等方法与技术，建立了拟合边界三维潮流数学模型；华祖林（2000）引入紊流模型，基于拟合坐标系统构建弯道河段潮流三维数值模型；陆永军（2002）在三维紊流模型的基础上，给出了描述三维悬沙运动及床沙级配的控制方程，建立了三维紊流泥沙数学模型；夏云峰（2002）建立了三维非正交同位网格下的水流泥沙数值模型；Wang 等（2008）就平流式沉淀池中三维水流及悬浮物浓度进行了模拟；假冬冬等（2014）采用考虑岸滩崩塌变形的三维水沙模型，以概化水槽为例，对不同水沙及岸滩抗冲性条件下的河型河势变化特征进行数值模拟研究；李肖男等（2015）针对悬移质泥沙输移，采用两相浑水模型进行描述，基于 SELFE 水动力学模型，尝试通过三维数值格式对两相浑水模型进行探索性模拟。虽然三维模型研究成果较少，但基于工程实际的现实需要和水沙运动的三维特性，三维水流泥沙数学模型仍具有广阔的应用前景，同时也是河流泥沙工程领域数学模型的发展方向。

（3）水文水动力学模型。该模型兼具水文学模型与水动力学模型的特色，其原理是在联立求解水沙运动基本控制方程进行输沙计算的同时，引入由大量实测水文资料建立的经验关系式对模型计算中涉及的某些关键问题进行处理。该类模型属半经验半理论模型，既有水文学模型的经验适应性，又具水动力学模型的理论严密性，在黄河泥沙研究流域不乏较成功的应用成果。例如，曹文洪等（1997）以黄河流域为研究对象，构建了反映上、中、下游相互关系和相互影响的多系统不同河段连续计算的数学模型，并采用此模型实现了黄河禹门口至黄河口河段的多系统连续计算。

（4）现代技术模型。该模型是以新兴的现代科学技术为主要手段，在多学科交叉研究的基础之上构建现代泥沙数学模型。该类模型的特色在于具备完善的前后处理功能以及实时动态显示的友好界面，计算程序（软件）性能高、可移植、网络化、模块化和面向对象设计。例如，基于地理信息系统（geographic information system，GIS）的水库泥沙冲淤计算数学模型，将数字化平台上的 GIS 技术与水动力学数学模型相结合，可实现计算过程与结果的高度可视化表达（梁国亭等，2005；朱庆平，2005）；基于人工神经网络（artificial neural network，ANN）理论的水库泥沙冲淤预测数学模型，通过建立冲淤影响因子（输入）与冲淤变化过程（输出）之间的非线性映射关系，实现一定水沙条件下水库泥沙冲淤的准确、迅速预测，模型计算效率高、精度好且相对简便（刘媛媛等，2005；张金良等，2004；李明超等，2003；苑希民等，2002；李荣等，2002）；基于并行计算技术的泥沙数学模型，数值稳定性好，计算时间短，模拟精细程度高（李褆来等，2010；王建军等，2009；王巍，2008；杨明等，2007；余欣等，2005）；基于相似推理方法的多沙河流水库坝址泥沙预测模型（万新宇等，2013）；基于随机模型、混沌模型、"3S"（GIS、GPS、RS）技术、模式理论等的水沙数学模型。

1.2.2　水库调度的研究进展

水库调度是指运用水库的调蓄能力，按来水蓄水实况和水文预报，通过水库泄水建筑物或其他设备，有计划地对入库径流进行调节，以控制水库蓄泄过程。在保证工程安全的前提下，根据水库承担任务的主次，按照综合利用水资源的原则进行调度，以达到最大限度发挥水库综合利用效益，满足国民经济各部门需要的目的。

根据研究问题的性质，水库调度可从不同角度划分为诸多类型。按调度周期长短不同可分为中长期调度和短期调度；按水库功能及调节目标不同可分为防洪调度、兴利调度和综合利用调度等；按水库数目多寡可分为单一水库调度和水库群联合调度，其中水库群联合调度又包括并联水库群调度、串联水库群（梯级水库群）调度和混联水库群调度；按对径流处理及描述的不同，可分为确定型调度和随机型调度；按调度采用方法的不同，可分为采用常规方法的常规调度和采用系统分析方法的优化调度、模拟调度等（郭生练等，2010；顾圣平等，2009；刘涵，2006；刘攀，2005；王栋等，2001）。本小节即从调度方法的角度，分别就目前水库调度中最为常用的常规调度、优化调度及模拟调度进行综述。

1.常规调度

水库常规调度是根据水库调度图进行水库控制运用的调度方法，是一种半经验半理论的传统方法。水库调度图作为常规调度的核心内容，是根据实测径流时历特性资料和水库的开发目标，利用径流调节技术和水能计算方法编制而成的，由若干具有控制性意义的水库蓄水量（或水位）变化过程线（即调度线）组成。依据水库调度图，即可根据水库在某一时刻的蓄水情况及其在调度图中相应的工作区域，决定该时刻的水库操作方法，进而决定有关防洪、兴利等综合利用部门的工作情况。水库调度图不仅可用于指导水库的运行调度，增加编制各部门生产任务的预见性和计划性，提高各水利部门的工作可靠性和水量利用率，更好地发挥水库的综合利用作用，同时也可用来合理决定和校核水库的主要参数（如正常蓄水位、死水位等）或水电站的动能指标（如出力、发电量等）。大型水利枢纽在规划设计阶段也常用调度图来全面反映综合利用要求，以及它们内在的矛盾，以便寻求解决矛盾的途径（黄强等，2009）。

常规调度是在实测资料的基础上通过绘制调度图来指导水库的运用，具有简单实用、表现形式直观，且易于掌握操作的特点，但鉴于在调度图编制过程中存在一定的经验性，调度成果不一定能够达到最优。同时，调度图绘制过程中，往往不考虑短期或中长期预报，或者即使按照某些判别式进行调度，又考虑本时段的预报来水量，所得的结果也只是局部最优解而非全局最优。此外，对于复杂的水库调度问题，如考虑不同的最优准则进行水库群与水利系统的联合调度，常规调度即显力不从心。

2.优化调度

水库优化调度是以系统工程学（又称运筹学）为理论基础，运用系统分析的观点和方法来研究水库调度。该方法实质上是视水库为一个系统，通过建立与既定最优化准则相应的目标函数，并辅以其应满足的约束条件，继而采用系统工程中的最优化方法来求解由该目标函数和约束条件组成的系统方程组，据此寻求满足调度原则的最优调度方式，即确定能够使水库发挥最大效益且可将不利影响降至最低的最优化操作模式。

水库优化调度的研究是在 20 世纪初苏联学者提出水库调度的基本概念之后逐步开始的，美国学者 Maass 等于 1946 年最先将优化概念引入水库调度，并在其后续论著《水资源系统设计》中进一步提出了水资源工程的系统设计思想和方法（Maass et al.，1962）。1955 年，Little 采用马尔科夫过程原理建立了水库调度随机动态规划模型，堪称水库优化调度领域的开创性研究成果；1960 年，Howard 在其著作《动态规划与马尔科夫过程》中为马尔科夫决策规划模型奠定了基础，进一步完善了水库优化调度的理论基础。我国在水库优化调度领域的研究起步较西方稍晚，20 世纪 50 年代末随着大规模水利工程的兴建，才逐步开展此方面的研究与实践。60 年代正式起步，进入 80 年代，水库优化调度理论进一步得到充分重视与发展。

随着数学规划理论的日渐完善和现代计算机技术的广泛应用，优化调度方法日趋丰富（邱林等，2009）。目前，应用较为广泛和成熟的优化方法主要有线性规划法、非线性规划法、动态规划法、多目标规划法以及现代启发式智能算法等。

1）线性规划法

线性规划（linear programming，LP）法是数学规划理论的一个重要分支，用于分析线性约束条件下线性目标函数的最优化问题。该方法在理论上最为完善，实际应用最为广泛，也是最早应用于水库优化调度领域的方法之一。对线性规划的研究始于 20 世纪初，40 年代以后，特别是 1947 年美国学者 Dantzig 提出了求解线性规划的单纯形法之后，线性规划的应用范围不断扩大（尚松浩，2006）。

在国内，王厥谋（1985）建立了丹江口水库防洪调度模型，其最优策略的求解方法即为线性规划，属较早的线性规划模型；都金康等（1995）构建了防洪水库（群）洪水优化调度的线性规划模型；葛文波（2008）应用线性规划法制订出了三峡-葛洲坝梯级枢纽发电效益最大化的调度优化方案和实施步骤；吴杰康等（2009）用连续线性规划的优化方法解决梯级水电站长期优化调度问题。在国外，南非学者 Windsor（1981）将线性规划法应用于水库群的联合调度；Needham 等（2000）基于爱荷华州和德梅因河构建了洪水调度的线性规划模型；Labadie（2004）则就水库群联合调度的多种优化方法进行了回顾比较，其中对线性规划法做了较详细的论述。

2）非线性规划法

非线性规划（nonlinear programming，NLP）法是指在优化问题中目标函数或约束条件中存在非线性关系。严格来讲，非线性关系是普遍存在的，线性关系可看作是非线性关系的一种特殊情况或在一定条件下的近似。就水库调度问题而言，其中绝大多数关系均是非线性的，但该法计算过程较复杂，优化过程较慢，耗时较多，且各解法基本都是在特定条件或范围内适用，缺乏通用的解法和程序，因此直接利用非线性规划法来求解水库优化调度问题在生产实践中并不多见。实际应用中通常进行线性化处理，使非线性规划问题变为线性规划问题来求解，或与其他优化方法、模拟方法等结合应用。例如，巴西学者 Barros 等（1997）采用两种线性化技术将非线性规划问题变为线性规划问题来解决大型水电站优化调度问题。

3）动态规划法

动态规划（dynamic programming，DP）法是解决多阶段决策过程最优化的一种方法，由美国数学家 Bellman（1957）提出，其基本思想是将多阶段决策过程转化为一系列相互关联、结构相似的单阶段问题，并依次求解。该法适用范围比较广泛，尤其适用于水库优化调度的多阶段决策特点，对目标函数和约束条件也没有严格的要求，只要所求解的优化问题能构成多阶段决策过程，无论该问题是连续或离散、线性或非线性、确定性或随机性，均可采用此法来求解。动态规划法在实际应用中也存在一定的局限性，一方面该法缺乏通用的标准模型和算法，必须根据不同的具体问题来确定其相应的求解方法；另一方面当决策阶段数（系统状态变量个数）太多时，受计算机存储量和计算速度的限制可能导致问题无法求解，即存在"维数灾"的不足。基于此，一些改进的动态规划法被提出，如由 Bellman 等（1962）提出的动态规划逐次逼近法、由 Larson（1968）提出的状态增量动态规划法、由 Johnson 等（1970）提出的微分动态规划法、由 Heidari 等（1971）提出的离散微分动态规划法、由 Howson 等（1975）提出的逐次优化法等。

4）多目标规划法

多目标规划（multi-objective programming，MOP）法是适用于解决多目标决策问题的一种优化技术，其研究始于 19 世纪末，20 世纪 70 年代开始作为运筹学的一个分支进行系统研究，随之理论不断完善，应用领域也越来越广泛。水库通常是多用途、多目标的，如三峡水库其开发目标包括防洪、发电、航运以及调水等，这些目标之间一般是存在矛盾和竞争的，甚至是不可公度的（即无法用同一单位来度量）。因此，在水库调度过程中需考虑不同目标之间的协调问题，与此同时决策者的偏好等实际影响因素也不容忽略。在这种情况下，若目标能够定量描述且能以极大或极小的形式来表示，则可用多目标规划法来解决。多目标分析法与单目标分析法相比，其所得解是一组非劣解，考虑了不可公度目标的组合以及更多的实际影响因素，可明晰获得权衡系数。但就目前而言，其理论及实际应用方法均需进一步完善。

5）现代启发式智能法

现代启发式智能（modern heuristic intelligent）法也称为智能优化算法，是随着系统工程理论及现代计算机技术的发展，通过模拟或揭示某类自然现象或过程演变而来，其思想和内容涉及数学、物理学、生物学、人工智能、神经科学和统计力学等诸多学科，是解决复杂优化问题的一个新思路和新手段。该方法具有全局的、并行高效的优化性能、鲁棒性、通用性强，无须具体问题的特殊信息，算法思路较接近于人类的思维模式，易于理解应用，在水库优化调度的研究领域得到了广泛应用，其中比较有代表性的方法主要有遗传算法、人工神经网络、粒子群优化算法等。

遗传算法（genetic algorithm，GA）是模拟自然界生物进化过程中自然选择机制而发展起来的一种全局优化方法，由美国密歇根大学 Holland 教授（1975）提出。该法将自然界"优胜劣汰，适者生存"的生物进化原理引入到优化参数形成的编码串联种群中，按照所选择的适应度函数并通过遗传中的选择、交叉和变异三个操作步骤对个体进行筛选，使适应度优良的个体被保留，适应度差的个体被淘汰，新的种群则既继承了上一代的信息，同时又优于上一代，如此循环，直至最终收敛于全局最优解。遗传算法具有并行计算的特点和自适应搜索的能力，可以从多个初值点、多路径搜索实现全局或准全局最优，尤其适用于求解大规模复杂的多维非线性优化问题（周明孙等，2001）。作为一种全局优化搜索算法，遗传算法因其简单通用、鲁棒性强、适于并行处理，在水库调度领域已有广泛应用（龙仙爱等，2005；游进军等，2003；钟登华等，2003；苑希民等，2002；畅建霞等，2001a；Chandramouli et al.，2001；Wardlaw et al.，1999；马光文等，1997）。

人工神经网络是一种基于生理学的智能仿生模型，它通过模拟生物神经网络的思维结构及行为特征，反映神经系统信息处理、学习、联想、模式分类记忆等功能。该法依据系统的复杂程度，通过调整内部大量节点之间相互连接的关系，实现从输入到输出的映射功能，从而达到处理信息的目的。人工神经网络具有自学习、自适应、自组织、高度非线性和并行处理等优点，可以通过预先提供的一批相互对应的输入输出数据，分析掌握两者之间潜在的规律（即网络"训练"），最终根据这些规律，用新的输入数据推算出输出结果。具体到水库优化调度而言，通常可建立水库蓄泄水过程与影响此过程的诸多因素之间的人工智能推理网络模型。例如，畅建霞等（2001b）采用改进的人工神经网络方法求解西安供水水库群优化调度函数；王本德等（2003）建立了水库防洪实时调度决策模糊推理神经网络模型；刘攀等（2006）采用神经网络就三峡水库运行初期汛末蓄水实时调度问题进行研究等。

粒子群优化（particle swarm optimization，PSO）算法是一种模拟群体智能行为的自适应概率优化技术，适用于复杂系统的优化计算，由美国学者 Kennedy 等（1995）受鸟类觅食行为的启发而提出。鸟类觅食时，每只鸟找到食物最简单有效的方法就是搜寻当前距离食物最近的鸟的周边区域。粒子群优化算法即从这种生物种群行为特征中得到启发，并将其用于求解优化问题。算法中将问题的搜索空间类比于鸟类的飞行空间，将每只鸟抽象为一个无质量无体积的微粒，用以表征问题的一个潜在解，每个粒子对应一个由适应度函数决定的适应度值，粒子的速度决定了粒子移动的方向和距离，速度随自身及其他粒子的移动经验进行动态调整从而实现个体在可解空间中的寻优。目前，粒子群优化算法在水库优化调度领域中应用的研究逐渐显示出其广阔的应用前景，已引起水利科学工作者的广泛关注及研究兴趣。例如，向波等（2008）、王少波等（2008）、马细霞等（2006）等分别提出了基于粒子群优化算法或改进粒子群算法的水库优化调度模型。

3. 模拟调度

在现代水库建设中，开发目标多元化的综合利用水库（群）日益成为主要发展趋势，对于此类复杂水库系统的调度问题，常存在变量过多或多目标之间关系协调难度较大等问题。此时优化调度方法的应用将受到一定限制，所研究的问题可能难以建立优化调度模型，抑或建立的优化调度模型由于过分简化而不能反映系统的实际情况，致使建立的模型难以求解，因此可引入水库模拟调度。

水库模拟调度模型是对实际水库系统的物理描述，它依据研究目的建立反映系统结构、行为和功能的数学模型，通过现代计算技术对模型进行求解，得到所模拟系统的有关特性，为系统预测、决策等提供依据。利用该方法可以对不同运行方案下系统状态的动态变化特征及其相应的效应（效益或损失等）进行模拟，并根据模拟结果对方案进行优选与评价。水库模拟调度的应用始于 20 世纪中期，其中较为著名的有，1953 年美国陆军工程兵团对密西西比河支流密苏里河上 6 座水库的运行调度进行了模拟，其目标是在满足防洪、灌溉及航运要求的基础上使整个系统发电量最大；Morrice 等（1959）就尼罗河流域规划问题进行了模拟，模型考虑了 17 座水库（电站）的联合调度；哈佛学者提出的哈佛水计划（Reuss，2003）；1974 年美国麻省理工学院开发的多目标流域规划模拟模型等。

水库模拟调度与优化调度同属水库调度系统分析方法中的两种，两种方法各有所长，但都需将水库系统抽象为一定的数学模型，即模拟模型和优化模型。若优化模型能够反映水库系统的实际情况，由于其可以用一些标准的形式来表达，求解比较方便，通常是优先考虑采用的方法。反之，对于复杂水库系统，模拟模型则由于受模型限制较小，可以对其进行模拟，得出系统的状态变化和响应，但该方法的一个不足是难以得出最优解或有效解，一般只能找到满足约束条件的一些可行解。鉴于这两种方法的优缺点，在实际应用中需根据具体问题来选择合适的方法，抑或将两者配合使用，即构建模拟-优化模型。通常的做法是将优化模型用于经适当简化后的系统，对水库调度方案进行初步筛选，然后采用模拟模型对经初步筛选的方案进行模拟分析，以深入了解系统的状态变化及响应，进而对方案做出进一步评价与改进。

1.2.3　水库水沙联合调度的研究进展

多泥沙河流水库的水沙联合调度，究其实质，是确定水库合理的调度运行方式。在多泥沙河流上建设的水库，当挟沙水流进入水库蓄水位影响范围内时，泥沙逐渐发生沉积，导致库区淤积是不可避免的。因此，研究如何防止或减缓淤积，保持长期可以使用的有效库容，探索制订合理水库运用方式是多沙河流水库水沙联合调度的核心及目标所在。为此，广大水利及泥沙学者长期潜心研究、深入调查，不断努力探索，取得了诸多既有丰富理论基础又具实践意义的研究成果。

1. 多泥沙河流水库运用方式

根据对水沙调节程度的不同，多泥沙河流水库的运用方式可以概括分为蓄洪运用、蓄清排浑、自由滞洪或控制缓洪、多库联合四类，见图 1.1。

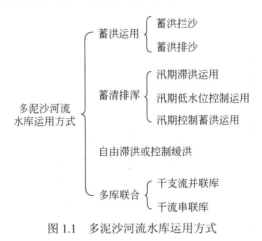

图 1.1　多泥沙河流水库运用方式

（1）蓄洪运用。其又称为拦洪蓄水运用，是指水库在汛期拦蓄洪水，非汛期蓄存径流，水库泄水主要依据用水需求而定，不受河道来沙的制约。这种运用方式的主要特点是：①水库以径流调节为主，近期有较高的供水保证率，随着淤积不断发展，水库效益将日趋降低；②水库运用水位较高，变幅较小，库水位降落往往取决于供水需要；③泥沙调节程度较低，甚至不进行泥沙调节，水库淤积速率较快。按照调节径流处理泥沙程度及方式的不同，该运用方式又可分为蓄洪拦沙与蓄洪排沙两类。蓄洪拦沙是指水库在运用中完全不考虑排沙，汛期单纯拦沙，不泄流排沙；蓄洪排沙是指水库在汛期以拦洪为主，适时通过异重流排沙或浑水水库排沙，但排沙数量有限，历时较短。

（2）蓄清排浑。其是一种泥沙调节程度较高的运用方式。在水量调节上，非汛期拦蓄径流，汛期拦蓄部分含沙量较低的洪水；在泥沙调节上，汛期降低运用水位，采取空库迎洪，滞洪排沙或异重流排沙。该运用方式由于有一定的泄空排沙期，有利于形成长期有效库容，是目前我国多泥沙河流上水库较常采用的一种水库调度运行方式。根据排沙期的水库运用特点，蓄清排浑运用又可分为汛期滞洪运用、汛期低水位控制运用以及汛期控制蓄洪运用三种类型。汛期滞洪运用，又称为缓洪运用，是指水库在进入汛期即泄空，空库迎洪，对入库洪水仅起缓滞作用，洪水过后随即泄空，利用泄空过程中伴随水位降落而产生的溯源冲刷和沿程冲刷，把前期淤在库内的泥沙排出；汛期低水位控制运用与汛期滞洪运用相类似，所不同的是汛期需要控制一定水位而不泄空；汛期控制蓄洪运用是汛期既低水位控制运用，又根据需要，拦蓄部分洪水，以提高水库兴利效益。

（3）自由滞洪或控制缓洪。从其运用过程来看，汛期与蓄清排浑运用相类似，但与之不同的是无蓄水期。该运用方式基本不能对径流进行调节或调节程度极低，应用范围有限，多见于多泥沙河流上兴建的径流式水电站水库。

（4）多库联合。其是指在多泥沙河流上采用梯级水库（群）开发，上、下游水库之间进行调节与反调节，充分利用、合理开发水资源。对于此运用方式，由于涉及多库泥沙处理问题，为有效控制水库淤积，利用水沙资源，提高兴利效益，与梯级开发顺序、时间衔接等密切相关。

2. 多泥沙河流水库调水调沙

多泥沙河流水库的调水调沙运用，是指在现代技术条件下，利用工程设施和调度手段，通过水流的冲击，将水库的泥沙和河床的淤沙适时送入大海，从而减少库区和河床的淤积，保持一定数量的可用有效库容，为防洪、防凌、供水、发电等多目标兴利，同时科学地调节出库流量、含沙量过程，使两者相适应，避免造成下游河道发生淤积或萎缩，此外还可尽可能防止水库淤积上延，以免危及水库上游安全。该运用方式可分为多年调水调沙、年调水调沙、洪水或沙峰调水调沙以及适时调水调沙四种类型。

调水调沙源于蓄清排浑运用方式，1962 年陕西省黑松林水库首次采用蓄清排沙运用方式，既缓解了水库淤积，又满足了下游引洪灌溉的需求，积累了非常可贵的经验，取得了开创性成果，堪称调水调沙的雏形。此后，辽宁省闹德海水库为满足生产要求于 1970 年起实施控制运用，冬春两季蓄水拦沙，根据需要向下游补水，6～9 月敞泄排沙，以期达到库区年内冲淤平衡，进一步实践了调水调沙的理念。1974 年三门峡水库正式采用蓄清排浑运用方式之后，诸多学者围绕这一运用模式进行了多方面的研究与探讨。直至 1977 年张启舜、龙毓骞提出了调水调沙的概念，将非汛期淤积在库内的泥沙调整至汛期排沙出库，称之为调沙；将汛期洪水存蓄于库内，待非汛期向下游补水，称之为调水。

水库调水调沙是解决修建在多泥沙河流上水库泥沙问题的有效途径，该模式无论在理论研究方面还是实践应用领域，我国均居国际领先地位，但其仍需不断改进、完善和创新。因为具体到某一工程而言，水库所属流域特性、开发目标、社会需求等诸多实际因素，对水库运用方案和泥沙冲淤都具有不容忽视的影响，所以需根据实际情况加以总结研究调整。

3. 水库水沙联合调度技术手段

虽然前文已就多泥沙河流上水库的调度运行方式进行了综述，但如何合理确定或评价这些运行方式，需引入相关水沙联合调度的技术手段。目前，比较完善的水沙联合调度的做法是在每一计算时段内同时完成水库调度与泥沙冲淤计算，但由于泥沙冲淤计算的复杂性，直接在水库调度过程中利用泥沙数学模型求解水库冲淤过程具有一定的难度，为此诸多学者就如何将泥沙冲淤计算与水库调度更好地结合起来，最大程度实现真正意义上的水沙联合调度开展了卓有成效的工作。例如，杜殿勷等（1992）将经验、半经验泥沙冲淤计算模型嵌入随机动态规划决策模型，建立了水库水沙联调随机动态规划模型，对三门峡水库的水沙综合调节优化调度运用进行了研究；练继建等（2004）将遗传优化算法与神经网络快速预测淤积量计算模型相结合，建立了多沙河流水库水沙联调的多目标规划模型；彭杨等（2013，2004）以水库防洪、发电及航运调度计算为基础，采用多目标理论和方法，提出了梯级水库及单库水沙联合调度的多目标决策模型；包为民等（2007）运用异重流总流微分模型预测水库坝址泥沙运动过程，再根据坝址洪水的水沙特点，进行了旨在以出库排沙比最大为目标的水沙联合调度模型的研究；吴腾等（2010）将自适应控制的原理引入多沙河流水库运用中，建立了多沙水库自适应控制运用模式；纪昌明等（2013）在统筹考虑泥沙淤积、发电量目标和优化调度决策变量的基础上，建立了基于鲶鱼效应粒子群算法的水库水沙调度模型；李继伟等（2014）针对水沙联合优化调度多目标、高维、难以求解以及泥沙淤积计算具有后效性的问题，采用三阶段逐步优化算法构建三峡水库水沙联合优化调度模型；胡春宏（2018）针对三峡水库蓄水运用以来出现的新情况、新问题和新需求，开展了三峡水库和下游河道泥沙模拟与调控技术研究，提出了三峡水库泥沙调控与多目标优化调度方案，优化了"蓄清排浑"运用方式；金兴平等（2018）以三峡水库为例，对水库群联合调度中面临的水库淤积与长期使用问题，提出了精细化的"蓄清排浑"和库尾减淤等泥沙调度方法。

1.3　主要研究内容

本书从泥沙运动与水资源系统分析规划的基础理论入手，采用水力学、河流动力学及水文与水资源学等多学科交叉结合的技术手段，遵循图 1.2 所示的总体思路，开展以下六个方面的研究工作。

（1）多泥沙河流水库的特性分析。以极具代表性的典型多泥沙河流水库——三门峡水库为例，采用长系列历史水沙资料，分析其来水来沙情况、滩槽冲淤及沿程冲淤情况，进而揭示多泥沙河流水库的水沙特性及冲淤特性，同时阐明多泥沙河流水库挟沙水流在物理性质、运动性质等方面与一般挟沙水流的区别，为多泥沙河流水库水沙联合调度研究奠定认识基础。

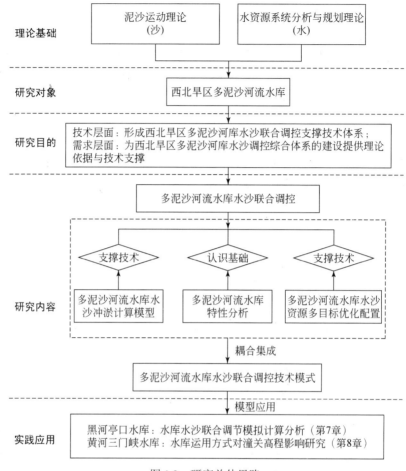

图 1.2　研究总体思路

（2）多泥沙河流水库纵向冲淤和横向变形数学模型的研究。以多泥沙冲积河流为研究对象，基于对河槽冲淤调整过程中河岸（或滩地）坍塌下滑土动力学机理的分析，揭示岸壁泥沙坍塌过程及其物理特性、冲淤特性，给出岸壁泥沙坍塌入河（库）量的估算办法，阐明河岸水力侵蚀和重力侵蚀的物理过程和机理，并提出相应模拟方法，分析河岸泥沙失稳崩塌的纵向范围、水位变化对河岸稳定性的影响以及塌岸泥沙的冲淤特性等问题，在此基础之上形成一套可以同时反映河槽纵向冲淤和横向变形调整的准二维河库泥沙冲淤演变预测模拟技术。

（3）多泥沙河流水库平面二维水沙数学模型的研究。以非均匀悬移质不平衡输沙理论为基础，采用质量加权平均及拟合坐标变换等技术手段，构建考虑多泥沙河流水库挟沙水流特性的平面二维水沙运动数学模型，并基于同位网格系统推导得出流速-水位-密度的耦合求解算法，提出以流场及悬沙场耦合求解为核心的算法实施步骤，为多泥沙河流水库水沙联合调度研究中库区泥沙冲淤的量化分析提供技术手段。

（4）多泥沙河流水库冲淤的 APSO-BP 预测模型的研究。视多泥沙河流水库冲淤变化过程为一个非线性动力系统，利用 BP 人工神经网络在处理大规模复杂非线性动力学问题方面的优势，在引入自适应粒子群优化（adaptive particle swarm optimization，APSO）算法对 BP 人工神经网络进行优化的基础上，构建适用于多泥沙河流水库冲淤计算的 APSO-BP 预测模型，为多泥沙河流水库水沙联合调度研究中泥沙冲淤的快速、准确量化分析提供一条新的技术手段。

（5）多泥沙河流水库水沙联合优化调度耦合模型的研究。针对我国西北地区广泛分布的多泥沙河流水库特点，构建考虑泥沙约束条件的水库（群）优化调度动态规划模型，并提出基于可行性规则及模拟退火混合粒子群优化算法的模型求解模式。在此基础之上，集成水库泥沙冲淤数学模型的研究成果，明确耦合思路及耦合变量，最终形成多泥沙河流水库水沙联合优化调度的耦合模型。

（6）多泥沙河流水库水沙数值模拟技术在实际工程中的应用。为检验所构建模型在实际工程中的应用效果，以黄河三门峡水库以及陕西省"十二五"十大重点水利工程之一的亭口水库等典型多泥沙水库为例，在对模型进行率定验证的基础上，围绕着水库调度运用方式的优化、工程合理规模的确定等问题，就河库水沙冲淤变化过程进行模拟预测，为协调多泥沙河库用水兴利、排沙减淤及生态安全保障之间的矛盾提供技术支撑。

第2章 多泥沙河流水库特性分析

多泥沙河流水库特性是指其在水沙运动过程中所呈现出的有别于一般清水或少泥沙河流水库的特点。对该特点进行有效分析，明晰多泥沙河流水库基于含沙量高及冲淤剧烈两大典型特征下的来水来沙特性、冲淤特性及挟沙水流特性，是进行多泥沙河流水库水沙联合优化调度研究的重要基础。因此，本章以极具代表性的多泥沙河流水库——三门峡水库为例，遵循图 2.1 所示的研究路线进行初步研究。

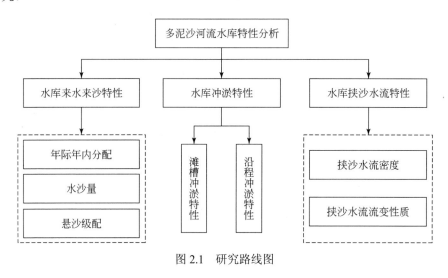

图 2.1　研究路线图

2.1　水库来水来沙特性

水库来水来沙特性的分析是进行多泥沙河流水库水沙联合调度的重要基础条件，对水库运用方式的确定有着直接的影响，关系着水库兴利效益的发挥。本章以黄河流域修建的第一座大型水利枢纽——三门峡水库为例，分析多泥沙河流水库的来水来沙特性。三门峡水库的泥沙问题举世瞩目，其入库径流量及输沙量来自水沙异源及泥沙组成相差悬殊的不同地区，涉及干流黄河、一级支流渭河与汾河、二级支流泾河与北洛河等，是极具代表性的多泥沙河流水库。

本节以三门峡水库四个进库水文站，即黄河龙门水文站、汾河河津水文站、渭河华县水文站、北洛河状头水文站 1960～2012 年共计 53 年的水沙资料为基础，分析三门峡水库的来水来沙特性，并借此典型个例的分析成果揭示多泥沙河流水库来水来沙所存在的共性特点。

2.1.1　水沙分配特性

图 2.2～图 2.5 分别给出了渭河华县站、北洛河状头站、汾河河津站及黄河龙门站 1960～2012 年历年水沙量变化情况；图 2.6～图 2.9 则分别给出这四站多年平均水沙量年内变化情况。

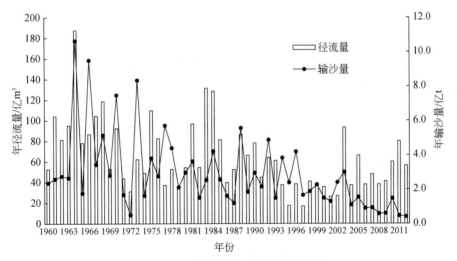

图 2.2　渭河华县站水沙量历年变化图

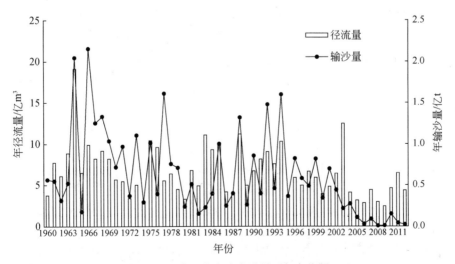

图 2.3　北洛河状头站水沙量历年变化图

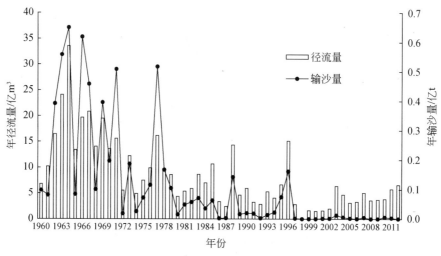

图 2.4　汾河河津站水沙量历年变化图

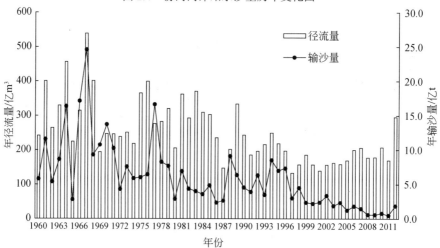

图 2.5　黄河龙门站水沙量历年变化图

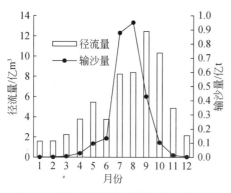

图 2.6　渭河华县站水沙量年内变化图

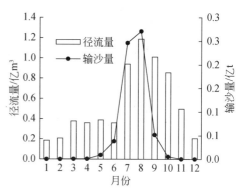

图 2.7　北洛河状头站水沙量年内变化图

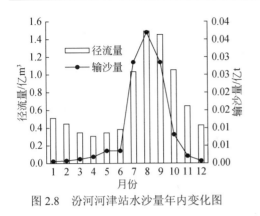

图 2.8　汾河河津站水沙量年内变化图

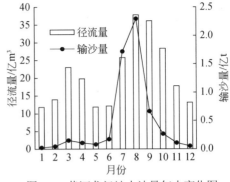

图 2.9　黄河龙门站水沙量年内变化图

由图 2.2～图 2.5 可见，就年际变化情况来看，四站历年水沙量变化极不均匀，其中渭河华县站水沙量变幅较大。该站年最大来水量 188 亿 m³（1964 年），年最小来水量 17 亿 m³（1997 年），两者相差已达 11 倍有余；年最大输沙量 10.6 亿 t（1964 年），年最小来沙量 0.4 亿 t（2012 年），两者相差高达 26 倍。

由图 2.6～图 2.9 可见，就年内分配情况来看，四站多年平均水沙量的年内分配同样极不均匀，来水来沙主要集中在汛期（7～9 月），而在汛期又集中在主汛期（7～8 月），尤以输沙量的集中度为甚。以北洛河状头站来看，在汛期的 3 个月中，径流量占多年年平均入库水量的 47.8%，而输沙量占到全年的 91.4%；在主汛期的 2 个月中，径流量占年平均入库水量的 32.4%，输沙量则占全年的 83.1%。

2.1.2　水沙数量特性

图 2.10、图 2.11 分别给出了渭河华县站、北洛河状头站、汾河河津站及黄河龙门站 1960～2012 年多年年平均水沙量、含沙量及汛期平均含沙量的统计情况。以北洛河状头站为代表来看，其多年年平均入库径流量为 6.6 亿 m³，输沙量为 0.6 亿 t，含沙量为 94.7kg/m³，多年汛期平均含沙量达到 181.2kg/m³，实测日平均最大含沙量更是高达 1716kg/m³（1960 年 8 月 11 日）。由此可见，多泥沙河流水库入库水量少沙量多、含沙量高的特点显著。

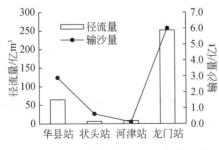

图 2.10　四站多年平均水沙量统计图

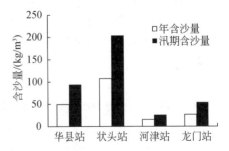

图 2.11　四站年平均及汛期平均含沙量统计图

2.1.3 悬沙级配特性

表 2.1 给出了渭河华县站、北洛河状头站、汾河河津站及黄河龙门站 1960～2001 年汛期、非汛期及全年平均悬移质泥沙颗粒级配统计情况。以渭河华县站为代表来看，其全年平均中值粒径为 0.020mm，汛期为 0.014mm，非汛期为 0.022mm，其余各站均与之类似。由此反映出，在以悬移质泥沙运动为主的多泥沙河流水库中，入库悬沙级配较细，且由于汛期泥沙主要由暴雨从流域表面侵蚀并通过水流携带而来，颗粒级配相对于非汛期主要来自于河床的悬沙要更细。

表 2.1　四站悬移质泥沙颗粒级配统计表

水文站	时段	小于某粒径级的沙重占比/%								中值粒径
		0.005mm	0.01mm	0.025mm	0.05mm	0.1mm	0.25mm	0.5mm	1mm	/mm
渭河华县站	汛期	31.9	43.2	67.0	88.3	98.6	99.7	100.0	100.0	0.014
	非汛期	22.9	32.4	54.9	79.5	96.9	99.5	99.9	100.0	0.022
	全年	25.2	35.2	58.0	81.7	97.4	99.5	99.9	100.0	0.020
北洛河状头站	汛期	29.8	44.5	67.9	88.4	98.8	99.8	99.9	100.0	0.014
	非汛期	27.3	42.6	65.4	85.7	97.8	99.6	99.9	100.0	0.0149
	全年	27.9	43.1	66.0	86.3	98.1	99.7	99.9	100.0	0.0145
汾河河津站	汛期	32.3	42.0	59.8	76.6	94.1	99.6	100.0	100.0	0.017
	非汛期	27.9	36.7	53.1	70.5	91.4	99.3	99.9	100.0	0.024
	全年	26.4	34.9	50.9	68.4	90.4	99.2	99.9	100.0	0.022
黄河龙门站	汛期	20.0	26.8	43.0	68.5	94.1	99.1	99.9	100.0	0.032
	非汛期	12.3	16.6	26.2	44.3	77.6	96.4	99.6	100.0	0.059
	全年	14.3	19.2	30.5	50.4	81.8	97.1	99.7	100.0	0.049

2.2　水库冲淤特性

多泥沙河流水库由于其特有的来水来沙性质及立足于"蓄清排浑"基本原则的调度运行方式，库区泥沙所呈现出来的冲淤特性也与少泥沙河流水库不甚相同。本节同样选取三门峡水库为代表，从滩槽冲淤（横向）及沿程冲淤（纵向）两方面分析总结多泥沙河流水库的冲淤特性。

2.2.1 滩槽冲淤特性

图 2.12 给出了三门峡水库库区黄淤 2、黄淤 4、黄淤 12 三个典型断面在 1973～2001 年汛后实测横断面形态变化情况。可以看出，水库横向冲淤基本呈现先淤主槽，后逐渐扩展至滩面，滩槽共同逐渐淤高，但始终保持一定的槽库容。

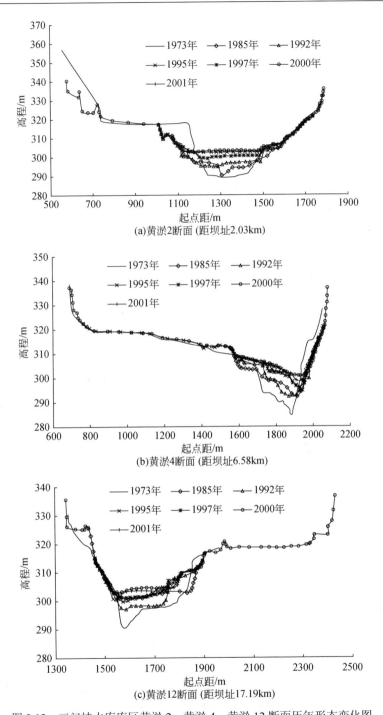

图 2.12　三门峡水库库区黄淤 2、黄淤 4、黄淤 12 断面历年形态变化图

究其原因，主要有两方面的因素。首先，对于多泥沙河流水库而言，高含沙

洪水发生概率较高，由于滩地糙率大、水深浅、流速小，高含沙洪水漫滩后会造成滩地淤积，且漫滩水流含沙量越高，滩地淤积越严重，与此同时高含沙洪水对主槽的冲刷却相当强烈，一场洪水可冲深几米，甚至几十米，因此高含沙洪水的淤滩冲槽作用是多泥沙河流水库滩槽冲淤的一个特点。其次，多泥沙河流水库在蓄水期发生壅水淤积，这种因水库壅水而产生的淤积通常是在滩槽全断面共同发生，待进入排沙期后则由于自下而上溯源冲刷的作用，会在库区淤积面上冲出一个深槽，恢复一部分槽库容，而滩面淤积物却不易冲掉，由此水库在水流泥沙的长期作用下，滩槽均呈现不断淤高的态势，但滩面淤高速率却要大于主槽，这是多泥沙河流水库滩槽冲淤的另一个特点（倪晋仁等，2008；焦恩泽，2004；梁志勇等，2003）。

2.2.2 沿程冲淤特性

图 2.13 给出了三门峡水库 1973～2001 年汛后实测纵剖面形态变化情况。可以看出，水库纵剖面随着运行时间的推移，逐渐抬升，但淤积上延却较为轻微，库区整体淤积呈锥体形态分布。

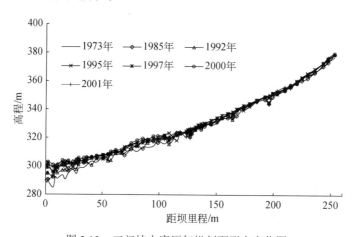

图 2.13 三门峡水库历年纵剖面形态变化图

该沿程冲淤特点是多泥沙河流水库所特有的，不同于一般少泥沙河流水库。对于少泥沙河流水库而言，由于受回水的影响，粗颗粒泥沙一般会淤积于回水末端，在河床自动调整的作用下，淤积逐渐向上游延伸，直到水流输沙能力与上游来水来沙相适应，河床才趋于稳定，淤积不再上延或上延减缓。但当上游的水沙条件与淤积末端的输沙能力不再相适应时，又开始发生冲淤变化，河床再一次进行调整，进而导致淤积末端处于一个不断变化的过程中。与之不同的是，多泥沙河流水库进库水流一般含沙量较高，当该高含沙水流进入水库壅水区后，部分转化为高含沙异重流。由于两者均由大量细颗粒泥沙构成，与库水进一步混合形成悬浮液体，从而能够浮托、挟运并长距离输送粗颗粒泥沙，并最终将粗颗粒泥沙带至坝前并排出库外。在受回水影响时，虽然水力条件发生改变，但粗颗粒泥沙由于受悬浮液体的浮托，不产生水力分选现象，在变动回水区也没有尾部段淤积形态。因此，进库为高含沙水流的多泥沙河流水库淤积形态不同于一般水库的淤积形态，通常呈锥体淤积形态。

2.3　水库挟沙水流特性

多泥沙河流水库的挟沙水流由于携带的细颗粒悬移质泥沙含量较高这一客观因素，其物理特性（如密度）、运动特性（如流变特性）等均异于少泥沙河流水库的一般挟沙水流。因此，就多泥沙河流水库的挟沙水流特性进行分析，是研究多泥沙条件下水沙运动的重要基础。

2.3.1　挟沙水流密度

基于 2.2 节多泥沙河流水库冲淤特性的分析可以看出，高含沙水流的动量较一般挟沙水流大，其原因主要是多泥沙河流水库的挟沙水流密度较清水或少泥沙河流水库的一般挟沙水流密度大，且含沙量越高，其密度越大，属可压缩变密度流，与少泥沙河流水库一般挟沙水流为均质不可压缩流有着本质区别。

多泥沙河流水库的挟沙水流密度与体积含沙量之间的关系可用式（2.1）表达出来，即

$$\rho_m = \rho(1 - C) + \rho_s C \tag{2.1a}$$

$$C = \frac{V_s}{V_w + V_s} \tag{2.1b}$$

式中，ρ_m 为多泥沙河流水库的挟沙水流密度；ρ 为清水密度；ρ_s 为泥沙密度；C 为悬移质泥沙的体积含沙量；V_s、V_w 分别为挟沙水流中液相水与固相沙所占的体积。

重量含沙量与体积含沙量之间存在如下转换关系，即

$$S = \frac{\rho_s V_s}{V_w + V_s} = \rho_s C \tag{2.2}$$

将式（2.2）代入式（2.1a）和式（2.1b），多泥沙河流水库的挟沙水流密度与惯常使用的重量含沙量之间的关系可进一步表示为

$$\rho_m = \rho\left(1 - \frac{S}{\rho_s}\right) + S = \rho_f + S \tag{2.3}$$

式中，ρ_f 为液相水的表观密度，即单位体积挟沙水流中液相水的含量。

2.3.2 挟沙水流流变性质

挟沙水流的流变性质是指其在承受剪切变形时应变率与剪切应力之间的关系。对于清水或少泥沙河流挟沙水流等牛顿流体而言，其应变率与剪切应力之间存在线性关系，可采用式（2.4）所示的关系式表示，即

$$\tau = \mu \frac{\mathrm{d}u}{\mathrm{d}y} \tag{2.4}$$

式中，τ 为剪切应力；$\mathrm{d}u/\mathrm{d}y$ 为应变率；μ 为流体的黏性系数。

但对于多泥沙河流挟沙水流而言，当含沙量大到一定程度时，由于细颗粒泥沙的大量存在，随着含沙量的增大，泥沙颗粒之间很快形成絮凝结构，黏性急剧增加，其流变性质决定其已不再属于牛顿流体，而是属于非牛顿流体（宾厄姆流体）。此时，其应变率与剪切应力之间采用式（2.5）所示的基本关系式表示，即

$$\tau = \tau_{\mathrm{B}} + \eta \frac{\mathrm{d}u}{\mathrm{d}y} \tag{2.5}$$

式中，τ_{B} 为宾厄姆极限应力；η 为刚性系数。两者通称为流变参数。

考虑多泥沙河流挟沙水流为可压缩变密度流，其流变关系式在保持式（2.5）基本形式的基础之上有稍许改进，第 4 章将对此进行详细推导和论述，这里不再赘述（费祥俊等，2004；钱宁，1989，1981；钱宁等，1985，1979）。

2.4 小　结

基于多泥沙河流水库特性分析是进行水沙联合优化调度研究的重要基础这一认识，本章以极具代表性的典型多泥沙河流水库——三门峡水库为例，通过分析其来水来沙及冲淤特性，揭示了多泥沙河流水库在这两方面存在的共性，同时针对多泥沙河流水库挟沙水流与一般挟沙水流的不同，重点就其密度、流变特性进行了分析。主要研究结论包括以下几个方面。

（1）就水库来水来沙特性而言，多泥沙河流水库具有水沙年际年内分配不均匀，水少沙多、含沙量高，入库悬沙级配较细且汛期细于非汛期的特点。

（2）就水库冲淤特性而言，多泥沙河流水库横向滩槽冲淤基本呈现先淤主槽，后逐渐扩展至滩面，滩槽共同逐渐淤高，但始终保持一定槽库容的特点；纵向沿程冲淤则呈现逐渐抬升，但淤积上延较为轻微，库区整体淤积呈锥体形态分布的特点。

（3）就水库挟沙水流特性而言，多泥沙河流水库主要在密度及流变特性两方面异于清水或少泥沙河流水库的一般挟沙水流。其中，从密度角度来看，多泥沙河流水库挟沙水流属可压缩变密度流；从流变特性角度来看，当含沙量大到一定程度时，流体由牛顿流体转化为非牛顿流体（宾厄姆流体），流变关系也发生变化。

第3章 多泥沙河流水库纵向冲淤和横向变形数学模型研究

冲积河流的冲淤调整是通过两方面进行的，一方面是通过床沙质来量和水流挟沙能力的对比关系使河床产生纵向冲淤变形；另一方面是通过河岸抗冲力和水流冲刷力之间的对比关系使河岸发生冲淤，导致河流产生横向变形。在河流冲淤变形的数值模拟中，需要兼顾这两方面。但是目前大多数一维泥沙数学模型仅能够模拟和预测河道的纵向冲淤变形，不模拟河岸的冲淤过程，无法预测河槽横向宽度随时间发生的调整变化。天然河道中除坡降等表征纵向形态的物理量之外，河道宽度等表征横向形态的物理量也随着时间的推移处于不断地调整变化之中，河道的横向变形与纵向变形之间具有相互影响和相互制约的关系。在河流冲淤变形的数值模拟中，不考虑河岸的冲淤过程，是一个致命的缺陷。

为了能够模拟河道的横向变形过程，国内外已有一些学者对河岸冲淤变形的物理过程和力学机理进行了探讨，并通过理论分析或实测资料分析，建立了一些可用于预测河宽调整变化的泥沙数学模型。总体来看，国外模型的研究对象大多数仅限于边界条件极为简单的模型小河或渠道中，水流冲刷床面和坡脚造成的岸壁侵蚀过程，不考虑漫滩水流对河岸侵蚀过程的影响。国内模型的研究对象大多为天然河流，如黄河等。除个别模型考虑了河道横向摆动的内在力学机理外，其他模型（尤其是一维模型）均是采用一些经验方法将冲淤面积分配到横断面上。

本章以冲积河流为研究对象，遵循图 3.1 所示的研究路线，建立一个准二维泥沙数学模型。该模型能够预测河流的纵向冲淤过程和横向变形，考虑主槽两岸的水力侵蚀和重力侵蚀，以及塌岸泥沙的冲淤过程。模型采用非耦合法求解水动力学方程和泥沙输移方程，利用土力学中边坡稳定分析的方法预测主槽两岸稳定性和坍塌面几何形态，通过确定河岸失稳时坍塌土体的宽度模拟河槽横向展宽量。

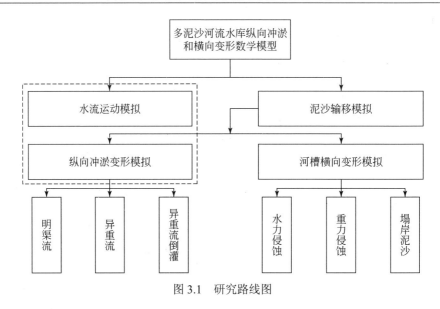

图 3.1　研究路线图

3.1　水流运动的模拟

3.1.1　基本控制方程

　　一维水流模型求解方法简单,但只能给出各个断面的平均水力要素,无法满足河道横向冲淤变形计算的需要。平面二维水流模型虽然能给出水力要素沿纵向和沿横向的详细变化,但由于其求解方法相对较为复杂,不适用于长历时长河段的河床变形计算需要。

　　因此,本节利用准二维方法模拟水流流场。首先利用一维水流方程求解出断面平均水力要素沿纵向的变化,然后利用简化后的二维方程求解流速和边界切应力在横断面上的分布。

　　天然河流的边界条件十分复杂,为了便于求解,做以下假定。

　　（1）假定河床发生冲淤过程中,在每一个短时段内河床变形对水流条件影响不大,即可采用非耦合解法进行计算。只要限制每个计算时段内冲淤量不太大就可满足该假定条件。

　　（2）假定可以将非恒定流作为恒定流处理。具体做法是,将进口断面的实际流量过程线改为若干个不同流量级组成的梯级过程线进行计算,对于每一个梯级来说,流量为常数,水流为恒定流。

　　根据质量守恒定律和动量定律,谢鉴衡（1990）推导出了天然冲积明渠水流运动的一维浑水连续方程和浑水运动方程。在其积分形式的方程中,假定水流为恒定流,不考虑水体中含沙量的沿程和因时变化,并忽略横断面上紊流作用力及水面上的风应力，则可将其简化为式（3.1）、式（3.2）所示的浑水连续方程和浑水运动方程。

$$\frac{\partial Q}{\partial x} + q_L = 0 \tag{3.1}$$

$$\frac{\partial}{\partial x}\left(\alpha_e \frac{Q^2}{A}\right) + gA\left(\frac{\partial z}{\partial x} + J\right) + u_L q_L = 0 \tag{3.2}$$

式中，Q 为流量；A 为过水断面面积；z 为水位；J 为能坡；q_L 为单位流程上的侧向出流量（出为正，入为负）；u_L 为侧向出（入）流流速在主流方向上的分量；x 为流程；α_e 为动量修正系数，可用式（3.3）定义。

$$\alpha_e = \frac{1}{U^2 A}\int_A u^2 \mathrm{d}A \tag{3.3}$$

式中，u 为横断面上的点流速；U 为断面平均流速。

天然河流断面一般都具有复式断面形态，计算中通常将其划分为若干子断面。假设对于每一个子断面而言，流速分布相对较为均匀，即假定每个子断面的动量修正系数为 1.0，则

$$\int_A u^2 \mathrm{d}A \approx \sum_j U_{i,j}^2 A_{i,j} = \sum_j Q_{i,j}^2 / A_{i,j} \tag{3.4}$$

式中，$Q_{i,j}$、$U_{i,j}$ 和 $A_{i,j}$ 分别为子断面的流量、平均流速和过水面积；i、j 分别为断面编号和子断面编号。将式（3.4）代入式（3.3）得

$$\alpha_e = \frac{1}{Q_i^2 / A_i}\sum_j (Q_{i,j}^2 / A_{i,j}) \tag{3.5}$$

为了计算动量修正系数 α_e，需要已知每个子断面上的流量或垂线平均流速在横断面上的分布。假定每一个子断面上的水流运动都符合均匀流运动的规律，即子断面上的流量 $Q_{i,j}$ 与其流量模数 $K_{i,j}$ 成正比。若假定各子断面上的能坡均相等，则式（3.5）可改写为

$$\alpha_e = \frac{1}{K_i^2 / A_i}\sum_j (K_{i,j}^2 / A_{i,j}) \tag{3.6}$$

式中，$K_i = \sum K_{i,j}$ 为断面总流量模数；$K_{i,j}$ 为子断面流量模数。

式（3.1）、式（3.2）构成了浑水运动的一维控制方程，求解后可得出沿程各个断面上的平均水力要素。为了模拟河槽横向形态的变化，仅知道断面平均水力要素是远远不够的，还必须知道水力要素，如流速、边界剪切应力，在横断面上的分布。

实际上，在推导式（3.6）的过程中，已经给出了一个推求垂线平均流速在横断面上分布的简单方法，但该方法得出的结果与实际相比有较大出入，计算出的主槽流速偏大，而滩地流速偏小。究其原因，主要是在于这种方法忽略了滩槽水流的动量交换，或流速横向分布不均匀造成的动量交换。

取如图 3.2 所示的直角坐标系，x 是水流流动的方向，即纵向坐标；y 是与横断面平行的水平轴，即横向坐标；z 是铅垂方向。

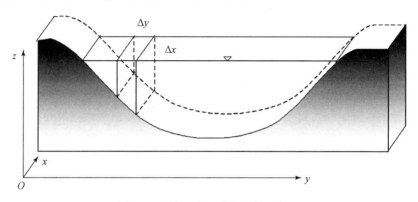

图 3.2　浅水二维河道控制体示意图

假设该控制体的水深为 h，u、v、w 分别为 x、y、z 三个方向上的瞬时流速，$\bar{u}$、$\bar{v}$、$\bar{w}$ 为时均流速，u'、v'、w' 为脉动流速。利用同样的方法，假定水流为恒定均匀流，并忽略惯性力，可以写出图 3.2 中微分控制体在 x 方向上的动量方程的积分形式，即

$$\left(\frac{\partial}{\partial x} \int_0^h \bar{\rho}_m \overline{u^2} \mathrm{d}z + \frac{\partial}{\partial y} \int_0^h \bar{\rho}_m \overline{uv} \mathrm{d}z + \frac{\partial}{\partial x} \int_0^h \bar{\rho}_m \overline{u'^2} \mathrm{d}z + \frac{\partial}{\partial y} \int_0^h \bar{\rho}_m \overline{u'v'} \mathrm{d}z \right) \Delta x \Delta y \tag{3.7}$$

$$= \left[-\frac{\partial}{\partial x} \left(\bar{\rho}_m g \frac{h^2}{2} \right) - \bar{\rho}_m g h \frac{\partial z_0}{\partial x} \right] \Delta x \Delta y - \tau_b \Delta \sigma_b$$

式中，g 为重力加速度；$\bar{\rho}_m$ 为垂线平均浑水密度；z_0 为床面的高程；τ_b 为控制体底面上的剪切应力；$\Delta \sigma_b$ 为控制体底面的面积。

控制体底面的面积 $\Delta \sigma_b$ 与其水平投影面积 $\Delta x \Delta y$ 之间的关系为

$$\Delta \sigma_b = \Delta x \Delta y \sqrt{1 + \left(\frac{\partial z_0}{\partial x} \right)^2 + \left(\frac{\partial z_0}{\partial y} \right)^2} \tag{3.8}$$

式（3.7）中，方程左边第 1 项是纵向时均流速变化造成的动量变化；第 2 项是横向时均流速变化造成的动量变化；第 3 项和第 4 项是紊流雷诺应力对动量变化的影响，这两项可以和时均剪切变形速度联系起来，采用式（3.9）和式（3.10）进行计算。

$$\bar{\rho}_m \overline{u'^2} = -2\bar{\rho}_m v_t \frac{\partial \bar{u}}{\partial x} \tag{3.9}$$

$$\bar{\rho}_m \overline{u'v'} = -2\bar{\rho}_m v_t \left(\frac{\partial \bar{u}}{\partial y} + \frac{\partial \bar{v}}{\partial x} \right) \tag{3.10}$$

式中，v_t 为湍流黏性系数。将式（3.8）～式（3.10）代入式（3.7），得

$$\frac{\partial}{\partial x}\int_0^h \overline{\rho}_m \overline{u}^2 \mathrm{d}z + \frac{\partial}{\partial y}\int_0^h \overline{\rho}_m \overline{uv}\mathrm{d}z - \frac{\partial}{\partial x}\int_0^h 2\overline{\rho}_m v_t \frac{\partial \overline{u}}{\partial x}\mathrm{d}z - \frac{\partial}{\partial y}\int_0^h \overline{\rho}_m v_t \left(\frac{\partial \overline{u}}{\partial y}+\frac{\partial \overline{v}}{\partial x}\right)\mathrm{d}z$$

$$(3.11)$$

$$= -\overline{\rho}_m gh \frac{\partial}{\partial x}(h+z_0) - \tau_b \sqrt{1+\left(\frac{\partial z_0}{\partial x}\right)^2 + \left(\frac{\partial z_0}{\partial y}\right)^2}$$

在均匀流的近似假定条件下，式（3.11）中左边第 1、3 项及第 4 项括弧中的 $\dfrac{\partial \overline{v}}{\partial x}$ 项都可以忽略，同时考虑引入以下关系：

$$\begin{cases} \dfrac{\partial}{\partial y}\int_0^h \overline{\rho}_m \overline{uv}\mathrm{d}z = \dfrac{\partial}{\partial y}[h(\overline{\rho}_m \overline{uv})_d] = \Gamma, \quad \dfrac{\partial}{\partial y}\int_0^h \overline{\rho}_m v_t \dfrac{\partial \overline{u}}{\partial y}\mathrm{d}z = \dfrac{\partial}{\partial y}\left[\overline{\rho}_m h v_t \dfrac{\partial U_d}{\partial y}\right] \\[4mm] z = z_0 + h, \quad \tau_b = \dfrac{f}{8}\overline{\rho}_m U_d^2, \quad U_d = \dfrac{1}{h}\int_0^h \overline{u}\mathrm{d}z \end{cases}$$

$$(3.12)$$

将式（3.12）代入式（3.11），整理后得

$$-\rho_m gh \frac{\partial z}{\partial x} - \frac{f}{8}\rho_m U_d^2 \sqrt{1+\left(\frac{\partial z_0}{\partial x}\right)^2 + \left(\frac{\partial z_0}{\partial y}\right)^2} + \frac{\partial}{\partial y}\left[\rho_m h v_t \frac{\partial U_d}{\partial y}\right] = \Gamma \quad (3.13)$$

式中，Γ 代表断面上因存在横向流速即次生流而造成的动量变化，称为次生流参数。对于顺直河道，该项影响较小，可以忽略；f 为局部摩阻系数，类似于沿程水头损失系数。

式（3.13）即为描述垂线平均流速或边界剪切应力在横向变化的微分方程式。在水位、流量以及横断面几何形态已知的条件下，利用式（3.13）即可求出垂线平均流速和边界剪切应力在横断面上的分布。

实际上，为了求解式（3.13），除水位和断面几何形态已知外，还必须已知次生流参数 Γ，局部摩阻系数 f 和湍流黏性系数 v_t 在横断面上的变化规律。在顺直型河流中，次生流的影响相对较小，可以忽略，即可假定 $\Gamma = 0$。以下着重对局部摩阻系数 f 和湍流黏性系数 v_t 进行探讨。

局部摩阻系数（或阻力系数）确定的正确与否，直接影响到水力计算的精度，进而影响到含沙量及河床变形的计算结果。已往研究工作大多数是针对一维问题，即断面平均阻力系数的研究。这方面建立的多为经验公式或半经验公式，影响阻力的因素较多，问题复杂，已有公式往往不能给出正确的结果，特别是不易充分反映具体河段的个性，因此实际应用中通常根据各级流量下的实测资料反求阻力系数。对于局部摩阻系数，即平面二维阻力问题，现有的研究相对较少。许多一维或准二维数学模型都是直接采用一维阻力系数进行二维计算。Wark 等（1990）

采用一维理论计算局部摩阻系数，利用曼宁公式可得

$$f = 8gn^2 / h^{1/3} \tag{3.14}$$

式中，n 为糙率。

Vriend（1983）采用经验公式计算二维谢才系数，即

$$C = C_0 + \frac{\sqrt{g}}{\kappa} \ln \left(\frac{h}{h_0} \right) \tag{3.15}$$

式中，C 为谢才系数；C_0 为参考水深为 h_0 时的谢才系数，C_0=30m$^{1/3}$/s；κ 为卡门常数，κ=0.4。式（3.15）实际上是认为谢才系数和水深成正比，该式从某种程度上反映了河道的几何特性对阻力系数的影响，但没有和床面及河岸的不规则、粗糙程度等反映阻力的因素联系起来，仅能适用于特定的河段，为了适应不同的河段，C_0、h_0 只能理解为一种调试系数。

李义天等（1986）通过整理实测资料，认为横断面上糙率沿河宽变化的一般规律为近岸流区的糙率大于中央流区，凹岸糙率大于凸岸糙率，并提出了计算公式，即

$$n = \frac{n_0}{f(\eta)} \left(\frac{J}{J_0} \right)^{1/2} \tag{3.16}$$

式中，n_0 为断面综合糙率；n 为二维糙率；J_0 为一维比降；J 为二维比降；$\eta = y/B$，y 为横向坐标，B 为河宽；$f(\eta)$ 为经验函数。

比较本节几种计算局部摩阻系数的方法，式（3.16）中含有二维比降，无法用于准二维模型中；式（3.15）中自变量仅有水深，无法反映其他因素对阻力的影响，有较大的局限限性；式（3.14）形式简单，而且能粗略反映阻力系数沿河宽的变化规律。因此，采用式（3.14）计算局部摩阻系数。

紊流黏性系数 v_t 是式（3.13）中较难确定的一项，目前多采用紊流模型来确定紊流黏性系数。紊流模型有多种，如零方程模型、一方程模型及多方程模型等，其中应用最广泛的是 κ-ε 模型。但通常在实际应用中为避免求解方程的复杂性，v_t 也经常采用经验参数的方式给定。

早在 20 世纪 50 年代，便有学者用类比方法将一维明渠流中垂向湍流黏性系数公式推广应用于横向湍流黏性系数的确定，即认为

$$v_t = \lambda h U_*, \quad U_* = \sqrt{\frac{\tau_b}{\rho_m}} = \left(\frac{f}{8} \right)^{1/2} U_d \tag{3.17}$$

式中，h 为水深；U_* 为摩阻流速；λ 为无量纲湍流黏性系数。许多学者对 λ 的取值及其影响因素进行了研究（张书农，1988；Webel et al.，1984），但尚未有统一结论。一般认为，λ 是一个综合系数，与河道形态及水流条件有关，其变化范围为 0.07～1.00。鉴于目前对 λ 变化规律的认识还存在分歧，使用式（3.17）计算 v_t 时，

通常是在流场及河床冲淤验证计算中通过逐步调试得到合适的λ值。

实际上，式（3.17）所表达的横向湍流黏性系数是对断面平均而言的，局部横向湍流黏性系数与断面平均是不同的。有学者通过实测资料和κ-ε模型计算结果分析，认为局部湍流黏性系数与当地流速梯度有关。由于这一问题较为复杂，目前还没有可用的方法。为了简化计算，许多模型都直接利用式（3.17）计算局部湍流黏性系数沿河宽的分布，本模型也采用式（3.17）计算v_t。

式（3.1）、式（3.2）和式（3.13）构成了冲积河流准二维平面流场模拟的基本控制方程。其定解条件包括初始条件和边界条件，初始条件包括河道初始地形和初始流量、水位沿程变化；边界条件包括上游入口断面的流量过程、下游出口断面的水位过程以及沿程的汇流（或出流）过程。

3.1.2　控制方程的离散及计算方法

求解基本控制方程前，先将研究河段沿流程划分为若干河段，使每一河段内的水流接近于均匀流，如图 3.3 所示。图中，i 为断面编号，N_cs 为断面总数，断面序号由下游向上游递增。为简便起见，称第 i 断面至第 $i+1$ 断面之间的河段为第 i 河段。其次，把长历时的来水过程概化为梯级恒定流，使每一计算时段内的水流接近恒定流，可按恒定渐变流进行求解。另外，还需要将横断面进行概化，将其划分成不同的子断面。

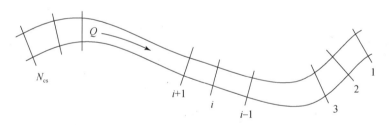

图 3.3　河段划分和断面编号示意图

1. 水面线的推算

对于式（3.1），分离变量后，可以在第 i 河段上直接积分得

$$Q_i = Q_{i+1} - \int_{x_{i+1}}^{x_i} q_\mathrm{L}\,\mathrm{d}x = Q_{i+1} - Q_{\mathrm{L}i} = Q_{N_\mathrm{cs}} - \sum_{i}^{N_\mathrm{cs}-1} Q_{\mathrm{L}i} \qquad i=1, 2, \cdots, N_\mathrm{cs}-1 \qquad (3.18)$$

式中，$Q_{\mathrm{L}i}$ 为第 i 河段上的出流量（出流为正，入流为负）；Q_{N_cs} 为上游入口断面的流量。

对于式（3.2），可以在第 i 河段上离散为

$$Z_{i+1} = Z_i + \left(\overline{J}_i + \frac{u_{Li}q_{Li}}{g\overline{A}_i} \right) \Delta x_i + \frac{1}{g\overline{A}_i} \left[\left(\alpha_e \frac{Q^2}{A} \right)_i - \left(\alpha_e \frac{Q^2}{A} \right)_{i+1} \right] \quad (3.19)$$

式中，$\overline{A}_i = (A_i + A_{i+1})/2$，是第 i 河段的平均过水断面面积；$\overline{J}_i$ 为第 i 河段的平均水力坡度，可用式（3.20）近似计算。

$$\overline{J}_i = \frac{1}{2}(J_i + J_{i+1}) = \frac{1}{2}\left(\frac{Q_i^2}{K_i^2} + \frac{Q_{i+1}^2}{K_{i+1}^2} \right) \quad (3.20a)$$

$$K_i = \sum K_{ij} = \sum A_{ij}C_{ij}\sqrt{R_{ij}} = \sum A_{ij}n_{ij}^{-1}R_{ij}^{2/3} \quad (3.20b)$$

式中，K_{ij}、C_{ij}、n_{ij} 和 R_{ij} 分别为子断面的流量模数、谢才系数、糙率和水力半径；j 为子断面下标。

利用式（3.20）计算流量模数时，需要给出每个子断面的糙率 n_{ij}。冲积河流阻力的影响因素十分复杂，已有的研究成果大多是针对断面平均阻力系数（或综合糙率），即使是综合糙率，已有的公式往往也不能给出正确的结果，更不必说分别确定每个子断面的糙率。这里采用实测资料反推糙率的方法，建立各级流量与主槽糙率之间的关系，滩地糙率取为常数。

水面线的推算从下游向上游逐段进行。首先利用式（3.18）计算出沿程各断面的流量，然后利用差分方程式（3.19），由下游向上游利用试算法推求水面线。常用的水面线推求方法有两种，一种是标准分步法，另一种是二分法。标准分步法应用较广，迭代收敛速度也较快，但在实际计算中有时得不到收敛解。二分法是一种较可靠的试算求解方法，一般只要找到求解区间，便能求得收敛解，但其求解速度相对较慢。鉴于此，本模型在推算水面线时，先用标准分步法试算，当得不到收敛解时，再采用二分法求解，使计算速度和收敛性都得到明显的提高。

2. 垂线平均流速和边界剪切应力的横向分布

为了对式（3.13）进行离散求解，先将式（3.14）和式（3.17）代入，并整理得

$$-\rho_m gh\frac{\partial z}{\partial x} - \frac{1}{8}\rho_m fU_d^2\sqrt{1 + J_0^2 + \left(\frac{\partial z_0}{\partial y}\right)^2} + \frac{\partial}{\partial y}\left[\rho_m \lambda h^2 \left(\frac{f}{8}\right)^{\frac{1}{2}} U_d \frac{\partial U_d}{\partial y} \right] = \Gamma \quad (3.21)$$

若记水面比降 $J_s = -\dfrac{\partial z}{\partial x}$，河床纵向底坡 $J_0 = -\dfrac{\partial z_0}{\partial x}$，断面横向底坡 $J_w = \dfrac{\partial z_0}{\partial y}$，则式（3.21）为

$$ghJ_s - \frac{1}{8}f\sqrt{1 + J_0^2 + J_w^2}U_d^2 + \frac{\partial}{\partial y}\left[\left(\frac{f}{8}\right)^{\frac{1}{2}} \lambda h^2 \frac{1}{2}\frac{\partial}{\partial y}(U_d)^2 \right] = \frac{\Gamma}{\rho_m} \quad (3.22)$$

为简化计算起见，令

$$D = ghJ_s - \frac{\Gamma}{\rho_m}, \quad E = -\frac{1}{8}f\sqrt{1+J_0^2+J_w^2}, \quad F = \frac{1}{2}\left(\frac{f}{8}\right)^{\frac{1}{2}}\lambda h^2, \quad X = U_d^2 \quad (3.23)$$

则式（3.22）可简化为

$$D + EX + \frac{\partial F}{\partial y}\frac{\partial X}{\partial y} + F\frac{\partial^2 X}{\partial y^2} = 0 \quad (3.24)$$

式（3.24）为二阶线性微分方程。对于简单断面，且 Γ、f、λ、J_w 为常数时，可求得解析解。但天然河流横断面形态通常都较为复杂，J_w 往往并非常数，这里采用数值方法求解式（3.24）。

考虑将式（3.24）在第 i 断面上离散。若过水断面宽度为 B_i，用间距为 $\Delta y = B_i/(N-1)$ 的铅垂线将过水断面沿横向划分为 $(N-1)$ 部分，N 为横断面上的结点总数。边界条件确定为左岸水边线处 $j=1$，$X_{j=1}=X_1=0$，右岸水边线处 $j=N$，$X_{j=N}=X_N=0$。

采用中心差分格式对式（3.24）在 j 结点上进行离散得

$$D_j + E_j X_j + \frac{F_{j+1}-F_{j-1}}{2\Delta y}\frac{X_{j+1}-X_{j-1}}{2\Delta y} + F_j\frac{X_{j+1}-2X_j+X_{j-1}}{\Delta y^2} = 0 \quad (3.25a)$$

进一步整理得

$$(F_{j-1}-F_{j+1}+4F_j)X_{j-1} + (4\Delta y^2 E_j - 8F_j)X_j$$
$$j=2, 3, \cdots, N-1 \quad (3.25b)$$
$$+(F_{j+1}-F_{j-1}+4F_j)X_{j+1} + 4\Delta y^2 D_j = 0$$

式（3.25）是一个 N 元线性代数方程组，共有 $N-2$ 个方程，N 个未知数，考虑到左右岸水边线外的边界条件，可以求解。线性代数方程组的数值求解方法有很多，这里用追赶法求解。将式（3.25）改写成如下形式：

$$X_j = A_j' X_{j+1} + B_j' X_{j-1} + C_j' \quad j=2, 3, \cdots, N-1 \quad (3.26)$$

其中，A_j'、B_j' 和 C_j' 为系数，定义如下：

$$\begin{cases} A_j' = -(F_{j+1}-F_{j-1}+4F_j)/(4\Delta y^2 E_j - 8F_j) \\ B_j' = -(F_{j-1}-F_{j+1}+4F_j)/(4\Delta y^2 E_j - 8F_j) \\ C_j' = -4\Delta y^2 D_j/(4\Delta y^2 E_j - 8F_j) \end{cases} \quad (3.27)$$

假设式（3.26）可改写成

$$X_j = O_j X_{j+1} + P_j \quad (3.28)$$

若 O_j、P_j 与节点函数值 X_j（$j=2, \cdots, N-1$）无关，证明存在 O_{j+1}、P_{j+1} 与节点函数值无关，且有式（3.29）所示关系存在。

$$X_{j+1} = O_{j+1}X_{j+2} + P_{j+1} \quad (3.29)$$

在式（3.26）中，当 j 取 $j+1$ 时，将（3.28）代入，可得

$$X_{j+1} = A'_{j+1}X_{j+2} + B'_{j+1}X_j + C'_{j+1} = A'_{j+1}X_{j+2} + B'_{j+1}(O_jX_{j+1} + P_j) + C'_{j+1} \quad (3.30)$$

则有

$$X_{j+1} = \left(\frac{A'_{j+1}}{1 - B'_{j+1}O_j} \right) X_{j+2} + (B'_{j+1}P_j + C'_{j+1}) \quad (3.31)$$

令

$$O_{j+1} = \frac{A'_{j+1}}{1 - B'_{j+1}O_j}, \quad P_{j+1} = B'_{j+i}P_j + C'_{j+1} \quad (3.32)$$

将式（3.32）代入式（3.31）即可得式（3.29）。从式（3.29）中可见，O_{j+1}、P_{j+1} 与结点函数值显然无关，说明由式（3.29）和式（3.32）组成的递推公式存在，可以用追赶法求解。

求解出每个结点处的函数值 X_j，由式（3.23）可知，每个结点处的垂线平均流速为

$$U_{dj} = \sqrt{X_j} \quad (3.33)$$

式中，U_{dj} 为横断面上第 j 结点处的垂线平均流速。利用 U_{dj} 可计算出该过水断面的流量，由此得出的流量与推算水面线时所用的流量会有所不同，存在一定误差。其主要原因是在推导垂线平均流速沿横向分布的方程时假定水流是恒定均匀流，而回水水面线方程则适用于恒定渐变流。计算表明，利用 U_{dj} 计算出的流量与实际流量之间差别很小。

求出垂线平均流速 U_{dj} 之后，利用式（3.12）和式（3.14），可计算出边界剪切应力沿横向的分布为

$$\tau_{bj} = \frac{f_j}{8}\rho_m U_{dj}^2 = \rho_m g n_j^2 h_{ij}^{-\frac{1}{3}} U_{dj}^2 \quad (3.34)$$

式中，τ_{bj} 为局部边界剪应力；n_j、h_{ij}、U_{dj} 分别为第 j 结点处的糙率、水深和垂线平均流速；ρ_m 为浑水密度；g 为重力加速度。

3.2　泥沙输移的模拟

3.2.1　基本控制方程

根据质量守恒定律，不难导出反映河流泥沙输移规律的泥沙连续方程。考虑恒定流的情况，并忽略紊动扩散造成的影响，可得出用断面平均参数表示的泥沙连续微分方程式，即

$$\frac{\partial}{\partial x}(QS) + \gamma'\frac{\partial A_0}{\partial t} + q_s = 0 \quad (3.35)$$

式中，S 为断面平均含沙量；γ' 为淤积物干容重；A_0 为断面冲淤面积；q_s 为单位流程上的侧向输沙率；x 为流程；t 为时间。式（3.35）是一维泥沙连续方程，描述了断面平均含沙量沿程变化与断面冲淤面积之间的关系。

天然河流泥沙通常是非均匀沙，实际模拟计算中，需要考虑泥沙颗粒级配不均匀的影响。若将泥沙按粒径分为 N_s 组，每一组内以一个平均粒径作代表，当作均匀沙处理。利用类似的方法，可得出与式（3.35）类似的分组泥沙连续方程，即

$$\frac{\partial}{\partial x}(QS_k)+\left(\gamma'\frac{\partial A_0}{\partial t}\right)_k+q_{sk}=0 \tag{3.36}$$

式中，k（$k=1$，2，3，…，N_s）为泥沙粒径分组下标；S_k 为第 k 粒径组泥沙的含沙量；$\left(\gamma'\dfrac{\partial A_0}{\partial t}\right)_k$ 为第 k 粒径组泥沙的冲淤量；q_{sk} 为第 k 粒径组泥沙的侧向输沙率。式（3.36）是一维分组泥沙的连续方程。实质上，泥沙连续方程（3.35）是分组泥沙连续方程合并后的结果，从两式比较可知：

$$S=\sum_{k=1}^{Ns}S_k,\ \ q_s=\sum_{k=1}^{Ns}q_{sk},\ \ \gamma'\frac{\partial A_0}{\partial t}=\sum_{k=1}^{Ns}\left(\gamma'\frac{\partial A_0}{\partial t}\right)_k \tag{3.37}$$

仅依据泥沙连续方程无法求解出含沙量的沿程变化。为使方程封闭，需要再引入一个方程，即河床变形方程。

河床变形方程可根据泥沙扩散理论推出。根据泥沙扩散理论，床面上泥沙的垂向通量是由于重力作用而往下沉降和由于水流紊动作用而往上扩散的两种泥沙通量的代数和，即

$$\gamma'\frac{\partial z_0}{\partial t}=\left[\omega_b s_b+\varepsilon_z\left(\frac{\partial s}{\partial z}\right)_b\right] \tag{3.38}$$

式中，ω_b 为近底沉速；s_b 为近底含沙量；z_0 为床面高程；ε_z 为悬移泥沙的垂向扩散系数；$(\partial s/\partial z)_b$ 为铅垂方向上的近底含沙量梯度。式（3.38）描述了河道横断面某一点上泥沙的重力作用和水流的紊动扩散作用造成的床面高程变化。由于式（3.38）不便于计算，在泥沙数学模型中，通常采用式（3.39）所示形式的河床变形方程。

$$\gamma'\frac{\partial A_0}{\partial t}=B\alpha\omega(S-S_*) \tag{3.39}$$

式中，B 为水面宽度；α 为恢复饱和系数；ω 为垂线平均沉速；S、S_* 分别为断面平均含沙量和水流挟沙力。式（3.39）是用断面平均参数表达的河床变形方程，相当于式（3.38）沿河宽的积分。

类似于式（3.36），可写出分粒径组泥沙的河床变形方程，即

$$\left(\gamma' \frac{\partial A_0}{\partial t}\right)_k = B\alpha\omega_k(S_k - S_{*k}) \tag{3.40}$$

式中，ω_k 为第 k 粒径组泥沙的平均沉速；S_{*k} 为第 k 粒径组泥沙的水流挟沙力，称为分组水流挟沙力，$S_* = \sum\limits_{k=1}^{N_s} S_{*k}$。

3.2.2 基本方程的离散及求解

利用式（3.39）只能计算出横断面上的总冲淤面积，而无法给出冲淤面积在横断面上的分布。为了能够模拟河道的横向变形，能较为准确地给出断面冲淤面积的横向分布，将式（3.40）写成差分形式，即

$$\gamma' \frac{\Delta A_{0k,i,j}}{\Delta t} = \alpha\omega_k b_{i,j}(S_{k,i,j} - S_{*k,i,j}) \tag{3.41}$$

式中，k 为粒径组；i 为断面号；j 为子断面号；b 为子断面宽度；ΔA_0 为冲淤面积；Δt 为时间步长。式（3.41）可写成求和的形式，即

$$\gamma' \frac{\Delta A_{0k,i}}{\Delta t} = \sum_j [\alpha\omega_k b_{i,j}(S_{k,i,j} - S_{*k,i,j})] \tag{3.42}$$

式中，$\Delta A_{0k,i}$ 为 i 断面上第 k 粒径组泥沙的总冲淤面积，$\Delta A_{0k,i} = \sum\limits_j \Delta A_{0k,i,j}$。

分组泥沙的连续方程式（3.36）可在第 i 河段上离散成差分形式，即

$$\frac{Q_i S_{k,i} - Q_{i+1} S_{k,i+1}}{\Delta x_i} + \gamma' \frac{A_{0k,i} + A_{0k,i+1}}{2\Delta t} + q_{sk,i} = 0 \tag{3.43}$$

式（3.42）和式（3.43）即为本模型用于求解泥沙输移和河床变形的基本差分方程。这两个差分方程本身并不封闭，除横断面的几何形态及水力要素必须已知外，还需补充一些辅助方程（或关系），如沉速计算公式、子断面含沙量与断面平均含沙量之间的关系、子断面分组挟沙力的计算公式、恢复饱和系数的确定等，3.2.3 小节将分别予以介绍。

3.2.3 泥沙输移模拟中若干问题的处理

1. 泥沙颗粒沉速的计算与修正

计算沉速时必须考虑含沙量和颗粒组成的影响。含沙量对沉速的影响主要反映在含沙水流的黏滞性上，含沙量越高，黏滞性越大，沉速越小。颗粒组成对沉速的影响主要反映在泥沙级配对沉速的影响。

在其他条件相同的情况下，浑水黏滞性将随含沙量的增加而增加，尤其是细颗粒的含量对浑水黏滞性有巨大影响，费祥俊（1991）对此作了较为系统的研究，提出了浑水黏度计算公式，即

$$\begin{cases} S_{vm} = 0.92 - 0.2 \lg \sum_{k=1}^{N_s} \dfrac{P_k}{d_k} \\[2mm] C_{\mu} = 1 + 2.0 \left(\dfrac{S_v}{S_{vm}}\right)^{0.3} \left(1 - \dfrac{S_v}{S_{vm}}\right)^4 \\[2mm] \mu_m = \mu_0 \left[1 - C_{\mu} \left(\dfrac{S_v}{S_{vm}}\right) \right]^{-2.5} \end{cases} \qquad (3.44)$$

式中，S_{vm} 为浑水的极限体积比浓度；d_k、P_k 分别为第 k 粒径组泥沙的代表粒径和重量百分比；C_{μ} 为对浓度的修正系数；S_v 为浑水的体积比含沙量；μ_m、μ_0 分别为浑水及同温度清水的动力黏性系数。

分粒径组泥沙的沉速计算公式是以单颗粒泥沙在清水中的沉速计算公式为基础，通过修正得到的。首先，考虑到泥沙的存在对泥沙悬浮液介质容重和黏滞性的影响，将单颗粒泥沙清水沉速公式中的容重和黏滞系数换成浑水的容重和黏滞系数，即得到单颗粒泥沙在浑水中的沉速公式。然后，考虑到群体泥沙沉降时颗粒间的相互阻尼作用，还需对单颗粒泥沙在浑水中的沉速公式作二次修正，从而得到均匀沙（或某粒径组泥沙）在浑水中的沉速公式。各粒径组泥沙沉速分不同流区计算，当泥沙沉降处于层流区（粒径判数 $\phi_m < 1.544$）时，采用斯托克斯公式计算沉速，即

$$\omega_k = \frac{\gamma_s - \gamma_m}{18\mu_m} d_k^2 (1 - S_v)^{4.91} \qquad (3.45a)$$

当泥沙沉降处于过渡区时，采用沙玉清（1996）公式计算沉速，即

$$\begin{cases} \omega_k = S_{am} v_m^{1/3} \left(\dfrac{\gamma_s - \gamma_m}{\gamma_m}\right)^{1/3} g^{1/3} (1 - S_v)^{4.91} \\[2mm] S_{am} = \exp\left[2.0303 \sqrt{39 - (\lg \varphi_m - 5.777)^2} - 3.665 \right] \\[2mm] \varphi_m = \dfrac{1}{6} \left(g\dfrac{\gamma_s - \gamma_m}{\gamma_m} \right)^{1/3} v_m^{-2/3} d_k \end{cases} \qquad (3.45b)$$

式中，ω_k 为第 k 粒径组泥沙在浑水中的沉速；v_m 为浑水运动黏滞系数；S_{am}、φ_m 分别为沉速判数和粒径判数。

非均匀沙群体沉速为

$$\omega = \sum_{k=1}^{N_s} P_k \omega_k \qquad (3.46)$$

式中，ω 为非均匀沙在浑水中的平均沉速；P_k 为第 k 粒径组泥沙占全沙的重量百分比；ω_k 为第 k 粒径组泥沙在浑水中的沉速。

2. 子断面含沙量与断面平均含沙量之间的关系

冲积河流的河槽通常都由主槽及广阔的洪漫滩组成，具有复式断面形态。中小水时，水流在主槽内流动。在大水漫滩情况下，滩地上的水流流速及挟沙能力远小于主槽，滩、槽水沙特性相差较大。为了在模型中反映这一影响，韦直林等（1997）通过实测资料分析，建立了子断面含沙量与断面平均含沙量之间的经验关系式，即

$$\frac{S_{k,i,j}}{S_{k,i}} = C\left(\frac{S_{*k,i,j}}{S_{*k,i}}\right)^{\beta} \tag{3.47}$$

式中，$C = \dfrac{Q_i S_{*k,i}^{\beta}}{\sum\limits_j Q_{i,j} S_{*k,i,j}^{\beta}}$；$\beta$ 为经验指数，$\beta = \begin{cases} 0.05, S_{*k,i,j}/S_{*k,i} < 0.2 \\ 0.30, S_{*k,i,j}/S_{*k,i} \geq 0.2 \end{cases}$；$k$、$i$ 和 j 分别为粒径组、断面编号和子断面下标；无脚标 j 时表示断面平均参数。

3. 子断面分组挟沙力的计算

根据河流泥沙运动力学的理论，水流挟沙力的概念是针对床沙质而言的，不适用于冲泻质。许多泥沙数学模型将泥沙划分为床沙质和冲泻质，分别计算其冲淤过程。这种方法对于简单断面形态是适用的。对于天然河流，断面形态比较复杂，需要将横断面划分成若干子断面进行泥沙输移计算，这种情况下仍将泥沙划分为床沙质和冲泻质，会使计算过程变得十分复杂。这是因为同一断面的不同子断面上，水流强度不一定相等，同一组泥沙在不同子断面上可能分属于冲泻质和床沙质。

为此，有些学者对全沙的水流挟沙力公式进行了研究（张红武，1995），也有学者对冲泻质的挟沙能力问题进行了探讨（钟德钰等，1998）。为了便于计算，本模型不区分床沙质和冲泻质，采用式（3.48）计算子断面的水流挟沙力。

$$S_{*i,j} = C_*\left(\frac{\gamma_m}{\gamma_s - \gamma_m}\frac{U_{i,j}^3}{gR_{i,j}\omega}\right)^{m_*} \tag{3.48}$$

式中，$S_{*i,j}$ 为子断面上混合沙（包括床沙质和冲泻质）的总挟沙力；C_*、m_* 分别为待定系数和经验指数，可根据实测资料确定；γ_m、γ_s 分别为浑水和泥沙的容重；$U_{i,j}$、$R_{i,j}$ 分别为子断面的平均流速和水力半径；ω 为混合沙挟沙力的代表沉速。混合沙挟沙力的代表沉速与挟沙力的级配有关，挟沙力级配一旦确定，子断面的分组挟沙力也就确定了。

目前，对分组水流挟沙力和水流挟沙力级配的研究还很不成熟。一般认为，河流中的泥沙主要有两部分组成，一部分是上游来水挟带而来的；另一部分是由

于水流的紊动扩散作用从床面上扩散而来的。因此，悬移质挟沙力级配是一定来水来沙和河床条件的综合结果，它既与床沙级配有关，又与上游来沙级配有关，忽视了任何一方面都将使计算结果出现较大误差。基于这样的认识，本模型采用式（3.49a）计算挟沙力级配。

$$P_{*k,i,j} = \theta P_{k,i+1} + (1-\theta)P'_{*k,i,j} \qquad (3.49a)$$

式中，$P_{*k,i,j}$ 为子断面的水流挟沙力级配；$P_{k,i+1}$ 为上游断面的断面平均悬移质级配；θ 为加权系数；$P'_{*k,i,j}$ 为子断面的某一特征级配，由式（3.49b）确定。

$$P'_{*k,i,j} = \left(\frac{P_{bk,i,j}}{\omega_k^{m_*}}\right) \bigg/ \sum_k \frac{P_{bk,i,j}}{\omega_k^{m_*}} \qquad (3.49b)$$

式中，$P_{bk,i,j}$ 为子断面的床沙级配；ω_k 为第 k 粒径组泥沙沉速；m_* 为经验指数，与式（3.48）相同。

由式（3.49a）和式（3.49b）计算出挟沙力级配，并由式（3.48）计算出子断面上混合沙的总挟沙力后，分组水流挟沙力用式（3.50）计算。

$$S_{*k,i,j} = P_{*k,i,j} S_{*i,j} \qquad (3.50)$$

式中，$S_{*k,i,j}$ 为子断面的分组水流挟沙力。

4. 关于恢复饱和系数

河床变形方程式（3.39）中的恢复饱和系数 α 在悬移质输移计算中是一个十分关键的参数，但如何确定其具体数值目前尚无规律可循，不同模型的取值相差很大。

式（3.39）是假定床面附近泥沙的垂向紊动扩散通量总是与输沙平衡情况下相同的前提下，由式（3.38）推导出的，一些学者由此认为 α 相当于近底含沙量与垂线平均含沙量的比值，其理论值应大于 1.0。有学者对此假定提出了质疑，认为这一假定没有理论和实验根据，如果该假定成立，则在恒定均匀流中，不管处于冲刷或淤积状态，床面附近的含沙量垂向梯度应沿程保持不变，但实测结果并非如此。

从河床变形方程式（3.39）的结构形式来看，等式左边是河床变形速率，等式右边相当于悬移质含沙量的次（或超）饱和程度。$S - S_*$ 等于 0，大于 0 和小于 0 分别表示含沙量处于饱和、超饱和及次饱和三种状态。当含沙量为超饱和时，就会发生淤积；当含沙量为次饱和时，就会发生冲刷。无论哪种情况，含沙量的变化总是趋向于恢复到饱和状态，式（3.39）很好地反映了这种规律。由此可见，从物理图形上来说，式（3.39）是符合河流动力学的基本原理的。式（3.39）中的恢复饱和系数 α 实质上是一个综合系数，综合反映了各种因素对冲淤速率的影响，α 值的确定只能通过模型的验证来率定，这也是国内大多数泥沙数学模型采用的方法。

利用式（3.40）进行分组泥沙的冲淤计算时，许多数学模型都采用了相同的 α 值计算不同粒径组的泥沙冲淤量，下面来分析这样取值会对计算结果产生什么影响。

将式（3.40）代入式（3.36），假定河槽可概化成宽浅矩形明渠，不考虑侧向输沙率，则泥沙连续方程为

$$\frac{\partial S_k}{\partial x} = -\frac{\alpha_k \omega_k}{q}(S_k - S_{*k}) \qquad (3.51)$$

式中，α_k 为第 k 粒径组泥沙的恢复饱和系数；q 为单宽流量。由式（3.51）中可看出，若 α_k 取为定值，则含沙量沿程恢复饱和的速率仅与该粒径组泥沙的沉速 ω_k 有关。沉速越大，则含沙量恢复饱和的速率就越大；沉速越小，则含沙量恢复饱和的速率就越小。由于各粒径组泥沙的沉速可相差几个数量级，不同粒径组泥沙的恢复饱和速率也相差较大。

从实际计算结果看，相对于粗粒径组而言，细粒径组泥沙的冲淤量极小，常常可以忽略不计。而且当发生冲刷时，较粗的粒径组由于其沉速大，含沙量恢复饱和速率也大，冲得比细粒径组快，从而导致河床发生细化的反常结果，这说明不同粒径组泥沙的恢复饱和系数取相同的值会导致不合理的结果。

下面对分粒径组泥沙的恢复饱和系数 α_k 与混合沙的恢复饱和系数 α 之间的关系作进一步的分析。假设有一宽浅明渠，水流为恒定均匀素流，垂线平均流速为 U，水深为 h，悬移质和床沙都是均匀沙，粒径为 d，相应的沉速为 ω，此种情况下的水流挟沙力可表示为

$$S_* = K_*\left(\frac{U^3}{gh\omega}\right)^m \qquad (3.52)$$

式中，K_*，m 分别为待定系数和指数。对于天然河流，含沙量与挟沙力通常较为接近，含沙量应具有和式（3.52）相同的函数形式，即可以假定

$$S = K_s\left(\frac{U^3}{gh\omega}\right)^m \qquad (3.53)$$

式中，K_s 为待定系数；S 为悬移质含沙量。这种理想条件下的泥沙连续方程为

$$\frac{\partial S}{\partial x} = -\frac{\alpha\omega}{q}(S - S_*) \qquad (3.54)$$

式中，q 为单宽流量；α 为恢复饱和系数。

然而，天然河流中无论是悬移质还是床沙都由非均匀沙组成。分析理想情况下，其他条件不变，泥沙是非均匀沙的情况。在该明渠中取单位体积的浑水水样，若浑水中泥沙颗粒的最大粒径为 $d_{\max}$，最小粒径为 $d_{\min}$，则浑水水样中，泥沙粒

径的取值范围为 $d \in [d_{\min}, d_{\max}]$。

若对浑水水样中的泥沙颗粒进行随机抽样，每次抽样的结果用泥沙粒径 d 来表示，则泥沙粒径 d 相当于随机变量。定义总沙样中粒径小于 d 的泥沙颗粒的重量与总沙样重量的比率为泥沙粒径（或随机变量 X）取值为 d 时的概率，记为 $P\{X<d\}$。若泥沙粒径的概率分布密度为 $\phi(d)$，则该浑水样中泥沙的级配可表示为

$$P_k = P\{d_k < X < d_{k+1}\} = \int_{d_k}^{d_{k+1}} \phi(x)\mathrm{d}x \tag{3.55}$$

式中，P_k 为悬移质级配；d_k、d_{k+1} 分别为第 k 粒径组泥沙的下限粒径和上限粒径；x 为积分变量。

在水温不变的情况下，泥沙沉速可以近似看成是泥沙粒径的函数，即 $\omega = \omega(d)$，则混合沙的平均沉速（即数学期望）可表示为

$$\bar{\omega} = E(\omega) = \int_{d_k}^{d_{k+1}} \omega \phi(x)\mathrm{d}x \tag{3.56}$$

式中，$\bar{\omega}$ 为混合沙的平均沉速。

假定在非均匀沙条件下，粒径为 d 的泥沙，其水流挟沙力和含沙量仍可用式（3.52）和式（3.53）来表示。则类似于式（3.56），可将混合沙的平均水流挟沙力和平均含沙量表示为

$$\begin{aligned}
E(S_*) &= \int_{d_{\min}}^{d_{\max}} S_* \phi(x)\mathrm{d}x \\
&= \int_{d_{\min}}^{d_{\max}} K_* \left(\frac{U^3}{gh\omega}\right)^m \phi(x)\mathrm{d}x \\
&= K_* \left(\frac{U^3}{gh\bar{\omega}}\right)^m \int_{d_{\min}}^{d_{\max}} \left(\frac{\bar{\omega}}{\omega}\right)^m \phi(x)\mathrm{d}x
\end{aligned} \tag{3.57a}$$

记 $\overline{S_*} = K_* \left(\dfrac{U^3}{gh\bar{\omega}}\right)^m$、$\eta = \dfrac{\bar{\omega}}{\omega}$，则

$$E(S_*) = \overline{S_*} \int_{d_{\min}}^{d_{\max}} \eta^m \phi(x)\mathrm{d}x \tag{3.57b}$$

式中，$E(S_*)$ 为挟沙力 S_* 的数学期望；$\overline{S_*}$ 为混合沙的平均水流挟沙力。

用同样的方法，可得含沙量的数学期望为

$$E(S) = \int_{d_{\min}}^{d_{\max}} S \phi(x)\mathrm{d}x = \bar{S} \int_{d_{\min}}^{d_{\max}} \eta^m \phi(x)\mathrm{d}x \tag{3.58}$$

式中，$E(S)$ 为含沙量 S 的数学期望；$\bar{S}$ 为混合沙的平均含沙量，即

$$\bar{S} = K_s \left(\frac{U^3}{gh\bar{\omega}}\right)^m \tag{3.59}$$

式中，$\bar{\omega}$ 是由式（3.56）计算的平均沉速。

类似地，若假定式（3.54）同样适用于非均匀沙，则可用类似的方法导出混合沙的连续方程。由于

$$E\left[\frac{\partial S}{\partial x}+\frac{\alpha\omega}{q}(S-S_*)\right]=\int_{d_{\min}}^{d_{\max}}\left[\frac{\partial S}{\partial x}+\frac{\alpha\omega}{q}(S-S_*)\right]\phi(x)\mathrm{d}x=0 \qquad (3.60a)$$

积分整理后可得

$$\frac{\partial\overline{S}}{\partial x}=-\frac{\overline{\omega}}{q}\frac{\int_{d_{\min}}^{d_{\max}}\alpha\eta^{m-1}\phi(x)\mathrm{d}x}{\int_{d_{\min}}^{d_{\max}}\eta^{m}\phi(x)\mathrm{d}x}(\overline{S}-\overline{S_*}) \qquad (3.60b)$$

对比式（3.54）和式（3.60b），若混合沙的恢复饱和系数为 $\overline{\alpha}$，则有

$$\overline{\alpha}=\frac{\int_{d_{\min}}^{d_{\max}}\alpha\eta^{m-1}\phi(x)\mathrm{d}x}{\int_{d_{\min}}^{d_{\max}}\eta^{m}\phi(x)\mathrm{d}x} \qquad (3.61a)$$

式（3.61a）写成求和的形式为

$$\overline{\alpha}=\frac{\sum_{k}(\alpha_k\eta_k^{\,m-1}P_k)}{\sum_{k}(\eta_k^{\,m}P_k)} \qquad (3.61b)$$

式中，k 为粒径组下标；α_k 为第 k 粒径组泥沙的恢复饱和系数；$\eta_k=\overline{\omega}/\omega_k$；$P_k$ 为泥沙级配。式（3.61a）、式（3.61b）说明，混合沙的恢复饱和系数不仅与泥沙级配有关，而且与各粒径组的沉速和恢复饱和系数有关。

这里对式（3.61b）略作分析。若取混合沙的恢复饱和系数 $\overline{\alpha}$ 与分组沙的恢复饱和系数 α_k 相等，则由式（3.61b）可知，必须有式（3.62）成立。

$$1=\frac{\sum_{k}(\eta_k^{\,m-1}P_k)}{\sum_{k}(\eta_k^{\,m}P_k)} \qquad (3.62)$$

式中，若取 $m=1$，则必须有 $\sum_{k}(\eta_k P_k)=1$ 成立，这一条件只有在泥沙是均匀沙的条件下才能成立，对于非均匀沙是不可能成立的。可见，混合沙的恢复饱和系数 $\overline{\alpha}$ 与分组沙的恢复饱和系数 α_k 不可能相等。

在式（3.61b）中，若取 $m=1.0$（即水流挟沙力公式中的经验指数取值为 1.0），则有

$$\overline{\alpha}=\frac{\sum_{k}(\alpha_k P_k)}{\sum_{k}(\eta_k P_k)} \;\Rightarrow\; \sum_{k}(\alpha_k P_k)=\sum_{k}(\overline{\alpha}\eta_k P_k) \qquad (3.63)$$

式（3.63）成立的一个条件为

$$\alpha_k=\overline{\alpha}\eta_k \;\Rightarrow\; \alpha_k\omega_k=\overline{\alpha}\overline{\omega} \qquad (3.64)$$

式（3.64）说明分组沙的恢复饱和系数 α_k 与该粒径组泥沙的沉速 ω_k 成反比关系，因此可假定

$$\alpha_k \propto \bar{\alpha}\eta_k = \bar{\alpha}\frac{\bar{\omega}}{\omega_k} \tag{3.65}$$

可见，分组沙的恢复饱和系数与沉速之间的关系为

$$\alpha_k = \alpha_0\left(\frac{\bar{\omega}}{\omega_k}\right)^{m_1} \tag{3.66}$$

式中，α_k 为第 k 粒径组泥沙的恢复饱和系数；α_0、m_1 分别为待定系数和指数，需通过模型验证计算进行率定；ω_k 为第 k 粒径组泥沙的沉速；$\bar{\omega}$ 为混合沙的平均沉速。

5. 关于糙率的修正

本模型利用计算时段内的平均冲淤强度对糙率进行修正。如果河道呈淤积趋势，则糙率将减小；反之，如果河道呈冲刷趋势，则糙率将会有所增加。假设 t 时刻 i 河段的糙率为 n_i^t。若经过 Δt 时间后，该河段的冲淤量为 ΔV_i，则该河段 $t+\Delta t$ 时刻的糙率 $n_i^{t+\Delta t}$ 为

$$n_i^{t+\Delta t} = n_i^t - C_\mathrm{n}\frac{\Delta V_i}{\Delta t} \tag{3.67}$$

式中，C_n 为经验系数，可在计算中根据计算结果的情况进行调整；ΔV 冲刷时取负值，淤积时取正值。在实际计算中，对 $n_i^{t+\Delta t}$ 的变化范围应有所限制，即

$$n_i^{t+\Delta t} = \begin{cases} 0.5n_i^{t=0} & n_i^{t+\Delta t} < 0.5n_i^{t=0} \\ 1.5n_i^{t=0} & n_i^{t+\Delta t} > 1.5n_i^{t=0} \end{cases} \tag{3.68}$$

式中，$n_i^{t=0}$ 为计算初始第 i 河段的综合糙率，需通过实测资料率定得出。

3.2.4　泥沙输移计算的主要步骤

3.2.3 小节对泥沙输移计算所需的公式及参数进行了讨论，本小节对模型中泥沙输移计算的主要步骤进行介绍。

对于每一个时段，水流计算结束后，给定进口断面的含沙量、级配和床沙级配后，即可进行泥沙输移计算。

首先利用式（3.43）计算 i 断面的平均含沙量。将式（3.42）、式（3.47）代入式（3.43）后，经整理可得

$$S_{k,i} = \frac{Q_{i+1}S_{k,i+1} - \left(q_{\mathrm{sk},i} + \gamma'\frac{\Delta A_{0k,i+1}}{2\Delta t}\right)\Delta x_i + \frac{1}{2}\alpha_k\omega_k\Delta x_i\sum_j(b_{i,j}S_{*k,i,j})}{Q_i + \frac{1}{2}\alpha_k\omega_k\Delta x_i\sum(b_{i,j}S_{*k,i,j}^\beta)/\sum(Q_{i,j}S_{*k,i,j}^\beta)} \tag{3.69}$$

式中，$S_{k,i}$ 为 i 断面的分组含沙量；$\Delta A_{0k,i+1}$ 为 $i+1$ 断面的分组冲淤面积；α_k 为第 k 粒径组泥沙的恢复饱和系数，由式（3.66）计算；$b_{i,j}$ 为子断面宽度；$S_{*k,i,j}$ 为子断面的分组水流挟沙力，由式（3.50）计算。

计算出断面平均含沙量 $S_{k,i}$ 后，利用式（3.47），可计算出各子断面的分组含沙量，再利用式（3.41）即可计算出各子断面分组沙的冲淤面积（或厚度）。

3.3　河槽横向变形的模拟

河槽横向变形是河岸抗冲力与水流冲刷力之间相互作用的结果。在冲积河道中，河岸的重力侵蚀常成为河槽横向变形的主要原因。当河岸失稳时，近岸流区泥沙平衡的主要部分是河岸泥沙的坍塌量。而且，河槽的横向变形速率也与重力失稳块的几何形态直接相关。因此，准确预测和估算河岸泥沙的坍塌量及失稳破坏的几何形状，对于河槽横向变形的模拟是十分重要的。

河岸失去稳定的主要原因是水流的冲刷作用，表现在两个方面。一方面水流冲刷床面，使河岸或边滩的相对高度增加，可导致河岸稳定性降低，这是河床的垂向水力侵蚀作用；另一方面，水流淘刷河岸坡脚，使河岸的坡角增加，同样可导致河岸的稳定性降低，这是河岸的横向（或侧向）水力侵蚀作用。可见，河岸稳定性的预测，取决于河床垂向水力侵蚀量的预测结果和河岸横向水力侵蚀量的预测结果。河床垂向水力侵蚀量的预测已由泥沙输移子模型给出，这里讨探河岸的横向水力侵蚀过程、河岸的重力侵蚀过程及其他与河槽横向变形有关的问题。

3.3.1　河岸横向水力侵蚀量的估算

河岸的横向水力侵蚀或侧向侵蚀是指河岸坡脚的泥沙在水流作用下的冲刷外移过程。冲积河流的河岸（或边滩），其组成物质中黏性沙占有较大比例，大多具有黏性沙的特性，本模型即考虑这种情况。如图 3.4 所示，某河道右岸（或边滩）由最初形态始，在水流的侧向侵蚀作用下，导致主槽底宽增加，岸坡变陡，河岸的稳定性因之降低。若水流的侧向侵蚀量用主槽底宽的增量 $\Delta B'$ 来表示，则侧向侵蚀量 $\Delta B'$ 与河岸物质组成特性、水流特性及河岸的几何形态等条件有关。

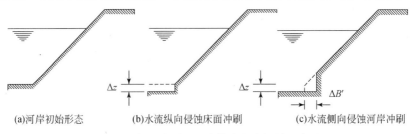

(a)河岸初始形态　　　　(b)水流纵向侵蚀床面冲刷　　　　(c)水流侧向侵蚀河岸冲刷

图 3.4　床面冲刷和河岸横向水力侵蚀示意图

水流对河岸的侵蚀强度主要取决于河岸土体的物理及化学特性。岸壁土体中黏土含量增加，可使土体的抗侵蚀强度增加；相反，岸壁土体中黏土含量减少，可使土体的抗侵蚀强度减小。通常用于表征土体抗侵蚀强度大小的物理量是土体颗粒的临界起动切应力（拖曳力）τ_c。当水流剪切应力 τ 小于河岸土体颗粒的临界起动切应力 τ_c 时，土体颗粒稳定不动，此时河岸壁不受水流冲蚀的影响；当水流剪切应力 τ 等于河岸土体颗粒的临界起动切应力 τ_c 时，土体颗粒开始起动，此时岸壁开始受到水流冲蚀的影响；当水流剪切应力 τ 大于河岸土体的临界起动切应力 τ_c 时，岸壁的水力侵蚀强度与剩余剪切应力 $\tau_r(\tau_r = \tau - \tau_c)$ 有关，剩余剪切应力 τ_r 越大，则岸壁的水力侵蚀强度越大，剩余剪切应力 τ_r 越小，则岸壁的水力侵蚀强度也越小。

定义河岸的水力侵蚀强度为水流在单位时间内从单位面积河岸壁上冲刷带走的泥沙重量，即

$$G_e = W_s / (A_b \Delta t) \qquad (3.70)$$

式中，G_e 为河岸的水力侵蚀强度；W_s 为水流侧向淘刷带走的河岸泥沙重量；A_b 为岸壁冲刷面积；Δt 为冲刷时间。

Osman 等（1988）通过试验研究，提出了一个可用于计算黏性河岸泥沙水力侵蚀强度的经验公式，即

$$G_e = G_{e0}\left(\frac{\tau - \tau_c}{\tau_c}\right) \qquad (3.71)$$

式中，τ、τ_c 分别为水流的剪切应力和岸壁土体颗粒（泥沙）的临界起动切应力；G_{e0} 为河岸泥沙处于临界起动状态时的水力侵蚀强度，可用经验公式（3.72）计算。

$$G_{e0} = 2.23\tau_c e^{-1.3\tau_c} \qquad (3.72)$$

式中，G_{e0} 的单位为 kg/（$m^2 \cdot$ min）；τ_c 的单位为 N/m^2。

将式（3.72）代入式（3.71），可得

$$G_e = 2.23(\tau - \tau_c)e^{-1.3\tau_c} \qquad (3.73)$$

假设河岸泥沙的干容重为 γ_b'，则依据式（3.73），在单位时间内，河岸被水流侧向淘刷后退的距离为

$$\Delta B = \frac{G_e}{\gamma_b'} = \frac{2.23(\tau - \tau_c)}{\gamma_b'}e^{-1.3\tau_c} \qquad (3.74)$$

式中，河岸泥沙的干容重 γ_b' 的单位为 kg/m^3；ΔB 是单位时间（每分钟）内，河岸因水流侧向淘刷而后退的距离，m/min。在水流子模型中，已经求解出了边界剪切应力在横断面上的分布，依据河岸上的水流剪切应力分布，可由式（3.74）计算出岸壁上任何一点的横向水力侵蚀距离。

由于天然河道横断面形态十分复杂，模型不可能对河岸上每一点的横向冲淤变形都进行模拟计算，只能将其概化为较为简单的几何形态。如图 3.4 所示，对

于横向水力侵蚀的模拟，研究关心的是河岸坡趾在单位时间内的横向水力侵蚀距离 $\Delta B'$，以及水流在单位时间内从单位长度河道的河岸上冲起的泥沙重量。

依据式（3.74），河岸坡趾在 Δt 时间内的横向水力侵蚀距离为

$$\Delta B' = \frac{0.0372(\tau_0 - \tau_c)\Delta t}{\gamma_b'} e^{-1.3\tau_c} \tag{3.75}$$

式中，$\Delta B'$ 为河岸坡趾的横向水力侵蚀距离，m；Δt 为水流冲刷时间，s；γ_b' 为河岸泥沙干容重，kg/m³；τ_0、τ_c 分别为河岸坡趾处的水流剪切应力和泥沙的临界起动切应力，N/m²。

河岸泥沙起动后，就成为水流挟带的泥沙的一部分，由于水流的挟沙能力是一定的，河岸泥沙补给量的大小，直接影响着河床泥沙补给量的多少。河岸泥沙补给量增加，必然会造成河床泥沙补给量的减少。换言之，河岸冲刷量增加，必然导致床面冲刷量减少，两者之间相互影响相互制约，联系两者之间的纽带便是泥沙连续方程。为了能在泥沙连续方程中，考虑河岸泥沙补给对河床冲淤的影响，有必要给出水流在单位时间内从单位长度河道相应河岸上冲起泥沙的重量。

假设岸壁上从坡趾点到水边线点的横向水力侵蚀距离为线性变化，根据图 3.4 中的几何关系，可很容易地得出河岸的侧向冲刷面积 ΔA_b，则单位长度河岸上由于水流的侧向冲蚀作用造成的河岸泥沙补给量为

$$g_e = \frac{\Delta A_b \gamma_b'}{\Delta t} \tag{3.76}$$

式中，g_e 为水流侧向冲蚀作用造成的河岸泥沙补给量，kg/（s·m）；ΔA_b 为河岸的侧向冲刷面积。式（3.76）计算的是每一河岸（左岸或右岸）的泥沙补给量，如两岸都有冲刷，则需分别计算。

依据式（3.76）可计算出水流侧向冲蚀作用造成的河岸泥沙补给量 g_e，g_e 实质上相当于单位流程上的侧向输沙率，可将其代入式（3.43）中参与水流泥沙的纵向输移计算。需要注意的是，式（3.43）中的 q_s，其物理意义是单位流程上的出流侧向输沙率（出为正，入为负），而 g_e 则相当于单位流程上进入水体的侧向输沙率，代入式（3.43）时应取负号。

另外，式（3.43）是分组泥沙的连续方程，即在泥沙的纵向输移计算中，是分粒径组进行泥沙冲淤计算的。若在分组泥沙连续方程（3.43）中考虑河岸泥沙补给量 g_e 的影响，必须给出分组河岸泥沙补给量 g_{ek}。由于目前还没有这方面的研究成果，研究假定河岸的横向水力侵蚀作用对每一组泥沙都是相同的，无分选作用。在这种假定条件下，分组河岸泥沙补给量为

$$g_{ek} = g_e p_{bk} \tag{3.77}$$

式中，g_{ek} 为分组河岸泥沙补给量；g_e 为河岸泥沙补给总量，由式（3.76）计算；p_{bk} 为河岸泥沙的级配。

3.3.2　岸壁土体颗粒的临界起动切应力

为了计算河岸横向水力侵蚀距离，需要给出岸壁土体颗粒的临界起动切应力 τ_c。含有大量粉粒（0.005mm<d<0.05mm）和黏粒（d<0.005mm），颗粒组成较细的黏性河岸物质，主要依靠颗粒之间的黏结力抵抗水流的侵蚀。

颗粒间的黏结力是一个十分复杂的物理现象，它一方面取决于土壤的矿物质组成、水流及孔隙水的离子浓度和性质、温度和酸碱度等，另一方面又与黏土颗粒之间形成的骨架有关。前者直接影响颗粒表面的薄膜水性质和颗粒间的吸引力，后者则关系到整个土体系统的稳定性。

当黏性河岸物质被水流冲起时，常以团粒的形态起动，其形状类似于土壤形成过程中形成的土体碎屑或碎片。因此，黏性河岸物质的起动条件应是边界切应力超过团粒（土体碎块或碎片）的临界起动切应力，而不是单颗粒黏性沙的临界起动拖曳力。团粒的大小、稳定性及颗粒之间的黏结强度等黏性沙的物理特性，一般取决于土体形成的历史。

钱宁等（1983）在研究黏性土的起动问题时，将其划分为两种不同的情况。一种是在河床冲淤过程中，自然沉积下来，新淤未久，尚未完全密实的泥沙。这样的泥沙在起动时仍然可以按单颗粒泥沙来处理，不过所承受的力中增加了颗粒之间的黏结力。另一种是沉积已久，经过物理化学作用，已经形成黏土矿物的黏性土。这种土在起动时，不是以单颗粒起动，而是成片成团地进入运动状态。前者属于新淤黏性土的起动问题，后者属于固结黏性土的问题。可见，黏性泥沙的起动条件与时间等因素有关，比非黏性沙的起动条件复杂得多。

目前，有关黏性泥沙的起动和侵蚀机理的研究成果已有不少，但精确预测黏性泥沙的起动拖曳力仍然是十分困难的。本模型采用唐存本（1963）提出的起动拖曳力公式来估算黏性河岸泥沙的临界起动切应力，即

$$\tau_c = \frac{1}{77.5}\left[3.2(\gamma_s - \gamma)d + \left(\frac{\gamma_b'}{\gamma_{b0}'}\right)^{10}\frac{k_b}{d}\right] \tag{3.78}$$

式中，τ_c 为黏性沙临界起动切应力，g/cm²；γ_s、γ 分别为泥沙及水的容重，g/cm³；d 为粒径，cm；γ_b' 为床面泥沙的干容重；γ_{b0}' 为床面泥沙达到密实后的干容重，取 $\gamma_{b0}' = 1.6\text{g}/\text{cm}^3$；$k_b$ 为常数，取值为 $2.9 \times 10^{-4}\text{g/cm}$。式（3.78）的主要特征是在黏结力一项中考虑了床面泥沙的相对密实程度，这从定性上说无疑是正确的，该式适用于床面上新淤黏性沙的起动情况。

对于岸壁泥沙，可以假定泥沙已经达到密实状态，即取 $\gamma_b' = \gamma_{b0}'$。另外，由于式（3.78）是依据床面上泥沙的受力情况导出的，为了使之适用于岸壁条件，计

算中将公式中的常数 k_b 作为综合系数对待，可通过调整 k_b 的大小，来反映黏性河岸泥沙的抗侵蚀强度的其他影响因素。例如，可取较大的 k_b 值来模拟非侵蚀性河岸（如岩石河岸），或者取较小的 k_b 值来模拟易侵蚀性河岸（如水库的边滩）。依据这一假定，可将式（3.78）改写为

$$\tau_c = \frac{1}{77.5}\left[31.36(\gamma_s - \gamma)d + \frac{k_b}{d}\right] \tag{3.79}$$

式中，综合系数 k_b 初步计算时，可取值为 $2.84 \times 10^{-4} \text{N/m}$。式（3.79）即为本模型中用于计算黏性河岸泥沙临界起动切应力的公式。

3.3.3　黏性河岸重力稳定性的分析和河岸泥沙重力侵蚀量的预测

1. 河岸边坡的概化及有关假定

河流发生冲刷时，河床冲刷下降，河岸坡脚遭受淘刷，导致河岸高度和坡角增大，岸坡土体内部的剪切应力也随之增加。当作用于临界失稳面上的剪切应力超过土体强度时，河岸就会失去稳定，顺岸坡滑入河槽，从而导致河槽横向变形。河岸重力侵蚀过程的模拟，需要解决如下两方面的问题：一是进行河岸稳定性分析，以便预测河岸何时失稳；二是一旦河岸失稳时，预测失稳土体块的几何形态，数量大小及其纵向范围。

天然河流由于组成河岸的土体特性和河岸几何形态等条件的不同，河岸失稳的类型多种多样。从实际观测到的情况来看，无论是模型小河或是天然河流，只要河岸的组成物质是具有黏性的，河岸通常都具有较陡的边坡，尤其是强侵蚀性河槽的沿岸或弯道的凹岸。

由于坡顶表层土体中存在拉应力，在岸坡顶部常常产生平行于岸线的，自表面向下发展的伸拉裂缝。伸拉裂缝的深度甚至可能达到岸高的一半，河岸被隔离出一道"土墙"。这种河岸失稳时，常表现为该"土墙"沿薄弱夹层滑移倾覆，倒塌于河槽之中。

实际上，自然界的侵蚀性河流中，边坡较陡、顶面存在伸拉裂缝的河岸（边滩）极为常见。因此，在分析河岸的稳定性时，假定河岸的几何形态如图 3.5 所示，图 3.5（a）为河道右岸在遭受侧向侵蚀和床面冲刷之前的几何形态，图 3.5（b）为发生冲刷后的几何形态。利用土力学中的边坡稳定性分析方法，可对图 3.5 所示的特殊边坡进行稳定性分析，据此预测河岸边坡是否稳定，以及失稳块的宽度以及体积。为了使问题得以简化，在分析中采用了如下假定。

（1）河岸（或边滩）物质由黏性沙组成，且岸壁组成物质相对均匀，可利用泥沙的平均物理特性进行分析。

（2）河岸土体失稳破坏面通过坡趾，不考虑其他类型的失稳破坏。

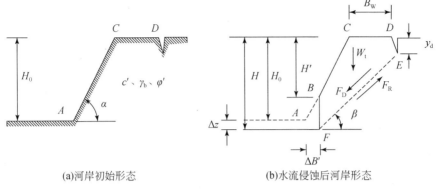

(a)河岸初始形态　　　　　　　　　(b)水流侵蚀后河岸形态

图 3.5　河岸稳定性分析示意图（初始失稳）

$\Delta B'$ 为 Δt 时间内侧向冲刷造成的河床宽度的变化；Δz 为 Δt 时间内的床面冲刷深度；H_0 为初始岸高（或滩槽高差）；H' 是 B 点以上的岸高；α 为初始岸坡角；β 为失稳破坏面与水平面之夹角；y_d 为坡顶拉伸裂缝的深度；H 为河床以上的岸高（或床面发生冲刷后的滩槽高差）；c'、γ_b、ϕ' 分别是河岸土体的有效凝聚力、容重和有效内摩擦角

（3）在稳定性分析中不考虑河岸坡面植物、渗流、地下水位、坡面径流等因素的影响。这些因素在一些特定情况下可能是十分重要的，可以通过修正分析结果考虑这些因素的影响。

（4）依据河岸坡面倾角 α，可将岸坡划分为两类：陡坡河岸和缓坡河岸。通常陡坡沿平面滑动失稳，而缓坡沿圆弧（曲面）滑动失稳。大多数天然侵蚀性河岸都比较陡，因此本小节主要分析陡坡河岸的稳定性，河岸边坡失稳的形式为平面滑动失稳（或崩塌失稳）。模拟计算中，如遇到河岸边坡较缓的情况，仍利用陡坡河岸的分析成果。

许多河岸稳定性分析方法都是有局限的，因为它们不考虑水流淘刷坡脚对河岸稳定性的影响。Osman 等（1988）提出了一种适用于平面型滑动失稳的岸坡稳定性分析方法，该方法在分析中考虑了水流淘刷坡脚对河岸稳定性的影响。本模型以此为基础，预测河岸的稳定性。

2. 河岸的初始失稳破坏

图 3.5（a）为某河道右岸在遭受侧向侵蚀和床面冲刷之前的几何形态。由于水流的冲刷作用，床面遭受垂向侵蚀，河岸遭受侧向侵蚀，发生冲刷后的几何形态如图 3.5（b）所示。

按照土力学中的边坡稳定性分析方法，可将河岸的安全系数 FS 定义为

$$FS = \frac{抗滑力}{滑动力} = \frac{F_R}{F_D} \tag{3.80}$$

式中，F_R 为失稳面上的抗滑力；F_D 为失稳土体的滑动力。

抗滑力 F_R 与土体的有效内凝聚力和有效内摩擦角成正比，依据库伦定律，按图3.5（b）中的几何关系，抗滑力 F_R 可表示为

$$F_R = c'\overline{FE} + N\tan\varphi' \tag{3.81}$$

式中，N 为失稳土体重量 W_t 在滑动面法向的分量，其值等于 $W_t\cos\beta$；$\overline{FE}$ 为滑动面的长度，其值等于 $(H - y_d)/\sin\beta$。则式（3.81）变为

$$F_R = \frac{(H - y_d)c'}{\sin\beta} + W_t\cos\beta\tan\varphi' \tag{3.82}$$

滑动力 F_D 为

$$F_D = W_t\sin\beta \tag{3.83}$$

式中，W_t 为滑动土体的重量，其值由式（3.84）给出。

$$W_t = \frac{\gamma_b}{2}\left(\frac{H^2 - y_d^2}{\tan\beta} - \frac{H'^2}{\tan\alpha}\right) \tag{3.84}$$

将式（3.84）代入式（3.82）和式（3.83），得

$$F_R = \frac{(H - y_d)c'}{\sin\beta} + \frac{\gamma_b}{2}\left(\frac{H^2 - y_d^2}{\mathrm{tg}\beta} - \frac{H'^2}{\mathrm{tg}\alpha}\right)\cos\beta\tan\varphi' \tag{3.85}$$

$$F_D = \frac{\gamma_b}{2}\left(\frac{H^2 - y_d^2}{\tan\beta} - \frac{H'^2}{\tan\alpha}\right)\sin\beta \tag{3.86}$$

最后，将式（3.85）、式（3.86）代入式（3.80），可得计算岸坡稳定性安全系数的公式为

$$FS = \frac{\dfrac{(H - y_d)c'}{\sin\beta} + \dfrac{\gamma_b}{2}\left(\dfrac{H^2 - y_d^2}{\tan\beta} - \dfrac{H'^2}{\tan\alpha}\right)\cos\beta\tan\varphi'}{\dfrac{\gamma_b}{2}\left(\dfrac{H^2 - y_d^2}{\tan\beta} - \dfrac{H'^2}{\tan\alpha}\right)\sin\beta} \tag{3.87}$$

若用式（3.87）计算出的安全系数大于1，即 $FS > 1$，则可认为河岸边坡是稳定的；若计算出的安全系数小于或等于1，即 $FS \leq 1$，则可认为河岸边坡是不稳定的，图3.5（b）所示的失稳土体将沿滑动面滑塌入河槽。

依据图3.5（b）中的几何关系，可给出失稳土体的宽度 B_W 和体积 V_B，公式分别为

$$B_W = \frac{H - y_d}{\tan\beta} - \frac{H'}{\tan\alpha} \tag{3.88}$$

$$V_B = \frac{1}{2}\left(\frac{H^2 - y_d^2}{\tan\beta} - \frac{H'^2}{\tan\alpha}\right) \tag{3.89}$$

实际上，失稳土体的宽度 B_W 相当于河槽宽度（准确地说应是平滩水位相应的水面宽度）的增量，预测出了失稳土体的宽度 B_W 也就相当于预测出了河槽宽度

的变化，利用式（3.89）计算出的失稳土体的体积是单位河长上失稳土体的体积。

3. 河岸的后续失稳破坏

图 3.5（b）所示为河岸失稳后，失稳土体塌落入主槽，河岸再次恢复稳定。若水流有足够的能力将床面上塌落的河岸泥沙冲刷外移，并能持续冲刷河床，淘刷河岸，则河岸又进入下一个从稳定趋向于不稳定的过程。

河岸初始失稳破坏后，新的河岸形态如图 3.6（a）所示。图 3.6（b）是又一次失稳破坏时河岸的几何形态，图中变量的定义与图 3.5（b）相同。唯一不同之处是河岸的坡角是初始失稳时的滑动面倾角 β，而不是初始边坡倾角 α；河岸后续失稳破坏时的滑动面倾角是 β_t。另外，上一次失稳破坏时的拉伸裂缝深度为 $y_0 = \overline{DE}$。

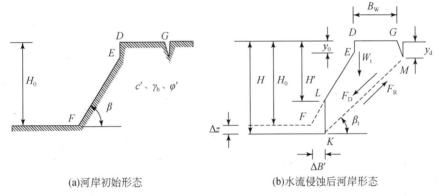

(a)河岸初始形态　　　　　　　　　(b)水流侵蚀后河岸形态

图 3.6　河岸稳定性分析示意图（后续失稳）

由图 3.6（b）可以得出，后续失稳破坏时，失稳土体的重量为

$$W_t = \frac{\gamma_b}{2}\left(\frac{H^2 - y_d^2}{\tan\beta_t} - \frac{H'^2 - y_0^2}{\tan\beta} \right) \tag{3.90}$$

将式（3.90）代入式（3.82）和式（3.83），可得后续失稳土体的抗滑力和滑动力为

$$F_R = \frac{(H - y_d)c'}{\sin\beta_t} + \frac{\gamma_b}{2}\left(\frac{H^2 - y_d^2}{\tan\beta_t} - \frac{H'^2 - y_0^2}{\tan\beta} \right)\cos\beta\tan\varphi' \tag{3.91}$$

$$F_D = \frac{\gamma_b}{2}\left(\frac{H^2 - y_d^2}{\tan\beta_t} - \frac{H'^2 - y_0^2}{\tan\beta} \right)\sin\beta_t \tag{3.92}$$

代入式（3.80）后，可得河岸初始失稳之后稳定性安全系数计算公式为

$$\mathrm{FS} = \frac{\dfrac{(H - y_\mathrm{d})c'}{\sin \beta_\mathrm{t}} + \dfrac{\gamma_\mathrm{b}}{2}\left(\dfrac{H^2 - y_\mathrm{d}^2}{\tan \beta_\mathrm{t}} - \dfrac{H'^2 - y_0^2}{\tan \beta}\right)\cos \beta_\mathrm{t} \tan \varphi'}{\dfrac{\gamma_\mathrm{b}}{2}\left(\dfrac{H^2 - y_\mathrm{d}^2}{\tan \beta_\mathrm{t}} - \dfrac{H'^2 - y_0^2}{\tan \beta}\right)\sin \beta_\mathrm{t}} \tag{3.93}$$

若计算出的安全系数 FS 小于等于 1,则可认为河岸失去稳定。类似于式(3.88)和式(3.89),依据图 3.6(b)中的几何关系,可给出后续失稳破坏时失稳土体的宽度 B_W 和体积 V_B,公式为

$$B_\mathrm{W} = \frac{H - y_\mathrm{d}}{\tan \beta_\mathrm{t}} - \frac{H' - y_0}{\tan \beta} \tag{3.94}$$

$$V_\mathrm{B} = \frac{1}{2}\left(\frac{H^2 - y_\mathrm{d}^2}{\tan \beta_\mathrm{t}} - \frac{H'^2 - y_0^2}{\tan \beta}\right) \tag{3.95}$$

4. 河岸失稳滑动面倾角

本节推导出了河岸初始失稳及后续失稳时,岸坡的安全系数 FS,失稳土体宽度和体积的计算公式。具体计算时,需要给出失稳滑动面的倾角 β 和 β_t,下面分别讨论。

找出失稳滑动面倾角最简单的方法是试算法。假定若干个滑动面倾角,分别计算相应的安全系数,安全系数最小者即为所求滑动面倾角。根据土力学原理安全系数最小的滑面上,土体的内凝聚力充分发展,即在该滑动面上,安全系数 FS 最小,内聚力 c' 最大,即 c'/FS 取最大值,或稳定数 $N_\mathrm{s} = c'/(\mathrm{FS}\gamma_\mathrm{b}H')$ 取最大值。根据这一结论,可直接由安全系数计算公式导出河岸失稳时的滑动面倾角。

先考虑河岸初始失稳破坏时的情况。在式(3.87)中,令

$$c = \frac{c'}{\mathrm{FS}}, \qquad \tan \varphi = \frac{\tan \varphi'}{\mathrm{FS}} \tag{3.96}$$

代入式(3.87),整理后可得

$$(H^2 - y_\mathrm{d}^2)(\sin \beta \cos \beta - \cos^2 \beta \tan \varphi) - (H - y_\mathrm{d})\frac{2c}{\gamma_\mathrm{b}} \\ + (\sin \beta \cos \beta \tan \varphi - \sin^2 \beta)\frac{H'^2}{\tan \alpha} = 0 \tag{3.97}$$

若令 $y_\mathrm{d} = KH$(K 为经验系数,$0 \leqslant K < 1$),式(3.97)两边同除以 H'^2,整理后可得

$$\left(\frac{H}{H'}\right)(1 - K)\frac{2c}{\gamma_\mathrm{b}H'} = \left(\frac{H}{H'}\right)^2(1 - K^2)\left(\frac{1}{2}\sin 2\beta - \cos^2 \beta \tan \varphi\right) \\ + \left(\frac{1}{2}\sin 2\beta \tan \varphi - \sin^2 \beta\right)\frac{1}{\tan \alpha} \tag{3.98}$$

当岸坡的几何形态一定时,H、H' 和 y_d 均为定值,当稳定数 $N_\mathrm{s} = c/(\gamma_\mathrm{b}H')$ 取

最大值时，式（3.98）左边一项也应取最大值。令式（3.98）等号右边对 β 的一阶导数等于零，整理后可得

$$\tan 2\beta = \frac{\left(\dfrac{H}{H'}\right)^2 (1-K^2)\tan\alpha + \tan\varphi}{1 - \left(\dfrac{H}{H'}\right)^2 (1-K^2)\tan\alpha\tan\varphi} \tag{3.99a}$$

利用两角和的三角函数公式可得

$$\tan 2\beta = \tan\left\{\arctan\left[\left(\frac{H}{H'}\right)^2 (1-K^2)\tan\alpha\right] + \varphi\right\} \tag{3.99b}$$

由此可得河岸初始失稳破坏时滑动面的倾角为

$$\beta = \frac{1}{2}\left\{\arctan\left[\left(\frac{H}{H'}\right)^2 (1-K^2)\tan\alpha\right] + \varphi\right\} \tag{3.100}$$

对于侧向侵蚀和床面冲刷可忽略的情况，$H = H'$；若没有拉伸裂缝，则 $K = 0$。因此，式（3.100）可变为

$$\beta = \frac{1}{2}(\alpha + \varphi) \tag{3.101}$$

这与土力学中的结论是一致的。

运用类似的方法，可导出河岸后续失稳时的滑动面倾角 β_t。

将式（3.96）代入式（3.93）中，简化后可得

$$
\begin{aligned}
(H - y_d)\frac{2c}{\gamma_b} &= (H^2 - y_d^2)\left(\frac{1}{2}\sin 2\beta_t - \cos^2\beta_t\tan\varphi\right) \\
&\quad + \frac{H'^2 - y_0^2}{\tan\beta}\left(\frac{1}{2}\sin 2\beta_t\tan\varphi - \sin^2\beta_t\right)
\end{aligned}
\tag{3.102}
$$

令 $y_d = KH$（K 为经验系数，$0 \leqslant K < 1$），式（3.102）两边同除以 H'^2 得

$$
\begin{aligned}
\left(\frac{H}{H'}\right)(1-K)\frac{2c}{\gamma_b H'} &= \left(\frac{H}{H'}\right)^2 (1-K^2)\left(\frac{1}{2}\sin 2\beta_t - \cos^2\beta_t\tan\varphi\right) \\
&\quad + \left[1 - \left(\frac{y_0}{H'}\right)^2\right]\left(\frac{1}{2}\sin 2\beta_t\tan\varphi - \sin^2\beta_t\right)\frac{1}{\tan\beta}
\end{aligned}
$$

$$\tag{3.103}$$

对式（3.103）求极大值，可得

$$\tan 2\beta_t = \frac{\dfrac{H^2}{H'^2 - y_0^2}(1 - K^2)\tan\beta + \tan\varphi}{1 - \dfrac{H^2}{H'^2 - y_0^2}(1 - K^2)\tan\beta\tan\varphi} \tag{3.104}$$

因此，河岸后续失稳时的滑动面倾角 β_t 的计算公式为

$$\beta_t = \frac{1}{2}\left\{\arctan\left[\frac{H^2}{H'^2 - y_0^2}(1 - K^2)\tan\beta\right] + \varphi\right\} \tag{3.105}$$

式（3.105）中，当 $y_0 = 0$ 时，即转化为式（3.100）的形式。实际上，从图 3.6（b）可以看出，图 3.5（b）相当于图 3.6（b）中 $y_0 = 0$ 时的特殊情况。

由于 β_t 的计算公式中隐含有安全系数 FS，将式（3.105）代入式（3.93）中计算 FS 时，需要试算，本模型采用迭代法求解。

5. 水位变化对河岸稳定性的影响

在分析河岸的稳定性时，河岸土体特性被假定为均质的，没有考虑水位变化对土体物理特性的影响。这样的假定对于河道水位变化不大的情况是适用的，但是对于水库而言，水位变幅通常比较大，河岸（或边滩）土体为均质的假定会带来较大的误差。

下面分析水位变化对河岸初始失稳影响。图 3.7（a）为水流冲刷之前的河岸几何形态，图 3.7（b）为水流冲刷之后的河岸几何形态，各变量的定义与图 3.5 完全相同。图 3.7（b）中，h 为水深，h_0 为冲刷前的水深，ab 为地下渗流的浸润线，G 为渗出点。对于图 3.7 中的情况，岸坡的地下渗流场对失稳土体作用有渗透力，同时河槽中的水流又对失稳土体产生浮托力的作用，这两者都会降低河岸边坡的稳定性。

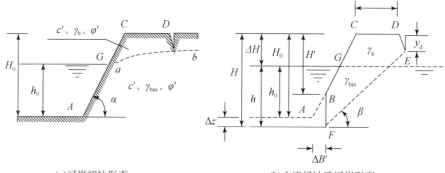

(a)河岸初始形态　　　　　　　　　　(b)水流侵蚀后河岸形态

图 3.7　水位变化对河岸稳定性的影响示意图（初始失稳）

对于有地下渗流作用和静水浮托作用的边坡，考虑其影响的简单方法是在计算滑动力中将浸润线以下，坡外静水位以上部分的土体重量用饱和容重，而在计

算抗滑力中将这部分的土体重量用浮容重，剩余部分土体重量的计算，浸润线以上部分采用土体的湿容重计算，坡外静水位以下的部分采用浮容重计算。

然而，即使利用该简化方法，分析图 3.7 所示的边坡稳定性仍有困难。究其原因，主要在于很难预测出研究河段上沿程每个断面上的地下水位及渗流场，所以需要对图 3.7（b）所示的物理图形进一步简化。

较为现实的方法是仅考虑河水位的影响，而不考虑地下渗流的作用，因为水位已在水流子模型中解出，是已知条件。假定河槽水位升降变化过程中，岸坡内的地下水面线也随之升降，地下水面线（浸润面）呈水平面，且高程与河槽水位相等。这样就简单地将河岸失稳土体划分为两部分，一部分为河槽水位以上的部分，其容重为湿容重；另一部分为河槽水位以下的部分，其容重为饱和容重，进行岸坡稳定性分析时，应利用浮容重计算其重量。

假设河岸土体的湿容重为 γ_{b0}，饱和容重为 γ_{bm}，水的容重为 γ，则土体的浮容重为 $\gamma_{bf} = \gamma_{bm} - \gamma$。若图 3.7（b）中，河槽水位以上失稳土体的体积为 V_1，河槽水位以下部分失稳土体的体积为 V_2，失稳土体的总体积为 V（$V = V_1 + V_2$），则考虑水位影响时，式（3.84）中失稳土体的平均有效容重 γ_b 与湿容重 γ_{b0}、饱和容重 γ_{bm} 之间的关系为

$$W_t = \gamma_b V = \gamma_{b0} V_1 + (\gamma_{bm} - \gamma) V_2 \tag{3.106}$$

式中，W_t 为土体失稳下滑时的有效重量。由式（3.106）可知

$$\gamma_b = \frac{V_1}{V} \gamma_{b0} + \frac{V_2}{V} (\gamma_{bm} - \gamma) \tag{3.107a}$$

或

$$\gamma_b = \frac{V_1}{V} \gamma_{b0} + \left(1 - \frac{V_1}{V}\right)(\gamma_{bm} - \gamma) \tag{3.107b}$$

令 $\eta = V_1/V$，则式（3.107b）又可写成

$$\gamma_b = \eta \gamma_{b0} + (1 - \eta)(\gamma_{bm} - \gamma) \tag{3.107c}$$

可见，η 相当于权重系数。当水深 $h=0$ 时，$V_1=V$，则加权系数 $\eta = 1.0$，土体的平均有效容重 γ_b 即为湿容重 γ_{b0}；当水深 $h \geqslant H$ 时，即水流漫滩的情况，$V_1=0$，则加权系数 $\eta = 0$，土体的平均有效容重 γ_b 即为浮容重 $(\gamma_{bm} - \gamma)$；当 $0 < h < H$ 时，即水流不漫滩的情况，则根据水位的不同，η 在 0 与 1 之间取值。

由图 3.7（b）可知，无论水位如何变化，失稳土块的总体积为

$$V = \frac{1}{2}\left(\frac{H^2 - y_d^2}{\tan \beta} - \frac{H'^2}{\tan \alpha}\right) \tag{3.108}$$

河槽水位以下失稳土体的体积 V_2 为

$$
V_2 = \begin{cases}
0 & \Delta H = H \\[2mm]
\dfrac{1}{2}\dfrac{h^2}{\tan\beta} & \max(H', y_d) \leqslant \Delta H \leqslant H \\[4mm]
\dfrac{1}{2}\left(\dfrac{h^2}{\tan\beta} - \dfrac{(H'-\Delta H)^2}{\tan\alpha}\right) & \min(H', y_d) \leqslant \Delta H < \max(H', y_d),\ 且 H' > y_d \\[4mm]
\dfrac{1}{2}\left(\dfrac{h^2 - (y_d - \Delta H)^2}{\tan\beta}\right) & \min(H', y_d) \leqslant \Delta H < \max(H', y_d),\ 且 H' \leqslant y_d \\[4mm]
\dfrac{1}{2}\left(\dfrac{h^2 - (y_d - \Delta H)^2}{\tan\beta} - \dfrac{(H'-\Delta H)^2}{\tan\alpha}\right) & 0 \leqslant \Delta H < \min(H', y_d) \\[4mm]
V & \Delta H \leqslant 0,\ 即 h \geqslant H 时的情况
\end{cases}
$$

$$(3.109)$$

式中，$\Delta H = H - h$。

如图 3.7（b）所示，河槽水位以上失稳土体的体积 V_1 可依据 V 和 V_2 计算，即 $V_1 = V - V_2$。

式（3.107c）中，γ_{b0} 为土体的湿容重，γ_{bm} 为土体的饱和容重，它们都与土体的干容重 γ' 有关，具体关系为

$$\gamma_{bm} = \gamma_b' + \left(1 - \frac{\gamma_b'}{\gamma_s}\right)\gamma \tag{3.110}$$

$$\gamma_{b0} = \gamma_b' + S_r\left(1 - \frac{\gamma_b'}{\gamma_s}\right)\gamma \tag{3.111}$$

式中，γ、γ_s 分别为水和土粒（泥沙）的容重；S_r 为土体饱和度，是土体孔隙中水的体积占全部孔隙体积之比率，是判定土体干湿程度的物理指标。由式（3.111）可见，当土体饱和度为零时，土体湿容重即等于干容重 γ_b'；当土体饱和度为 1 时，土体湿度容重即为饱和容重 γ_{bm}。

河道水位变化时，河岸土体内的含水量也将随之变化，土体饱和度为随时间变化的变量。对于长距离的河岸，很难预测土体饱和度（主要指河槽水位以上岸壁土体的饱和度），本模型在计算中取土体饱和度为常数。

对于河岸后续失稳，水位对失稳土块有效容重的影响仍可用类似的方法进行修正，相关变量定义与图 3.6 相同（图 3.8）。有关浸润面的假定与初始失稳时相同，则失稳土块的平均有效容重仍可利用式（3.107c）修正，式中加权系数 η 应使用式（3.112）计算。

$$\eta = V_1'/V', \quad V' = V_1' + V_2' \tag{3.112}$$

式中，V' 为失稳土块的总体积；V_1'、V_2' 分别为水面以上和水面以下部分失稳土块的体积，计算公式为

$$V' = \frac{1}{2}\left(\frac{H^2 - y_d^2}{\tan\beta_t} - \frac{H'^2 - y_0^2}{\tan\beta} \right) \tag{3.113}$$

$$V_2' = \begin{cases} 0 & \Delta H = H \\[2mm] \dfrac{1}{2}\dfrac{h^2}{\tan\beta_t} & \max(H', y_d) \leqslant \Delta H \leqslant H \\[4mm] \dfrac{1}{2}\left[\dfrac{h^2}{\tan\beta_t} - \dfrac{(H'-\Delta H)^2}{\tan\beta} \right] & \min(H', y_d) \leqslant \Delta H < \max(H', y_d),\ \text{且}\,H' > y_d \\[4mm] \dfrac{1}{2}\left[\dfrac{h^2 - (y_d - \Delta H)^2}{\tan\beta_t} \right] & \min(H', y_d) \leqslant \Delta H < \max(H', y_d),\ \text{且}\,H' \leqslant y_d \\[4mm] \dfrac{1}{2}\left[\dfrac{h^2 - (y_d - \Delta H)^2}{\tan\beta_t} - \dfrac{(H'-\Delta H)^2 - (y_{d0} - \Delta H)^2}{\tan\beta} \right] & 0 \leqslant \Delta H < \min(H', y_d) \\[4mm] V' & \Delta H \leqslant 0,\ \text{即}\,h \geqslant H\text{时的情况} \end{cases} \tag{3.114}$$

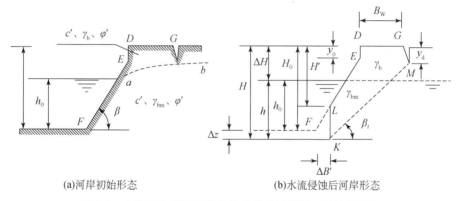

(a)河岸初始形态　　　　　　　　　(b)水流侵蚀后河岸形态

图 3.8　水位变化对河岸稳定性的影响示意图（后续失稳）

利用式（3.107c）计算出有效容重后，代入相应的河岸稳定性分析式
［式（3.87）～式（3.89）和式（3.93）～式（3.95）］中，即可预测出不同水位情
况下的安全系数 FS，失稳土块的宽度 B_w 和体积 V_w。

失稳土体的重量采用有效容重 γ_b 计算时，失稳土体的滑面倾角（β 或 β_t）与
γ_b 无关，因此考虑水位影响时滑动面倾角仍可用式（3.100）和式（3.105）计算。

3.3.4　河岸泥沙失稳崩塌的纵向范围

3.3.3 小节利用二维河岸稳定性分析理论，给出了某断面上河岸单位长度上失
稳体积的大小。由于在河床冲淤变形的模拟中，横断面计算节点实质上代表了某
个模拟河段的几何特征，一旦预测某个计算结点处河岸失稳，就意味着某个模拟

河段的河岸全部失稳。若第 i 河段上下游节点（断面）处河岸单位长度失稳体积的大小分别为 V_{Bi+1} 和 V_{Bi}，则重力失稳导致第 i 河段的河岸泥沙崩塌量为

$$V_{BTi} = \frac{1}{2}(V_{Bi+1} + V_{Bi})\Delta x_i \qquad (3.115)$$

式中，V_{BTi} 是第 i 河段上的河岸泥沙崩塌量；Δx_i 是河段长度或空间步长。

在天然河道的数值模拟计算中，研究河段的长度往往达数十或数百公里，由于计算效率的要求，计算中采用的空间步长通常可达几百或几千米。然而，天然河道河岸失稳的长度大于几十或几百米的情况是十分罕见的。当河段的长度（空间步长）大于失稳破坏的尺度，估算出的河岸泥沙崩塌体积将大大超过实际值。显然，3.3.3 小节河岸稳定性分析中给出的失稳土块的体积 V_B 和宽度 B_W 只能代表某个结点（即断面）处河岸泥沙的崩塌量，而不能代表整个河段的河岸泥沙的崩塌量。问题的实质在于二维边坡稳定性理论不能描述河段的边坡稳定性问题。

为了反映河岸坍塌的实际情况，有学者建议一个模拟河段河岸泥沙的崩塌体积应等于河岸单位长度上的失稳坍塌体积乘以该河段的长度，再乘以该计算结点上发生坍塌失稳的概率。根据这一建议，式（3.115）可改写为

$$V_{BTi} = \frac{1}{2}(V_{Bi+1}P_{ri+1} + V_{Bi}P_{ri})\Delta x_i \qquad (3.116)$$

式中，P_{ri}、P_{ri+1} 分别为第 i 断面和第 $i+1$ 断面上河岸失稳坍塌的概率（$0 \leqslant P_r \leqslant 1$）。当 $P_r=0$ 时，河岸失稳的概率为零，河岸泥沙的崩塌量也为零；当 $P_r=1$，河岸失稳的概率为 1，河岸泥沙的崩塌量达到量大值；当 $0<P_r<1$ 时，河岸泥沙的实际崩塌量为

$$V_B^* = V_B P_r, \quad B_W^* = B_W P_r \qquad (3.117)$$

式中，V_B^* 和 B_W^* 分别为断面上河岸泥沙的实际坍塌体积和宽度；P_r 为某断面上河岸失稳的概率。

式（3.116）和式（3.117）实际包含了这样的假定，即重力作用下河段范围内河岸失稳的百分率等于特征断面上河岸失稳的概率。这一假定是数值模拟的需要，从物理图形上来看也是合理的。

由于数值模拟的需要，在数学模型中只能以横断面来表征单个河段的几何特征和物质组成特征。从几何特征看，可以认为河段的几何形态是均匀变化的，可用单个横断面几何形态来表示；从物质组成特征看，一般情况下，沿某一河段的物质组成都有一定的空间变化，这种空间变化可用特征断面上河岸物质组成的频率（概率）分布表示。这样，根据河岸土体特性的概率分布得出的特征断面河岸失稳的概率，能近似代表河段范围内河岸失稳的概率（或百分率）。

本模型以 Huang（1983）的方法为基础，预测河岸失稳的概率。具体计算方法为：

在安全系数在计算公式中，利用实测的河岸土体特性的频率分布代替单值的土体特性参数。将每个连续的河岸土体特性的频率分布离散成若干组，由此可定义若干种土体特性的组合。对于每一种组合，根据各个断面的河岸几何形态，可直接应用 3.3.3 小节河岸稳定性分析中得出的有关公式，确定与该土体特性相应的安全系数 $(FS)_{i,j,k}$。预测出的安全系数的概率 P_r 应等于土体特性组合发生的概率，即

$$(P_r)_{i,j,k} = P_r(c)_i P_r(\varphi)_j P_r(\gamma_b)_k \tag{3.118a}$$

式中，$(P_r)_{i,j,k}$ 为某个土体特性组合情况下预测出的安全系数为 $(FS)_{i,j,k}$ 的概率；$P_r(c)_i$ 为以 c_i 代表的土体凝聚力出现的概率；$P_r(\varphi)_j$ 和 $P_r(\gamma_b)_k$ 分别为 φ_j 和 γ_{bk} 代表的土体内摩擦角和湿容重出现的概率。

河岸的平均安全系数（FS 的数学期望）$\overline{FS}$ 为

$$\overline{FS} = \sum_i \sum_j \sum_k [(P_r)_{i,j,k}(FS)_{i,j,k}] \tag{3.118b}$$

如果某土体特性组合情况的安全系数 $(FS)_{i,j,k}$ 小于 1，那么该组合情况下河岸失稳，相应的概率为 $(P_r)_{i,j,k}$。河岸稳定性安全系数小于 1 的概率，即河岸失稳的概率，可由求和得到

$$P_r = P_r(FS < 1) = \sum_i \sum_j \sum_k P_r(FS < 1)_{i,j,k} \tag{3.119}$$

计算出河岸失稳的概率 P_r 后，代入式（3.117）就可计算出河岸实际坍塌的体积和宽度。

3.3.5　河岸重力失稳后河岸几何形态的修正

预测出河岸失稳破坏的概率 P_r 后，就可对河岸的几何形态进行修正。图 3.9 是河岸后续失稳时的形态，当 $y_0 = 0$ 时相当于初始河岸形态。式（3.117）给出了实际坍塌体积 V_B^* 和失稳块宽度 B_W^*，因此图 3.9 中新的岸边线位置（C 点）已知。

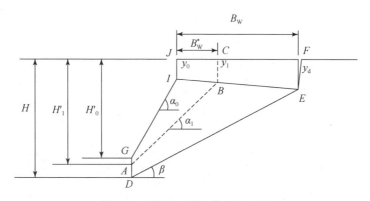

图 3.9　河岸几何形态修正示意图

　　如图 3.9 所示，折线 $DGIJ$ 是失稳之前的河岸剖面，各部分的初始尺寸由 H、H_0'、y_0 和 α_0 确定；折线 DEF 是河岸最大失稳块相应的滑动面，由 H、y_d 和 β_0 定义；折线 $DABC$ 是修正后的河岸几何形态，相当于河岸实际失稳破坏（失稳概率为 P_r）时的滑裂面，其各部分尺寸由 H_1'、y_1 和 α_1 确定。

　　河岸几何形态修正的结果必须满足如下限定性条件：一是实际坍塌体积，即图 3.9 中土体 $ABCJIGA$ 的体积，应等于 V_B^*；二是岸线后退的距离，即图中 J 点与 C 点之间的距离，应等于 B_W^*。即各变量应同时满足

$$V_B^{\;*} = \frac{1}{2}\left(\frac{H_1'^2 - y_1^2}{\tan\alpha_1} - \frac{H_0'^2 - y_0^2}{\tan\alpha_0} \right) \tag{3.120}$$

$$B_W^{\;*} = \frac{H_1' - y_1}{\tan\alpha_1} - \frac{H_0' - y_0}{\tan\alpha_0} \tag{3.121}$$

　　由式（3.120）和式（3.121）组成的方程组中，共有 3 个未知量：H_1'、y_1 和 α_1，还需补充一个条件才可求解。本模型增加条件为

$$H_1' = H_0' + (H - H_0')P_r \tag{3.122}$$

　　将式（3.122）代入式（3.120）、式（3.121），可得

$$y_1 = \frac{[2V_B^{\;*} + (H_0'^2 - y_0^2)(\tan\alpha_0)^{-1}]}{B_W^{\;*} + (H_0' - y_0)(\tan\alpha_0)^{-1}} - H_1' \tag{3.123}$$

$$\alpha_1 = \arctan\left[\frac{H_1' - y_1}{B_W^{\;*} + (H_0' - y_0)(\tan\alpha_0)^{-1}} \right] \tag{3.124}$$

　　利用式（3.122）～式（3.124）对河岸几何形态进行修正，具有计算简单无须试算的优点。但是在计算中发现，在某些情况下，会出现 B 点低于滑动面 DE 的反常情况。究其原因是，实际坍塌宽度 B_W^* 等于最大坍塌宽度 B_W 乘以失稳概率 P_r 的假定在有些情况下不合理。

　　因此，模型中应用式（3.123）计算出 y_1 后，若 $y_1 > y_0 - (y_d - y_0)P_r$，则采用式（3.125）对河岸几何形态进行修正。

$$\begin{cases} B_W^{\;*} = \eta B_W \\ y_1 = y_0 + (y_d - y_0)\eta \\ \alpha_1 = \alpha_0 + (\beta - \alpha_0)\eta \end{cases} \tag{3.125}$$

式中，η 为河岸几何形态修正系数（$0 \leqslant P_r \leqslant \eta \leqslant 1$）。将式（3.125）代入式（3.121），可得

$$H_1' = y_1 + [B_W^{\;*} + (H_0' - y_0)\tan\alpha_0]\tan\alpha_1 \tag{3.126}$$

　　将式（3.125）、式（3.126）代入式（3.120），可得迭代方程为

$$\eta = \left(\frac{2V_B^{\;*} + V_0}{H_1' - y_1} - B_0 \right)\frac{1}{B_W^{\;*}} \tag{3.127a}$$

式中，$B_0 = (H_0' - y_0) \tan \alpha_0$；$V_0 = (H_0'^2 - y_0^2)(\tan \alpha_0)^{-1}$ (3.127b)

利用迭代方程式（3.127），可很容易求出河岸几何形态修正系数 η，代入式（3.125）、式（3.126）可得修正后的河岸形态。

3.4 河岸横向侵蚀与床面垂向冲淤之间相互作用的模拟

3.3.1 小节讨论河岸的横向水力侵蚀时，已经指出河岸横向水力侵蚀造成的河岸泥沙补给量的大小，直接影响着河床泥沙垂向冲淤的多少。同样，河岸重力侵蚀造成的河岸泥沙补给量的大小，也影响着河床泥沙垂向冲淤的多少。

河岸重力失稳后，必须将河岸泥沙的坍塌量传递到泥沙输移方程中，以便考虑河岸泥沙输入对河床垂向冲淤的影响。天然河道中，河岸的横向侵蚀和床面的垂向冲淤是同时进行着的。依据水动力学和岸壁几何条件等的不同，河岸重力失稳土块坍塌进入主槽中后，可能转化为悬移质、推移质、床沙和河岸泥沙四类泥沙中的一种或几种。为了模拟河岸横向侵蚀对床面垂向冲淤的影响，必须给出河岸泥沙侵蚀量转化为这四种泥沙的比例，以及它们在横断面上的分布。本模型在处理这一问题时，采用了一些假定，本节将分别加以论述。

3.4.1 非耦合假定

实际情况中，河岸的横向侵蚀和床面的垂向冲淤是同时进行的，即泥沙输移子模型和河岸横向侵蚀子模型应耦合求解，才能反映该实际情况。耦合求解将使计算过程变得十分复杂，需要大量的试算。为了简化计算，本模型采用非耦合求解法，即 $t=j$ 时间步长内的河岸泥沙侵蚀量对本时间步长内的床面垂向冲淤不起作用；在 $t=j+1$ 时间步长内，将 $t=j$ 时间步长内的河岸泥沙侵蚀量作为侧向输沙率［式（3.35）中的 q_s］的一部分，参与泥沙的纵向输移计算。

河岸泥沙侵蚀量分为横向水力侵蚀量和重力侵蚀量两部分，即

$$q_B = q_e + q_g \tag{3.128}$$

式中，q_B 为河岸侵蚀造成的侧向输沙率；q_e 为河岸水力侵蚀造成的侧向输沙率，由式（3.76）计算；q_g 为河岸重力侵蚀造成的侧向输沙率，其大小取决于失稳土体坍塌后转化为悬移质的比例。

3.4.2 河岸泥沙转化比例

本模型在泥沙纵向输移模拟中，假定悬移质输沙率占了绝大部分，推移质输沙率较小，可以忽略，因此本模型不考虑河岸泥沙侵蚀量转化为推移质的情况。

对于河岸泥沙转化为坡脚泥沙（河岸泥沙的一部分）的情况本模型也不予考

虑。河岸失稳坍塌后，河岸泥沙将塌落至河岸坡脚（近壁流区）附近，对河岸起着"支墩"的作用，有利于河岸的稳定性，可使河岸横向侵蚀后退的速率减慢。出于简化计算的目的，坡脚河岸泥沙堆积体对河岸侵蚀速率减慢的影响，可在河岸侵蚀模型中，通过调整安全系数 FS 或横向水力侵蚀强度计算公式（3.73）中有关系数的大小来考虑。因此，本模型仅考虑河岸泥沙侵蚀量转化为悬移质和床沙的情况。

对于河岸泥沙的横向水力侵蚀量 q_e，本模型将其全部作为悬移质并参与纵向泥沙输沙计算，有关河岸泥沙横向水力侵蚀量的详细论述及其计算方法参见 3.3.1 小节。

对于河岸泥沙的重力侵蚀量 q_g，本模型将其转化为悬移质和床沙两部分。令转化为悬移质的百分率为 ξ，原状河岸泥沙的干容重为 γ'_B，重力侵蚀量转化为床沙后的干容重为 γ'，则重力侵蚀量转化悬移质的量，即重力侵蚀造成的侧向输沙率为

$$q_g = \xi \frac{V^*_B \gamma'_B}{\Delta t} \tag{3.129}$$

式中，q_g 为某断面上因重力侵蚀造成的侧向输沙率；Δt 为时间步长。重力侵蚀量转化为床沙的量，即河岸重力失稳塌落入主槽中后造成的淤积量为

$$\Delta A_B = (1 - \xi) \frac{V^*_B \gamma'_B}{\gamma'} \tag{3.130}$$

式中，ΔA_B 是某断面上由于河岸泥沙坍塌造成的主槽淤积量。

为适应本模型分粒径组输沙计算的需要，仅给出重力侵蚀造成的侧向输沙率 q_g 和主槽淤积量 ΔA_B 的总量是不够的，还须给出分粒径组的数量。

由于本书研究的对象是冲积性河流，河岸（或边滩）的泥沙属黏性沙，河岸原状泥沙的级配较细，其中含有大量的黏粒和粉粒，尤其是滩地淤积物往往是洪水漫滩淤积的产物，其颗粒组成比悬移质级配还细，这种黏性河岸泥沙崩塌进入主槽中后，常表现出较为复杂的冲淤特性。由于目前还没有这方面的研究成果，本模型中将重力侵蚀量转化为悬移质输沙率和床沙后，简单地假定两者的级配仍等于原状河岸泥沙的级配，即

$$q_{gk} = q_g p_{bk}, \quad \Delta A_{Bk} = \Delta A_B p_{bk} \tag{3.131}$$

式中，p_{bk} 为原状河岸泥沙的级配；k 是粒径组下标。

在河岸重力侵蚀泥沙转化为悬移质的计算中，需要确定转化百分率 ξ。当 $\xi=1$ 时，塌岸泥沙全部转化为悬移质；当 $\xi=0$ 时，塌岸泥沙全部转化为床沙。

当河岸（或边滩）由新淤黏性泥沙组成时，泥沙尚未固结，岸壁泥沙坍塌进入主槽后，极易被水流冲起带走。例如，水库从蓄水期进入泄空冲刷期时，滩地新淤泥沙滑塌进入主槽后为水流冲刷出库的过程，即属于这种情况。这种情况下

可近似地认为塌岸泥沙全部转化为悬移质。

另一种情况，当河岸（或边滩）由固结黏性泥沙组成时，由于泥沙沉积已久，经过物理化学作用，已形成黏土矿物。这种河岸泥沙坍塌进入主槽后，不易被水流冲起，即使被水流冲起，也是成片成团地进入运动状态，其冲刷特性很大程度取决于河岸泥沙坍落进入主槽时的瓦解破碎程度。例如，冲积河流的河岸或边滩，其组成物质多为沉积已久、已经固结的泥沙，这种河岸坍塌进入主槽后的冲刷过程，即属于后一种情况。这种情况下，可近似认为塌岸泥沙全部转化为床沙。

当介于两种情况之间时，重力侵蚀量转化为悬移质的百分率 ξ 应在 0 与 1 之间取值，需根据具体情况来定。本模型中，ξ 作为可调参数由模型使用者给定，也可通过验证计算来率定。

3.4.3　塌岸泥沙特性及分布

塌岸泥沙的物理特性及其在主槽内的分布，主要取决于河岸泥沙失稳坍塌进入主槽时的瓦解破碎程度。

在失稳土块的坍落下滑过程中，可以认为土体的势能最终转化为两部分。一部分能量用于克服破坏面上的摩擦阻力而消耗掉；另一部分能量在土体下滑过程中最终转化为动能，这部分能量是塌落土体与床面相撞击的过程中使塌落土体瓦解破碎的能量。前一部分能量的大小主要取决于破坏面的长度，破坏面越长，则土体滑动过程中消耗的能量越大；后一部分能量与土体的瓦解过程有关。

一般情况下，天然河流河岸失稳时，河岸通常沿平面滑动失稳，表现为崩塌的形式，这也是本书主要模拟的情况。从实际观察到的情况来看，由于平面型滑动失稳的滑动面较短，河岸崩塌过程往往在很短的时间内发生，崩落后土体大多处于瓦解破碎状态。

河岸发生重力侵蚀的地方，往往是水流顶冲河岸的地方。河岸泥沙坍塌进入主槽中后，常形成拦水坎，水流变得更为湍急。在水流的冲刷作用下，拦水沙坎逐渐崩溃，大量的泥核、土块等泥沙团粒因来不及溶解而随水流一起被带走。经过一段流程后，随着泥沙团粒的不断粉碎；最后完全溶解。尤其是黏性泥沙组成的河岸坍塌物，被水流冲起溶解后，可使水流的含沙量达到很高的数值。

有资料表明，对于水库溯源冲刷的情况，主槽比降较陡时，河岸边滩泥沙的坍塌量可占冲刷总量的 50%～70%，即使是一般的溯源冲刷，坍塌量也可占泥沙冲刷总量的 20%左右。Thorne 等（1988）给出的例子说明，对于拦水建筑物（水库）下游河道的清水冲刷过程，河岸泥沙的侵蚀量可占泥沙冲刷总量的 33%～47%。

基于对河岸崩塌过程物理机能的分析，可得出以下认识。

（1）河岸泥沙坍塌进入主槽后，通常呈瓦解破碎的形式。

（2）坍塌泥沙一旦进入主槽，将成为水流冲刷的首要对象，水流将河岸泥沙淤积物搬运完后，才能继续冲刷河床。

（3）由于坍塌泥沙往往处于床面上较为暴露的位置，加之瓦解破碎后的散粒体特性，可认为属于较容易为水流冲刷的泥沙。

（4）坍塌泥沙往往以泥沙团粒和碎片的形式起动，但流经一段距离后，随着泥沙团粒的不断粉碎，最后完全溶解，成为悬移质的一部分。对于黏性崩岸泥沙，当被水流冲起并溶解后，由于颗粒较细，大多属于冲泻质。

也正是基于这些认识，在上一节的分析中，采用了以下假定。

首先，假定河岸泥沙的重力侵蚀量可转化为悬移质侧向输沙率和床面泥沙淤积物两部分。前一部分反映河岸坍塌物较易冲刷，且冲起后不易淤积的特性；后一部分反映河岸坍塌物进入主槽后，对床面造成的淤积作用。

其次，假定河岸坍塌泥沙转化成床沙后的干容重与泥沙纵向输移中淤积物的干容重取相同的数值。该假定一是出于简化计算的目的；二是出于迫不得已，因为目前还不存在这方面的研究成果。

最后，假定重力侵蚀量转化为悬移质和床沙后，两部分的级配均采用原状河岸泥沙的级配。从对河岸崩塌过程的分析来看，悬移质部分采用原状河岸泥沙的级配应不会存在异议，而床沙部分采用原状河岸泥沙的级配有值得讨论的地方。尽管塌岸土体碎块由黏性泥沙组成，但瓦解后的土体碎块仍足够大，其特性与非黏性沙相同。Darby 等（1996）在处理这一问题时，采用平均粒径来表征塌岸泥沙团粒的粒径。这种方法对于描述塌岸泥沙团粒的起动问题是有好处的，但泥沙团粒一旦起动之后，无法描述泥沙团粒的粉碎溶解过程。由于本模型属于非均匀沙模型，研究对象还涉及河岸（或边滩）由新淤泥沙组成的情况，在没有更好的方法之前，本模型简单假定塌岸泥沙淤积物的级配等于原状河岸泥沙的级配。

接下来讨论塌岸泥沙在主槽内分布的处理方法。对于转化为悬移质的部分，其在主槽内（或整个断面上）的分布，可通过将其传递到泥沙连续方程式（3.35）中隐式地得到模拟（泥沙连续方程也就是泥沙的扩散方程）。对于转化为床沙的部分，其在主槽内的分布问题就是如何将其"铺"在主槽内的问题，本模型采用的方法是将塌岸泥沙淤积物均匀地分布在邻近河岸的主槽各子断面上。

综上所述，河岸横向侵蚀特别是重力侵蚀与床面垂向冲淤之间相互作用的模拟，是建立在一系列的假定基础之上的，是在缺乏其他合理算法的情况下使用的方法。该计算方法的完善，有赖于今后对这方面的深入研究。

3.5　床沙级配的调整及计算方法

天然河道中，水流中运动的泥沙与床沙处于不断的交换之中，床沙级配的调整变化对阻力的影响十分显著。当河床发生冲刷时，由于泥沙的分选作用，河床组成逐渐粗化，水流阻力随之增大，导致水流流速减小，水流挟沙力降低，从而使冲刷强度减小；相反，若河床发生淤积，则床沙细化，水流阻力减小，流速和水流挟沙力增大，使淤积强度减小。由此可以看出，床沙级配的调整对河床变形影响很大。本模型采用分层储存床沙级配模式。任一计算时段内假定泥沙的冲淤只与表层床沙发生关系，依据该时段内各粒径组泥沙的冲淤量以及表层床沙的级配，即可计算出时段末表层床沙的级配。

3.5.1　床沙级配分层记忆模式

为模拟河床在冲淤过程中床沙的粗化和细化现象，模型中将床沙分为 M 层，分层记忆其级配，如图 3.10 所示。计算初始，床沙分成 5 层（即 $M=5$）。计算过程中，第 1 层厚度 ΔH_1 始终保持不变，其级配根据各粒径组泥沙的冲淤情况逐时段进行调整。第 2 层床沙的厚度 ΔH_2 控制在 1 至 2 倍 ΔH_1 范围内，这样床沙的分层数随着冲刷或淤积的发展，不断地减少或增加。这里第 1 层厚度 ΔH_1 在理论上应等于河床可动层厚度，但由于可动层厚度的影响因素十分复杂，其值不易从理论上确定。实际计算中 ΔH_1 的大小应取决于冲淤强度和时间步长，本模型取 $\Delta H_1=2.0\text{m}$。

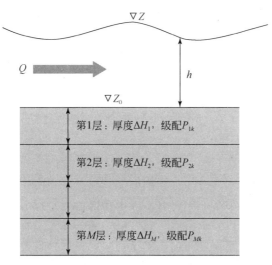

图 3.10　床沙级配分层示意图

3.5.2　床沙级配调整计算

若已知第 i 断面第 k 粒径组的平均冲淤厚度为 $\Delta H_{si,k}$，并令 $\Delta H_{si}=\sum\limits_{k=1}^{N_s}\Delta H_{si,k}$ 是

第 i 断面的总冲淤厚度，则床沙级配调整计算可分为两种情况。

第一种情况： $\Delta H_{si} \geqslant 0$ ，即发生淤积的情况，此时表层（第 1 层）床沙的级配为

$$\Delta P_{1k}^{t+\Delta t} = \frac{\Delta H_{si,k} + \Delta P_{1k}^{t}(\Delta H_1^t - \Delta H_{si})}{\Delta H_1^t} , \quad \Delta H_1^{t+\Delta t} = \Delta H_1^t \qquad (3.132)$$

式中， ΔP_{1k}^t 、 $\Delta P_{1k}^{t+\Delta t}$ 分别为时段初和时段末的表层床沙级配； ΔH_1^t 、 $\Delta H_1^{t+\Delta t}$ 分别为时段初和时段末的表层床沙的厚度。此时，若 $(\Delta H_2^t + \Delta H_{si}) \leqslant 2\Delta H_1^t$ ，则可对第 2 层的床沙级配进行修正，并令 $\Delta H_2^{t+\Delta t} = \Delta H_2^t + \Delta H_{si}$ ；若 $(\Delta H_2^t + \Delta H_{si}) > 2\Delta H_1^t$ ，则必须增加一个记忆层，也就是将厚度为 $(\Delta H_2^t + \Delta H_{si})$ 的床沙平分成两层，两层的厚度均为 $\Delta H_2^{t+\Delta t} = 0.5(\Delta H_2^t + \Delta H_{si})$ ，其级配作相应的调整。第 2 层以下各层级配均不作变化。

第二种情况： $\Delta H_{si} < 0$ ，即发生冲刷的情况，此时表层（第 1 层）床沙的级配为

$$\Delta P_{1k}^{t+\Delta t} = \frac{(\Delta H_{si,k} + \Delta P_{1k}^t \Delta H_1^t) + \Delta P_{2k}^t |\Delta H_{si}|}{\Delta H_1^t} \qquad (3.133)$$

式中， ΔP_{2k}^t 是时段初第 2 层床沙的级配。此时，若 $(\Delta H_2^t + \Delta H_{si}) \geqslant \Delta H_1^t$ ，则只需调整第 2 层的厚度，级配不变；若 $(\Delta H_2^t + \Delta H_{si}) < \Delta H_1^t$ ，则将第 2 层与第 3 层混合，合二为一，这样床沙层数就随之减少。

按照该床沙调整计算模型，若河床发生冲刷，则表层细颗粒泥沙被冲走，表层床沙逐渐粗化；若河床发生淤积，则由于淤积的泥沙相对于床沙较细，表层床沙将逐渐细化。

3.6　水库异重流的模拟

在水库蓄水时，泥沙大部分沉淀，库水的重率与清水相近。洪水期携带大量细颗粒泥沙的水流，进入库区后，较粗泥沙首先在库首淤积，较细泥沙随水流继续向前运动。这种浑水与水库中原有的清水相比，重率较大。在一定条件下，浑水水流便可潜入库底，以异重流的形式向前运动。如果洪水能持续一定时间，库底又有足够的比降，异重流则能运动到坝前。如在坝体设有适当的孔口并能及时开启的条件下，异重流便可排出库外。

异重流作为水流运动的一种形式，与明渠有较大区别。但是，异重流挟带泥沙的规律与明渠流并无实质性差异（韩其为等，1988）。异重流输沙常常处于超饱和状态，即异重流输沙往往是处于淤积状态的不平衡输沙，如直接考虑异重流挟带的泥沙量与紊动扩散强度之间的数量关系，异重流的挟沙能力规律与明渠不应有实质性的差别，反映紊动扩散作用和重力作用之间矛盾的非均匀不

平衡输沙方程也同样适合于异重流输沙规律。因此，进行水库异重流模型计算时，仅需要考虑发生异重流之后水力因子的变化，异重流的输沙规律与明渠流的输沙规律相同。

天然条件下，水库异重流形成后，是否能持续运动到达坝前，运动到坝前后能否顺利排出库外，取决于一系列的因素。例如，浑水中细颗粒泥沙含量的大小，进库流量的大小，洪峰持续时间的长短，库区地形条件和库底比降，以及泄水孔的高程、形式及开启条件等。可见，影响水库异重流运动的因素十分复杂。

为了使水库异重流的数值模拟成为可能，作如下假定：①一旦判别出异重流在某断面潜入，则认为水库异重流能够持续运动并能到达坝前；②忽略异重流运动过程中因清水析出而造成的流量沿程减小，在一个计算时段内可以作为恒定流来处理；③出库泥沙级配与到达坝前的异重流泥沙级配相同；④异重流的出库流量依据水库的调度原则及泄水设施情况确定；⑤异重流的出库含沙量依据进库的流量大小、到达坝前的异重流含沙量及异重流极限吸出高度等条件确定；⑥某计算时段内能够到达坝前但无法排出库外的异重流在坝前形成交界面为水平面的浑水水库，其中的泥沙在该时段内被假定以锥体形态全部发生淤积。

水库异重流的输沙规律与明渠的输沙规律相同，异重流输沙计算的方法与明渠流的输沙计算方法完全相同，不同之处在于水力因子须用异重流的水力因子来代替。因此，本节只介绍模型中异重流潜入点的判别方法及异重流水力因子计算的有关公式。

3.6.1　异重流潜入点的判别

当异重流潜入且能以均匀流形式运动时，要求其潜入点的水深必须满足

$$h_i > \text{MAX}\{h'_{0i}, h'_{pi}\} \tag{3.134}$$

式中，h_i 为明渠流水深；h'_{0i} 为异重流以均匀流运动时的水深；h'_{pi} 为异重流发生潜入时的水深；i 为断面编号。

根据式（3.134）条件，如果满足如下条件：

$$h_{i-1} \leqslant \text{MAX}\{h'_{0i-1}, h'_{pi-1}\}, \text{ 且 } h_i < \text{MAX}\{h'_{0i}, h'_{pi}\} \tag{3.135}$$

则可以认为异重流在 i 断面潜入，并能以均匀流形式运动，不上升到水面。

式（3.134）中，异重流发生潜入时的水深 h'_{pi} 可依据异重流潜入位置判别条件来计算。异重流潜入条件判别式为

$$U'_{pi} \bigg/ \sqrt{\frac{\Delta \gamma_i}{\gamma_{mi}} g h'_{pi}} = 0.78 \tag{3.136}$$

式中，U'_{pi}、h'_{pi} 分别为潜入断面平均流速和水深；$\Delta \gamma_i$ 为清、浑水重率差；γ_{mi} 为浑水重率。由式（3.136）可得

$$h'_{pi} = \left(1.667 \frac{Q_i^2}{\dfrac{\Delta \gamma_i}{\gamma_{mi}} g B_i^2} \right)^{1/3} \tag{3.137}$$

式中，Q_i 为流量；B_i 为水面宽度。

式（3.134）中，异重流以均匀流运动时的水深 h'_{0i}，可依据异重流的均匀流公式推导出，即

$$h'_{0i} = \left(\frac{\lambda'}{8g J_{0i}} \cdot \frac{\gamma_{mi}}{\Delta \gamma_i} \cdot \frac{Q_i^2}{B_i'^2} \right)^{1/3} \tag{3.138}$$

式中，λ' 为异重流阻力系数，模型取值为 0.03；J_{0i} 为库底比降；B_i' 为异重流宽度。由于异重流宽度 B_i' 是水深 h'_{0i} 的函数，实际计算时，需进行试算。

3.6.2　异重流运动方程

在某个计算时段内，假定异重流为恒定非均匀渐变流动，其运动方程为

$$\frac{\mathrm{d}h'}{\mathrm{d}x} = \frac{J_0 - \dfrac{\lambda'}{8} \mathrm{Fr}'^2}{1 - \mathrm{Fr}'^2} \tag{3.139}$$

式中，h' 为异重流水深；J_0 为底坡；Fr' 为异重流弗劳德数。

若为均匀流，则异重流的公式为

$$J_0 = \frac{\lambda'}{8} \mathrm{Fr}'^2 \ \text{或} \ U' = \sqrt{\frac{8}{\lambda'} \frac{\Delta \gamma}{\gamma_m} g h' J_0} \tag{3.140}$$

为求解异重流的水深，将式（3.139）离散成如下形式。

$$\begin{cases} h'_i = h'_{i+1} + 0.5 \Delta x_i \left(\dfrac{J_{0i} - \dfrac{\lambda'}{8} \mathrm{Fr}'^2_{i+1}}{1 - \mathrm{Fr}'^2_{i+1}} + \dfrac{J_{0i} - \dfrac{\lambda'}{8} \mathrm{Fr}'^2_i}{1 - \mathrm{Fr}'^2_i} \right) \\[3mm] \mathrm{Fr}'_i = \dfrac{Q'_i}{A'_i \sqrt{\dfrac{\Delta \gamma_i}{\gamma_{mi}} g h'_i}}; \quad \mathrm{Fr}'_{i+1} = \dfrac{Q'_{i+1}}{A'_{i+1} \sqrt{\dfrac{\Delta \gamma_{i+1}}{\gamma_{mi+1}} g h'_{i+1}}} \end{cases} \tag{3.141}$$

式中，Fr' 为异重流弗劳德数；i 为下游断面角标，$i+1$ 为上游断面角标；Δx_i、J_{0i} 分别为断面间距和平均底坡；"$'$" 为异重流水力因子角标。

利用式（3.141）计算异重流水深 h'_i 时，需要进行试算。若试算不收敛，则采用异重流均匀流公式（3.140）计算 h'_i，即

$$h'_i = \left(\frac{\lambda'}{8g J_{0i}} \frac{\gamma_{mi}}{\Delta \gamma_i} \frac{Q_i'^2}{B_i'^2} \right)^{1/3} = \frac{A_i'}{B_i'} \tag{3.142}$$

实际上，异重流的运动方程式（3.139）仅适用于潜入点断面下游的河段，潜入点断面处的异重流水深仍需利用式（3.142）进行计算。

利用该方法计算出异重流的水深后，仅能给出异重流清浑水交界面的水位 z_i' 及异重流的平均流速 U_i'，无法给出流速在各个子断面上的分布。然而，3.2 节泥沙纵向输移模拟计算是分子断面进行的。由于目前缺乏有关异重流横向流速分布方面的研究成果，本模型简单地假定各个子断面上异重流的流速与异重流断面平均流速相等。这样，3.2 节纵向泥沙输移子模型可直接用于异重流泥沙纵向输移的模拟。

至于河槽横向泥沙输移（横向变形）的模拟，对于异重流的情况可以不考虑。河槽横向泥沙输移（横向变形）通常仅在河槽冲刷的情况下发生。由于异重流常常处于超饱和状态，异重流流态时，河槽处于普遍淤积状态，而且主槽内的淤积厚度通常大于滩地的淤积厚度，其结果只能使主槽两岸更趋于稳定。因此在异重流流态时，本模型不考虑河槽的横向变形。

异重流输沙计算公式仍采用泥沙计算基本公式，不同点在于水力因子改用异重流的水力因子。

3.7　异重流倒灌支流的模拟方法简介

在西北旱区多泥沙河流水库中，广泛存在干流浑水倒灌支流后造成的泥沙淤积过程。干流浑水以明流或异重流形式流动至支流口门处时，若支流中的水流较清，干流浑水就可能倒灌支流，以异重流的形式向支沟上游逆向流动，形成倒锥体淤积形态。秦文凯等（1995）将这种异重流称为反坡异重流，并对这一特殊的水流运动及其泥沙输移规律进行了研究。本节就本模型中采用的支流倒灌异重流的计算方法进行介绍。

3.7.1　异重流倒灌的形成条件

异重流倒灌支流的形成条件为

$$u_0 < \sqrt{\eta_g g h_0} = \sqrt{\frac{\gamma_m - \gamma}{\gamma} g h_0} \qquad (3.143)$$

式中，u_0 为支流来流量与口门过水断面面积之比；η_g 为重力修正系数；γ、γ_m 分别为清水和浑水（来自主流）的容重；h_0 为口门处的水深。

对于支流中无来水的情况，即 $u_0 = 0$，式（3.143）自动满足；对于支流中有来水的情况，由于支流来水量一般很小，绝大多数情况下，式（3.143）也能满足。

3.7.2　倒灌异重流的起始水深和流速

对于水库支沟，它们本身的水流流量很小，可忽略支沟水流流动对倒灌异重流运动的影响。此时，倒灌异重流的起始水深可分两种情况进行计算。第一种情况，干流浑水以异重流形式流动至支沟口门处产生的倒灌异重流。可认为干流异重流流经支沟口门断面时的清浑水交界面高程与倒灌异重流的起始清浑水交界面高程相同，取该水位高程下支沟口门断面的平均水深为倒灌异重流的起始水深 h_0'。第二种情况，干流浑水以明渠流形式流动至支沟口门处产生的倒灌异重流。此时，倒灌异重流的起始水深为

$$h_0' = \eta h_0 \tag{3.144}$$

式中，h_0' 为倒灌异重流的起始水深；h_0 为相应明流浑水水位时，在口门断面处的平均水深；η 为水深收缩系数，与异重流潜入过程中的局部阻力损失系数等有关，关系为

$$1 + \xi = \frac{4\eta^2 [2 + (1-\eta)^2]}{(2-\eta)^2} \tag{3.145}$$

其中，ξ 为综合阻力系数，需根据实测资料反求，本模型取值为 0.6。

倒灌异重流的起始流速为

$$u_0' = \frac{1}{\eta} \sqrt{(1-\eta)^3 \frac{\gamma_m - \gamma}{\gamma} g h_0} \tag{3.146}$$

若口门处的断面宽度为 B_0，则倒灌异重流的单宽流量为

$$q_0' = B_0 u_0' \tag{3.147}$$

式中，u_0' 为倒灌异重流的起始流速。

3.7.3　倒灌长度的计算

在支沟口门处潜入形成的倒灌异重流，沿支沟逆向流动一定距离后，将不再向上游推进，此时继续流入的水流通过析出清水和渗混作用进入上层水体，并顺向流出支沟。异重流的倒灌长度为

$$L = \frac{1 + 2\mathrm{Fr}_0'^2}{J_0 + \left(\dfrac{\lambda_0}{4} + \dfrac{\eta^2 \lambda_j}{12(1-\eta)^2} \right) \mathrm{Fr}_0'^2} h_0' \tag{3.148}$$

式中，L 是异重流的倒灌长度；J_0 为支沟的底坡；λ_0 为异重流与床面之间的阻力系数；λ_j 为清浑水交界面的阻力系数；Fr_0' 为异重流的弗劳德数，异重流的弗劳德数 Fr_0' 用式（3.149）计算。

$$\text{Fr}_0'^2 = \frac{u_0'^2}{\eta_{\mathrm{g}} g h_0'} \tag{3.149}$$

3.7.4　倒灌异重流的输沙计算

含沙量变化方程为

$$S = S_0 \left(\frac{L-x}{L} \right)^{\frac{\alpha \omega L}{q_0'}} \tag{3.150}$$

河床变形方程为

$$\gamma' \frac{\partial z_0}{\partial t} = \alpha \omega S_0 \left(\frac{L-x}{L} \right)^{\frac{\alpha \omega L}{q_0'}} \tag{3.151}$$

式中，S_0 为异重流在口门处的含沙量；S 为异重流在距口门距离为 x 处的含沙量；α 为恢复饱和系数，取值为 0.25；ω 平均沉速；γ' 为淤积物干容重；z_0 为床面高程；x 为距支流口门处的距离。

根据式（3.144）可得出断面冲淤面积计算公式为

$$\Delta A_{\mathrm{s}} = k \frac{\Delta t}{\gamma'} B' \alpha \omega S_0 \left(\frac{L-x}{L} \right)^{\frac{\alpha \omega L}{q_0'}} \tag{3.152}$$

式中，ΔA_{s} 为断面冲淤面积；B' 为异重流宽度；k 为沙量平衡调整系数，可以试算得出。

3.8　模型的计算步骤

综合研究，给出本章所构建模型的计算流程，见图 3.11。

在水流计算子模块中，以下游水位作为下游边界条件，利用标准步长法和二分法迭代求解水面线方程，得出每个横断面上的水位和水面坡度。在每一个时间步长内，水流被假定为恒定流。水流随时间的变化过程被概化成阶梯式水文过程，在每一计算时段内，流量为常值。每个横断面上水流流速的横向分布是通过求解式（3.13）得出的，求解方法采用有限分差分法，在横断面上的水力计算结点上，利用追赶法求解，采用的边界条件是岸边水流的单宽流量为零。求解出水力计算结点上的水流流速和边界剪切应力的横向分布之后，通过线性插值，可求出每一个泥沙输移计算结点上的边界切应力、流速和水深。

在泥沙纵向输移计算子模块中，首先利用式（3.41）计算出上游进口断面各子断面上的冲淤面积。然后，利用式（3.69）、式（3.47）计算出下游各断面的平均含沙量和子断面含沙量，利用式（3.41）计算出各断面上每一子断面的冲淤面积。在泥沙纵向输移计算中，需要用式（3.48）计算出子断面的水流挟沙力。

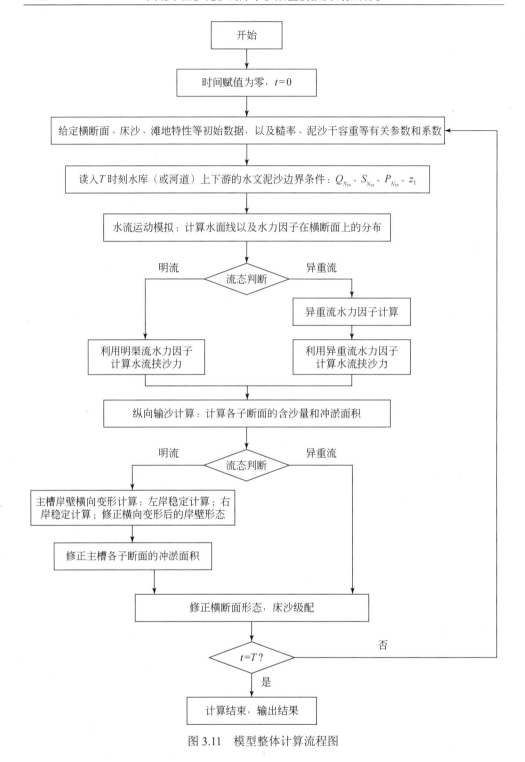

图 3.11 模型整体计算流程图

当水流处于明渠流流态时，式（3.48）中的水力因子直接采用明渠流的水力因子；当判别出水流处于异重流流态时，则式（3.48）中的水力因子以相应的异重流水力因子来代替。

在河槽横向变形计算子模块中，为了能够模拟不对称河道，模型可分别计算左岸和右岸边滩的稳定性和横向水力冲蚀量。分别计算左右岸滩地泥沙的水力侵蚀量和重力侵蚀量，并据此对河岸（边滩）的形态及主槽的顶宽和底宽进行修正。河槽泥沙横向侵蚀量中转化为床沙的部分，均匀淤积在主槽内的各子断面上，并据此对泥沙纵向输移子模块中计算出的主槽子断面冲淤量进行修正；河槽泥沙横向侵蚀量中转化为悬移质的部分被作为下一计算时段的侧向悬移质输沙率，参加下一计算时段的泥沙纵向冲淤计算。

有关泥沙冲淤的求解都是在每一横断面上的各个子断面中，分别对每一粒径组泥沙进行求解的。这样详细求解得出的信息，使模型能够在每一时段末，对每个子断面的河床高程和床沙级配进行修正。

3.9　小　　结

本章以冲积河流为研究对象，通过对河槽冲淤调整过程中河岸（或滩地）坍塌下滑的土动力学机理，岸壁泥沙坍塌的数量及其物理特性和冲淤特性等的分析研究，提出了一套可以同时反映河槽纵向冲淤和横向调整变形的河道变形模拟方法。以此为基础建立了一个可以模拟多沙河流上水库及河道冲淤演变过程的准二维泥沙数学模型，重点研究内容包括以下几个方面。

（1）河道平面准二维流场的数值模拟研究。对浅水平面二维水流方程进行适当的简化，得到水力要素沿横向的变化方程，将其与一维水流方程联解，最终得到水力要素在横向及纵向的分布。

（2）非均匀悬移质纵向输移即河床纵向冲淤变形的数值模拟研究。对泥沙冲淤计算中的几个关键性问题进行了讨论。重点探讨了分组泥沙恢复饱和系数与混合沙综合平均恢复饱和系数之间的关系。联解分粒径组泥沙的连续方程和河床变形方程，最终计算出横断面上各子断面分组沙的冲淤面积。

（3）河槽横向变形的数值模拟研究。详细论述了河岸水力侵蚀和重力侵蚀的物理过程和机理，并提出了相应的数值模拟方法。该方法可以给出河岸泥沙的水力侵蚀量和重力侵蚀量，并可给出河槽的横向变形量。

（4）详细讨论了河槽横向侵蚀变形与纵向冲淤之间的关系，并提出了模拟方法；讨论了床沙级配、水库异重和异重流倒灌支流的数值模拟方法。

第4章　多泥沙河流水库平面二维水沙数学模型研究

多泥沙河流水库的水沙联合调度须在库区泥沙冲淤量化研究的基础上方可有效实施，水沙数学模型作为一种重要的技术手段，在库区泥沙冲淤形态、冲淤量等的量化研究中发挥着重要作用。本章即以此为切入点，在过往研究的基础之上，着眼于"多泥沙"这一关键要素，遵循图4.1的研究路线，构建可用于多泥沙河

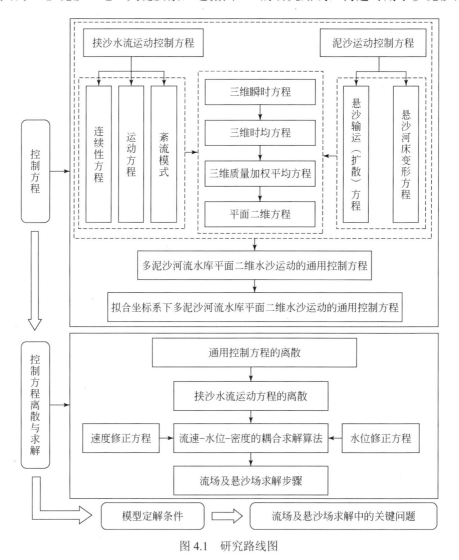

图 4.1　研究路线图

流水库水沙运动精细模拟的平面二维水沙数学模型，并提出相应的求解算法，以此服务多泥沙河流水库的水沙联合调度。

4.1　水沙运动的控制方程

多泥沙河流水库挟沙水流运动属水沙固液两相流体运动，对于此类水沙两相流，主要采用多连续介质模式（双流体模型）与无滑移模式（单流体模型）两类宏观研究方法（倪晋仁等，1992）。其中，多连续介质模式（双流体模型）将固相泥沙颗粒视为与液相流体占据同一流动空间且相互有滑移的拟流体，水沙两相分别建立各自的连续方程与运动方程进行求解；无滑移模式（单流体模型）则将水沙两相混合流体视为单一的连续介质流体，假设泥沙颗粒与液相具有相同的速度，采用类似单相流体的研究方法，建立水沙两相混合体的连续方程、运动方程及泥沙颗粒的连续方程进行求解。

基于这两种研究方法，以无滑移模式为基础，将多连续介质模式中相间滑移（水沙两相间存在速度差）理论引入，就多泥沙河流水库水沙运动的控制方程进行严格推导。其中，明确无滑移模式中水沙两相混合流体的密度采用关系式（2.3）来计算，为推导之便，重写为

$$\rho_{m} = \rho\left(1 - \frac{S}{\rho_{s}}\right) + S = \rho_{f} + S \tag{4.1}$$

4.1.1　挟沙水流运动的控制方程

1. 三维挟沙水流运动的紊流瞬时方程

1）瞬时连续性微分方程

三维挟沙水流瞬时连续性微分方程依据质量守恒定律进行推导。如图 4.2 在笛卡儿坐标系下的流体运动空间内，选取一个边长分别为 dx、dy、dz 的正六面体无穷小微团，其中心点 M 在空间中的位置为 (x, y, z)。设在某瞬时 t，流体质点流经该微团中心点 M 的速度为 u、v、w，挟沙水流密度为 ρ_{m}，速度与密度均为空间坐标 x, y, z 与时间 t 的函数，则微团各界面流入（出）速度及密度可通过泰勒级数展开加以确定（表 4.1 及图 4.2）。

表 4.1　dt 时段内流经无穷小微团各界面的流体质量

流体运动空间方向	dt 时段内流经无穷小微团各界面的流体质量		
	流入	流出	流入−流出
x 方向 （$ABCD$ 流入，$A'B'C'D'$ 流出）	$\left(\rho_{m}u - \frac{1}{2}\frac{\partial \rho_{m}u}{\partial x}dx\right)dydzdt$	$\left(\rho_{m}u + \frac{1}{2}\frac{\partial \rho_{m}u}{\partial x}dx\right)dydzdt$	$-\frac{\partial \rho_{m}u}{\partial x}dxdydzdt$

续表

流体运动空间方向	dt 时段内流经无穷小微团各界面的流体质量		
	流入	流出	流入-流出
y 方向 （$BCC'B'$流入，$ADD'A'$流出）	$\left(\rho_{m}v-\dfrac{1}{2}\dfrac{\partial\rho_{m}v}{\partial y}dy\right)dxdzdt$	$\left(\rho_{m}v+\dfrac{1}{2}\dfrac{\partial\rho_{m}v}{\partial y}dy\right)dxdzdt$	$-\dfrac{\partial\rho_{m}v}{\partial y}dxdydzdt$
z 方向 （$DCC'D'$流入，$ABB'A'$流出）	$\left(\rho_{m}w-\dfrac{1}{2}\dfrac{\partial\rho_{m}w}{\partial z}dz\right)dxdydt$	$\left(\rho_{m}w+\dfrac{1}{2}\dfrac{\partial\rho_{m}w}{\partial z}dz\right)dxdydt$	$-\dfrac{\partial\rho_{m}w}{\partial z}dxdydzdt$

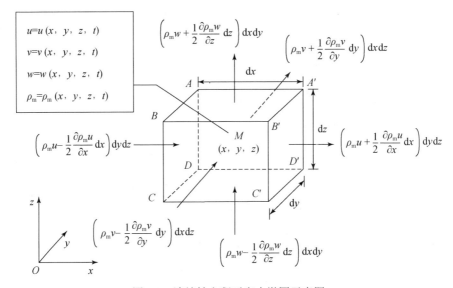

图 4.2　连续性方程无穷小微团示意图

表 4.1 给出了 dt 时段内流经无穷小微团各界面的流体质量。依据质量守恒定律，dt 时段内流入微团的流体质量与流出微团的流体质量差应等于 dt 时段内微团的质量变化，微团内流体的总质量为 $\rho_{m}dxdydz$，其在 dt 时段内的变化可表示为 $(\partial\rho_{m}/\partial t)dxdydzdt$，则

$$-\frac{\partial\rho_{m}u}{\partial x}dxdydzdt-\frac{\partial\rho_{m}v}{\partial y}dxdydzdt-\frac{\partial\rho_{m}w}{\partial z}dxdydzdt=\frac{\partial\rho_{m}}{\partial t}dxdydzdt \qquad (4.2a)$$

进一步整理简化可得

$$\frac{\partial\rho_{m}}{\partial t}+\frac{\partial\rho_{m}u}{\partial x}+\frac{\partial\rho_{m}v}{\partial y}+\frac{\partial\rho_{m}w}{\partial z}=0 \qquad (4.2b)$$

对于多泥沙河流水库，挟沙水流密度随着含沙量的变化而变化，属可压缩变密度流体，式（4.2）中密度 ρ_{m} 不能消去。式（4.2b）也可用张量形式表达为

$$\frac{\partial\rho_{m}}{\partial t}+\frac{\partial\rho_{m}u_{j}}{\partial x_{j}}=0 \qquad j=1,\ 2,\ 3 \qquad (4.3)$$

2）瞬时运动微分方程

三维挟沙水流瞬时运动微分方程依据动量守恒定律或牛顿第二定律进行推导。仍取图 4.2 中无穷小微团为研究对象，推导原理可描述为作用于微团上的合力等于微团的质量与其运动时的加速度之积。

依据该原理，推导运动微分方程的首要工作是对微团进行受力分析。如图 4.3 所示，作用于微团上的力主要分为两类。①体积力。穿越流体运动空间作用在流体微团上的非接触力，如重力、惯性力、电磁力等，为推导之便将微团中心处沿 x、y、z 三个方向的单位体积力分量分别记为 f_x、f_y、f_z。②表面力。作用于流体微团表面的接触力，包括压力 p 及黏性力（分为正应力与切应力），将微团中心处沿 x、y、z 三个方向的切应力分量分别记为 τ_{xy}、τ_{yx}、τ_{xz}、τ_{zx}、τ_{yz}、τ_{zy}，正应力分量分别记为 τ_{xx}、τ_{yy}、τ_{zz}，其中第一个下标表示垂直于应力作用面的方向，第二个下标表示应力的方向（倪浩清等，2006；Anderson，1995；周力行，1991）。

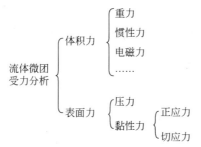

图 4.3　流体微团受力分析

为简便起见，仅以 x 方向为例来推导该方向的运动微分方程，y、z 方向与之类似。x 方向作用于流体微团各界面的力详见图 4.4 及表 4.2。

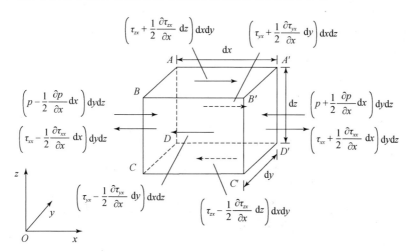

图 4.4　x 方向运动方程无穷小微团示意图

表 4.2　x 方向无穷小微团各界面受力情况分析

力的作用面	体积力	表面力		
		压力	黏性力	
			正应力	切应力
$A'B'C'D'$面		$-\left(p+\dfrac{1}{2}\dfrac{\partial p}{\partial x}dx\right)dydz$	$\left(\tau_{xx}+\dfrac{1}{2}\dfrac{\partial \tau_{xx}}{\partial x}dx\right)dydz$	—
$ABCD$面		$\left(p-\dfrac{1}{2}\dfrac{\partial p}{\partial x}dx\right)dydz$	$-\left(\tau_{xx}-\dfrac{1}{2}\dfrac{\partial \tau_{xx}}{\partial x}dx\right)dydz$	—
$ADD'A'$面		—	—	$\left(\tau_{yx}+\dfrac{1}{2}\dfrac{\partial \tau_{yx}}{\partial y}dy\right)dxdz$
$BCC'B'$面	$\rho_{m}f_{x}dxdydz$	—	—	$-\left(\tau_{yx}-\dfrac{1}{2}\dfrac{\partial \tau_{yx}}{\partial y}dy\right)dxdz$
$ABB'A'$面		—	—	$\left(\tau_{zx}+\dfrac{1}{2}\dfrac{\partial \tau_{zx}}{\partial z}dz\right)dxdy$
$DCC'D'$面		—	—	$-\left(\tau_{zx}-\dfrac{1}{2}\dfrac{\partial \tau_{zx}}{\partial z}dz\right)dxdy$
合力	$\rho_{m}f_{x}dxdydz$	$-\dfrac{\partial p}{\partial x}dxdydz$	$\dfrac{\partial \tau_{xx}}{\partial x}dxdydz$	$\left(\dfrac{\partial \tau_{yx}}{\partial y}+\dfrac{\partial \tau_{zx}}{\partial z}\right)dxdydz$
		$\left(-\dfrac{\partial p}{\partial x}+\dfrac{\partial \tau_{xx}}{\partial x}+\dfrac{\partial \tau_{yx}}{\partial y}+\dfrac{\partial \tau_{zx}}{\partial z}\right)dxdydz$		

根据牛顿第二定律，作用于流体微团 x 方向上的合力等于微团的质量与其运动时 x 方向的加速度之乘积。其中，挟沙水流流体微团的质量为 $\rho_{m}dxdydz$，加速度在 x 方向的分量为该方向速度分量 u 随时间的变化率，即 du/dt，根据质点导数的定义将其展开，可得

$$\frac{du}{dt}=\frac{\partial u}{\partial t}+u\frac{\partial u}{\partial x}+v\frac{\partial u}{\partial y}+w\frac{\partial u}{\partial z}\qquad(4.4)$$

综合可以写出

$$\rho_{m}f_{x}dxdydz+\left(-\frac{\partial p}{\partial x}+\frac{\partial \tau_{xx}}{\partial x}+\frac{\partial \tau_{yx}}{\partial y}+\frac{\partial \tau_{zx}}{\partial z}\right)dxdydz$$
$$=\rho_{m}\left(\frac{\partial u}{\partial t}+u\frac{\partial u}{\partial x}+v\frac{\partial u}{\partial y}+w\frac{\partial u}{\partial z}\right)dxdydz\qquad(4.5)$$

式（4.5）右端可进一步写为

$$\rho_{\mathrm{m}}\left(\frac{\partial u}{\partial t}+u\frac{\partial u}{\partial x}+v\frac{\partial u}{\partial y}+w\frac{\partial u}{\partial z}\right)$$

$$=\left[\frac{\partial(\rho_{\mathrm{m}}u)}{\partial t}+\frac{\partial(\rho_{\mathrm{m}}u^2)}{\partial x}+\frac{\partial(\rho_{\mathrm{m}}uv)}{\partial y}+\frac{\partial(\rho_{\mathrm{m}}uw)}{\partial z}\right]-u\left(\frac{\partial\rho_{\mathrm{m}}}{\partial t}+\frac{\partial\rho_{\mathrm{m}}u}{\partial x}+\frac{\partial\rho_{\mathrm{m}}v}{\partial x}+\frac{\partial\rho_{\mathrm{m}}w}{\partial x}\right)$$

$$(4.6)$$

式（4.6）右端第二项即为连续性方程（4.2）的左端，将连续性方程（4.2）代入式（4.6），并对其作进一步整理简化，可得笛卡儿坐标系下以应力分量形式表示的 x 方向运动微分方程为

$$\frac{\partial(\rho_{\mathrm{m}}u)}{\partial t}+\frac{\partial(\rho_{\mathrm{m}}u^2)}{\partial x}+\frac{\partial(\rho_{\mathrm{m}}uv)}{\partial y}+\frac{\partial(\rho_{\mathrm{m}}uw)}{\partial z}=\rho_{\mathrm{m}}f_x-\frac{\partial p}{\partial x}+\frac{\partial\tau_{xx}}{\partial x}+\frac{\partial\tau_{yx}}{\partial y}+\frac{\partial\tau_{zx}}{\partial z}$$

$$(4.7)$$

同理可以导出笛卡儿坐标系下以应力分量形式表示的 y、z 方向运动微分方程，即

$$\frac{\partial(\rho_{\mathrm{m}}v)}{\partial t}+\frac{\partial(\rho_{\mathrm{m}}uv)}{\partial x}+\frac{\partial(\rho_{\mathrm{m}}v^2)}{\partial y}+\frac{\partial(\rho_{\mathrm{m}}vw)}{\partial z}=\rho_{\mathrm{m}}f_y-\frac{\partial p}{\partial y}+\frac{\partial\tau_{xy}}{\partial x}+\frac{\partial\tau_{yy}}{\partial y}+\frac{\partial\tau_{zy}}{\partial z}$$

$$(4.8)$$

$$\frac{\partial(\rho_{\mathrm{m}}w)}{\partial t}+\frac{\partial(\rho_{\mathrm{m}}uw)}{\partial x}+\frac{\partial(\rho_{\mathrm{m}}vw)}{\partial y}+\frac{\partial(\rho_{\mathrm{m}}w^2)}{\partial z}=\rho_{\mathrm{m}}f_z-\frac{\partial p}{\partial z}+\frac{\partial\tau_{xz}}{\partial x}+\frac{\partial\tau_{yz}}{\partial y}+\frac{\partial\tau_{zz}}{\partial z}$$

$$(4.9)$$

式（4.7）～式（4.9）也可用张量形式表达为

$$\frac{\partial(\rho_{\mathrm{m}}u_i)}{\partial t}+\frac{\partial(\rho_{\mathrm{m}}u_iu_j)}{\partial x_j}=\rho_{\mathrm{m}}f_i-\frac{\partial p}{\partial x_i}+\frac{\partial\tau_{ji}}{\partial x_j} \qquad (4.10)$$

2. 三维挟沙水流运动的紊流时间平均方程

多泥沙河流的挟沙水流运动通常属于紊流，而推导得出的瞬时连续性微分方程（4.3）及运动方程（4.10）中各变量均为瞬时值，运动参数随时间和空间不断发生变化，具有随机的脉动特性，以目前的技术手段无法对其运动规律进行研究，即无法通过求解式（4.3）及式（4.10）得到各变量的时空分布。同时，在实际水库工程中，关注这些瞬时变量的时空分布并没有任何现实意义，实际工程所关心的是紊流各运动要素的平均效应。因此，以下采用时间平均法，将瞬时值分解为时均值与脉动值，进而推导多泥沙河流三维挟沙水流运动的紊流时间平均方程（刘士和等，2011；许维临等，2010；张兆顺等，2005；黄金池等，2001；陈界仁，1994；陈景仁，1989；汪德爟，1989）。

1）时均连续性微分方程

依据时间平均法的概念，三维挟沙水流运动的瞬时速度 u_j 以及挟沙水流密度

ρ_{m} 分别可以表示为 $u_j = \overline{u_j} + u_j'$ 及 $\rho_{\mathrm{m}} = \overline{\rho_{\mathrm{m}}} + \rho_{\mathrm{m}}'$，其中 $\overline{u_j}$、$\overline{\rho_{\mathrm{m}}}$ 为分别为速度时均值及密度时均值，u_j'、ρ_{m}' 分别为速度脉动值及密度脉动值。

将上述关系式代入式（4.3），并对方程进行时均化，可得

$$\frac{\partial \overline{(\overline{\rho_{\mathrm{m}}} + \rho_{\mathrm{m}}')}}{\partial t} + \frac{\partial \left[\overline{(\overline{\rho_{\mathrm{m}}} + \rho_{\mathrm{m}}')(\overline{u_j} + u_j')} \right]}{\partial x_j} = 0 \tag{4.11}$$

将式（4.11）展开，并根据时均运算法则进行化简，则可得多泥沙河流三维挟沙水流运动的紊流时均连续性微分方程为

$$\frac{\partial \overline{\rho_{\mathrm{m}}}}{\partial t} + \frac{\partial (\overline{\rho_{\mathrm{m}}} u_j)}{\partial x_j} + \frac{\partial (\overline{\rho_{\mathrm{m}}' u_j'})}{\partial x_j} = 0 \tag{4.12}$$

2）时均运动微分方程

与时均连续性微分方程推导相似，将 $u_j = \overline{u_j} + u_j'$、$\rho_{\mathrm{m}} = \overline{\rho_{\mathrm{m}}} + \rho_{\mathrm{m}}'$、$p = \overline{p} + p'$、$f_i = \overline{f_i} + f_i'$ 代入式（4.10），并对方程进行时均化，可得

$$\frac{\partial \left[\overline{(\overline{\rho_{\mathrm{m}}} + \rho_{\mathrm{m}}')(\overline{u_i} + u_i')} \right]}{\partial t} + \frac{\partial \left[\overline{(\overline{\rho_{\mathrm{m}}} + \rho_{\mathrm{m}}')(\overline{u_i} + u_i')(\overline{u_j} + u_j')} \right]}{\partial x_j}$$

$$= \overline{(\overline{\rho_{\mathrm{m}}} + \rho_{\mathrm{m}}')(\overline{f_i} + f_i')} - \frac{\partial \overline{(\overline{p} + p')}}{\partial x_i} + \frac{\partial \overline{(\overline{\tau_{ji}} + \tau_{ji}')}}{\partial x_j} \tag{4.13}$$

将式（4.13）展开，并根据时均运算法则进行化简，可得

$$\frac{\partial (\overline{\rho_{\mathrm{m}} u_i} + \overline{\rho_{\mathrm{m}}' u_i'})}{\partial t} + \frac{\partial (\overline{\rho_{\mathrm{m}} u_i u_j} + \overline{\rho_{\mathrm{m}}' u_j' u_i})}{\partial x_j}$$

$$= (\overline{\rho_{\mathrm{m}} f_i} + \overline{\rho_{\mathrm{m}}' f_i'}) - \frac{\partial \overline{p}}{\partial x_i} + \frac{\partial \overline{\tau_{ji}}}{\partial x_j} + \frac{\partial (-\overline{\rho_{\mathrm{m}} u_i' u_j'} - \overline{u_i \rho_{\mathrm{m}}' u_j'} - \overline{u_j \rho_{\mathrm{m}}' u_i'})}{\partial x_j} \tag{4.14}$$

根据布辛涅斯克假定，忽略脉动量的三阶相关项 $-\overline{\rho_{\mathrm{m}}' u_i' u_i'}$、脉动量随时间的变化率项 $\partial(\overline{\rho_{\mathrm{m}}' u_i'})/\partial t$ 以及体积力的脉动量等一些小量，则式（4.14）化简为

$$\frac{\partial (\overline{\rho_{\mathrm{m}} u_i})}{\partial t} + \frac{\partial (\overline{\rho_{\mathrm{m}} u_i u_j})}{\partial x_j} = \overline{\rho_{\mathrm{m}} f_i} - \frac{\partial \overline{p}}{\partial x_i} + \frac{\partial \overline{\tau_{ji}}}{\partial x_j} + \frac{\partial (-\overline{\rho_{\mathrm{m}} u_i' u_j'} - \overline{u_i \rho_{\mathrm{m}}' u_j'} - \overline{u_j \rho_{\mathrm{m}}' u_i'})}{\partial x_j}$$

$$\tag{4.15}$$

式（4.12）、式（4.15）究其实质分别为可压缩紊流时均连续性方程与运动方程，与通常应用较多的不可压缩紊流时均方程相比，连续性方程中多了由于密度脉动量与速度脉动量引起的源项 $\partial(\overline{\rho_{\mathrm{m}}' u_j'})/\partial x_j$，运动方程中则除了雷诺应力项（紊动附加应力）$-\overline{\rho_{\mathrm{m}} u_i' u_j'}$ 相同外，多了密度脉动量与速度脉动量之间的二阶相关项

（摩擦力项）$-\overline{u_i\rho_{\mathrm{m}}'u_j'}$、$-\overline{u_j\rho_{\mathrm{m}}'u_i'}$。究其原因，主要在于多泥沙河流含沙量普遍较高，挟沙水流密度随含沙量的变化而变化，在严格意义上属于可压缩变密度流体，对于此种流体，其密度为不规则变量，脉动量一般较大，通常不能忽略，仅当含沙量较小时，才可近似为均值不可压缩流体，从而可忽略脉动量的二阶相关项。从这一角度而言，式（4.12）与式（4.15）也可以看作既适用于多泥沙河流又适用于少泥沙河流挟沙水流运动的通用紊流时均方程，对于少泥沙河流只要在时均连续性方程中忽略源项 $\partial(\overline{\rho_{\mathrm{m}}'u_j'})\big/\partial x_j$，时均运动方程中忽略二阶相关项（摩擦力项）$-\overline{u_i\rho_{\mathrm{m}}'u_j'}$、$-\overline{u_j\rho_{\mathrm{m}}'u_i'}$ 即可。

3. 三维挟沙水流运动的紊流质量加权平均方程

多泥沙河流三维挟沙水流运动的紊流时均连续性方程（4.12）以及时均运动方程（4.15）形式相对过于复杂，较通常的少泥沙河流三维挟沙水流运动的时均方程多出很多与密度脉动相关的附加项。这些密度脉动相关项一般均不易处理，目前的处理办法主要有两类：一类是直接将密度脉动相关项忽略，近似等同于少泥沙河流来处理；另一类是依据分子扩散的 Fick 定律，引入紊流扩散系数，仿照流体中物质输运紊动扩散作用的表达形式 [式（4.16a）]，对密度脉动相关项进行类似处理 [式（4.16b）]。

$$-\overline{c'u_j'}=\varGamma_{\mathrm{t}}\frac{\partial\bar{c}}{\partial x_j}=\frac{\nu_{\mathrm{t}}}{\sigma}\frac{\partial\bar{c}}{\partial x_j} \tag{4.16a}$$

$$-\overline{\rho_{\mathrm{m}}'u_j'}=\varGamma_{\mathrm{t}}\frac{\partial\overline{\rho_{\mathrm{m}}}}{\partial x_j}=\frac{\nu_{\mathrm{t}}}{\sigma}\frac{\partial\overline{\rho_{\mathrm{m}}}}{\partial x_j} \tag{4.16b}$$

式中，c 为物质浓度；$\varGamma_{\mathrm{t}}$ 为紊流扩散系数；ν_{t} 为紊流运动黏滞系数；σ 为 Schmidt 数。

这两种处理办法虽在解决实际工程问题时可以发挥一定作用，但明显不够严谨和精细，为此将 Favre（1964）提出的质量加权平均方法引入到多泥沙河流三维挟沙水流运动基本方程的推导中。该法依据相关实验研究成果，认为当来流 Mach 数（速度与音速的比值）不太大时，紊流场中流动变量的时均值与质量加权平均值相差并不大（傅德薰等，2010）。而对于多泥沙河流水库而言，其挟沙水流运动通常不会以高速流的形式呈现，来流 Mach 数极其微小，因此为了避免时均法导致方程附加项过多，实际应用难度较大的不足，以下利用质量加权平均法来推导多泥沙河流三维挟沙水流运动的紊流质量加权平均连续性微分方程与运动微分方程。

与时均法类似，质量加权平均法也是将瞬时变量分解为平均量与脉动量两部分，分解表达式为 $\phi=\tilde{\phi}+\phi''$，式中 ϕ 为瞬时变量，$\tilde{\phi}$ 为质量加权平均量，ϕ'' 为质

量加权脉动量。其中质量加权平均量定义为瞬时变量与密度乘积的时均值与时均密度之比，即

$$\tilde{\phi} = \frac{\overline{\rho_m \phi}}{\overline{\rho_m}} \qquad (4.17)$$

1）质量加权平均连续性微分方程

为推导多泥沙河流三维挟沙水流运动的紊流质量加权平均连续性微分方程，将式（4.3）中变量 u_j 采用质量加权平均分解，即 $u_j = \tilde{u}_j + u_j''$，而密度 ρ_m 仍采用时间平均分解。

将瞬时变量分解关系式代入式（4.3），并对方程整体进行时均化处理，则可得

$$\frac{\overline{\partial \left(\overline{\rho}_m + \rho_m' \right)}}{\partial t} + \frac{\partial \left[\overline{\left(\overline{\rho}_m + \rho_m' \right) \left(\tilde{u}_j + u_j'' \right)} \right]}{\partial x_j} = 0 \qquad (4.18)$$

为对式（4.18）作进一步化简，根据质量加权平均的定义式（4.17），推导质量加权平均量与质量加权脉动量时均化后的几个计算关系式，见式（4.19a）~式（4.19c）。

$$\overline{\overline{\tilde{\phi}}} = \overline{\left(\frac{\overline{\rho_m \phi}}{\overline{\rho_m}} \right)} = \frac{\overline{\rho_m \phi}}{\overline{\rho_m}} = \tilde{\phi} \qquad (4.19a)$$

$$\left. \begin{array}{l} \overline{\rho_m \phi} = \overline{\rho_m \left(\tilde{\phi} + \phi'' \right)} = \overline{\rho_m \tilde{\phi}} + \overline{\rho_m \phi''} \\[2mm] \tilde{\phi} = \frac{\overline{\rho_m \phi}}{\overline{\rho_m}} \Rightarrow \overline{\rho_m \phi} = \overline{\rho_m} \tilde{\phi} \end{array} \right\} \Rightarrow \overline{\rho_m \phi''} = 0 \qquad (4.19b)$$

$$\overline{\rho_m \phi''} = 0 \Rightarrow \overline{\left(\overline{\rho}_m + \rho_m' \right) \phi''} = 0$$

$$\Rightarrow \overline{\rho}_m \overline{\phi''} + \overline{\rho_m' \phi''} = 0 \Rightarrow \overline{\rho_m' \phi''} = - \overline{\rho}_m \overline{\phi''} \Rightarrow \overline{\phi''} = - \frac{\overline{\rho_m' \phi''}}{\overline{\rho}_m} \qquad (4.19c)$$

引入关系式（4.19），并根据时均运算法则，式（4.18）左端第二项可化简为

$$\frac{\overline{\partial \left[\left(\overline{\rho}_m + \rho_m' \right) \left(\tilde{u}_j + u_j'' \right) \right]}}{\partial x_j} = \frac{\partial}{\partial x_j} \overline{\left(\overline{\rho}_m \tilde{u}_j + \overline{\rho}_m u_j'' + \rho_m' \tilde{u}_j + \rho_m' u_j'' \right)}$$

$$= \frac{\partial}{\partial x_j} \left(\overline{\rho}_m \tilde{u}_j + \overline{\rho}_m \overline{u_j''} + \overline{\rho_m' \tilde{u}_j} - \overline{\rho}_m \overline{u_j''} \right) \qquad (4.20)$$

$$= \frac{\partial \left(\overline{\rho}_m \tilde{u}_j \right)}{\partial x_j}$$

将式（4.20）代入式（4.18），并根据时均运算法则进行化简，则可得到多泥

沙河流三维挟沙水流运动的紊流质量加权平均连续性微分方程为

$$\frac{\partial \overline{\rho}_{\mathrm{m}}}{\partial t} + \frac{\partial \left(\overline{\rho}_{\mathrm{m}} \tilde{u}_j \right)}{\partial x_j} = 0 \qquad (4.21)$$

2）质量加权平均运动微分方程

与多泥沙河流三维挟沙水流运动的紊流质量加权平均连续性微分方程推导相似，将式（4.10）中的变量 u_i、u_j 采用质量加权平均分解，即 $u_i = \tilde{u}_i + u_i''$、$u_j = \tilde{u}_j + u_j'$，而变量 ρ_{m}、p、f_i 仍采用时间平均分解，并对方程整体进行时均化处理，则得

$$\frac{\partial \overline{\left[\left(\overline{\rho}_{\mathrm{m}} + \rho_{\mathrm{m}}' \right) \left(\tilde{u}_i + u_i'' \right) \right]}}{\partial t} + \frac{\partial \overline{\left[\left(\overline{\rho}_{\mathrm{m}} + \rho_{\mathrm{m}}' \right) \left(\tilde{u}_i + u_i'' \right) \left(\tilde{u}_j + u_j'' \right) \right]}}{\partial x_j}$$

$$= \overline{\left(\overline{\rho}_{\mathrm{m}} + \rho_{\mathrm{m}}' \right) \left(\overline{f_i} + f_i' \right)} - \frac{\partial \left(\overline{p} + p' \right)}{\partial x_i} + \frac{\partial \left(\overline{\tau}_{ji} + \tau_{ji}' \right)}{\partial x_j} \qquad (4.22)$$

与式（4.20）推导类似，同样引入关系式（4.19），并根据时均运算法则，方程（4.22）左端第一项可化简为

$$\frac{\partial \overline{\left[\left(\overline{\rho}_{\mathrm{m}} + \rho_{\mathrm{m}}' \right) \left(\tilde{u}_i + u_i'' \right) \right]}}{\partial t} = \frac{\partial \left(\overline{\rho}_{\mathrm{m}} \tilde{u}_i \right)}{\partial t} \qquad (4.23)$$

同理，方程（4.22）左端第二项可化简为

$$\frac{\partial \overline{\left[\left(\overline{\rho}_{\mathrm{m}} + \rho_{\mathrm{m}}' \right) \left(\tilde{u}_i + u_i'' \right) \left(\tilde{u}_j + u_j'' \right) \right]}}{\partial x_j}$$

$$= \frac{\partial}{\partial x_j} \overline{\left(\overline{\rho}_{\mathrm{m}} \tilde{u}_i \tilde{u}_j + \rho_{\mathrm{m}}' \tilde{u}_i \tilde{u}_j + \overline{\rho}_{\mathrm{m}} \tilde{u}_i u_j'' + \rho_{\mathrm{m}}' \tilde{u}_i u_j'' + \overline{\rho}_{\mathrm{m}} u_i'' \tilde{u}_j + \rho_{\mathrm{m}}' u_i'' \tilde{u}_j + \overline{\rho}_{\mathrm{m}} u_i'' u_j'' + \rho_{\mathrm{m}}' u_i'' u_j'' \right)}$$

$$= \frac{\partial}{\partial x_j} \left(\overline{\rho}_{\mathrm{m}} \tilde{u}_i \tilde{u}_j + \overline{\rho_{\mathrm{m}}'} \tilde{u}_i \tilde{u}_j + \overline{\rho}_{\mathrm{m}} \tilde{u}_i \overline{u_j''} + \tilde{u}_i \overline{\rho_{\mathrm{m}}' u_j''} + \overline{\rho}_{\mathrm{m}} \tilde{u}_j \overline{u_i''} + \tilde{u}_j \overline{\rho_{\mathrm{m}}' u_i''} + \overline{\rho}_{\mathrm{m}} \overline{u_i'' u_j''} + \overline{\rho_{\mathrm{m}}' u_i'' u_j''} \right)$$

$$= \frac{\partial}{\partial x_j} \left[\overline{\rho}_{\mathrm{m}} \tilde{u}_i \tilde{u}_j + 0 + \overline{\rho}_{\mathrm{m}} \tilde{u}_i \left(-\frac{\overline{\rho_{\mathrm{m}}' u_j''}}{\overline{\rho}_{\mathrm{m}}} \right) + \tilde{u}_i \overline{\rho_{\mathrm{m}}' u_j''} + \overline{\rho}_{\mathrm{m}} \tilde{u}_j \left(-\frac{\overline{\rho_{\mathrm{m}}' u_i''}}{\overline{\rho}_{\mathrm{m}}} \right) + \tilde{u}_j \overline{\rho_{\mathrm{m}}' u_i''} + \overline{\rho}_{\mathrm{m}} \overline{u_i'' u_j''} + 0 \right]$$

$$= \frac{\partial}{\partial x_j} \left(\overline{\rho}_{\mathrm{m}} \tilde{u}_i \tilde{u}_j + \overline{\rho}_{\mathrm{m}} \overline{u_i'' u_j''} \right)$$

$$(4.24)$$

将式（4.23）、式（4.24）代入式（4.22）中，并根据时均运算法则进行化简，同时忽略体积力的时均脉动量，则可得多泥沙河流三维挟沙水流运动的紊流质量加权平均运动微分方程为

$$\frac{\partial\left(\overline{\rho}_{\mathrm{m}}\tilde{u}_i\right)}{\partial t}+\frac{\partial\left(\overline{\rho}_{\mathrm{m}}\tilde{u}_i\tilde{u}_j\right)}{\partial x_j}=\overline{\rho}_{\mathrm{m}}\overline{f}_i-\frac{\partial\overline{p}}{\partial x_i}+\frac{\partial\overline{\tau}_{ji}}{\partial x_j}+\frac{\partial\left(-\overline{\rho}_{\mathrm{m}}\overline{u_i''u_j''}\right)}{\partial x_j} \tag{4.25}$$

式中，τ_{ji} 为黏性应力张量，对于清水或少泥沙河流挟沙水流等牛顿流体而言，其应力张量与应变率张量存在线性关系，可采用式（4.26a）所示的线性本构关系，即广义牛顿应力公式来表达。但对于多泥沙河流挟沙水流而言，由于细颗粒泥沙的大量存在，随着含沙量的增大，泥沙颗粒之间很快形成絮凝结构，黏性急剧增加，其流变性质决定其已不再属于牛顿流体，而是属于非牛顿流体（宾厄姆流体），此时黏性应力张量 τ_{ji} 采用与式（4.26a）相类似的式（4.26b）来表达（白玉川等，2008）。

$$\tau_{ji}=2\mu S_{ij}-\frac{2}{3}\mu S_{kk}\delta_{ij} \tag{4.26a}$$

$$\tau_{ji}=2\mu_{\mathrm{e}}S_{ij}-\frac{2}{3}\mu_{\mathrm{e}}S_{kk}\delta_{ij}, \quad \mu_{\mathrm{e}}=\eta+\tau_{\mathrm{B}}/2S_{ij} \tag{4.26b}$$

式中，μ 为分子动力黏性系数；S_{ij} 为瞬时紊流应变率张量，$S_{ij}=(\partial u_i/\partial x_j+\partial u_j/\partial x_i)/2$；$S_{kk}$ 为速度散度，$S_{kk}=\partial u_k/\partial x_k$；$\delta_{ij}$ 为 Kronecker 函数，$i=j$ 时，$\delta_{ij}=1$，$i\neq j$ 时，$\delta_{ij}=0$；μ_{e} 为等效黏性系数；τ_{B} 为宾厄姆极限应力；η 为刚性系数。

将式（4.26b）进行改写，并忽略其中的正应力部分，则可得多泥沙河流挟沙水流的黏性应力张量表达式为

$$\tau_{ji}=\tau_{\mathrm{B}}+2\eta S_{ij}=\tau_{\mathrm{B}}+\eta\left(\frac{\partial u_i}{\partial x_j}+\frac{\partial u_j}{\partial x_i}\right) \tag{4.27}$$

根据紊流时均运算法则，并考虑宾厄姆极限应力 τ_{B} 与刚性系数 η 为流体本身的属性，相对稳定且可通过相关实验测定得到，无脉动变化，则 τ_{ji} 的时均表达式可写为

$$\overline{\tau}_{ji}=\tau_{\mathrm{B}}+\eta\left(\frac{\partial\overline{u}_i}{\partial x_j}+\frac{\partial\overline{u}_j}{\partial x_i}\right)\approx\tau_{\mathrm{B}}+\eta\left(\frac{\partial\tilde{u}_i}{\partial x_j}+\frac{\partial\tilde{u}_j}{\partial x_i}\right) \tag{4.28}$$

经推导后，式（4.25）除三个质量加权平均流速分量 $\tilde{u}_x$、$\tilde{u}_y$、$\tilde{u}_z$ 及一个时均压强 $\overline{p}$ 四个未知变量外，还有平均流动的密度 $\overline{\rho}_{\mathrm{m}}$ 及质量加权流速脉动量的二阶相关项 $-\overline{\rho}_{\mathrm{m}}\overline{u_i''u_j''}$ 为未知函数。其中，$\overline{\rho}_{\mathrm{m}}$ 可以通过与清水密度、泥沙密度及含沙量相关的浑水密度函数加以确定，$-\overline{\rho}_{\mathrm{m}}\overline{u_i''u_j''}$ 则与不可压缩流体时均运动方程中的 Reynolds 应力项在形式上完全一致，其封闭问题通常可借用不可压缩流动的相应关系式。

仿照 Boussinesq 关于 Reynolds 应力与平均流速梯度之间存在类似于式（4.26a）线性关系的假设，式（4.25）中不封闭项 $-\overline{\rho}_{\mathrm{m}}\overline{u_i''u_j''}$ 可表达为

$$
-\overline{\rho}_{\mathrm{m}}\overline{u_i''u_j''} = 2\mu_{\mathrm{t}}\tilde{S}_{ij} - \frac{2}{3}\left(\overline{\rho}_{\mathrm{m}}\tilde{k} + \mu_{\mathrm{t}}\tilde{S}_{kk}\right)\delta_{ij}
$$
$$
= \mu_{\mathrm{t}}\left(\frac{\partial \tilde{u}_i}{\partial x_j} + \frac{\partial \tilde{u}_j}{\partial x_i}\right) - \frac{2}{3}\left(\overline{\rho}_{\mathrm{m}}\tilde{k} + \mu_{\mathrm{t}}\frac{\partial \tilde{u}_k}{\partial x_k}\right)\delta_{ij} \tag{4.29}
$$

式中，$\tilde{k}$ 为紊流单位质量脉动动能，$\tilde{k} = (1/2)\overline{\rho_m u_i'' u_i''}/\overline{\rho}_{\mathrm{m}}$；$\mu_{\mathrm{t}}$ 为仿照分子动力黏性系数 μ 而引入的紊流动力黏性系数；$\tilde{S}_{ij}$ 为质量加权平均紊流应变率张量；$\tilde{S}_{kk}$ 为质量加权平均紊流速度散度。

式（4.28）、式（4.29）的引入使多泥沙河流三维挟沙水流运动的紊流质量加权平均连续性微分方程与运动微分方程得到了形式上的封闭，但实际上紊流黏性系数 μ_{t} 仍是未知变量，其与分子动力黏性系数 μ 是流体本身的属性有着本质区别。紊流黏性系数不是流体特性，而是强烈依赖于紊流状态，是流动的属性，它与整个流场的空间特性和时间历程乃至初始条件和边界条件均有密切关系，为此还需建立相应的紊流模式来确定紊流黏性系数 μ_{t}。

4. 三维挟沙水流运动的紊流模式

对于多泥沙河流三维挟沙水流这一特定可压缩紊流而言，其质量加权平均连续性微分方程与运动微分方程中，除平均流动的密度在流速场中为未知函数外，其他形式与清水或少泥沙河流挟沙水流等不可压缩紊流的时均运动方程基本相同。因此，多泥沙河流三维挟沙水流运动中质量加权平均控制方程的封闭问题，在一定条件下通常借用不可压缩流的相关研究方法。

紊流的研究方法目前主要有两类：第一类是基于唯象理论（王泽农，2008）的实验现象概括、总结与提炼，通过观测紊流的物理现象，概括总结紊流的一般特征，进而提炼其统计平均性质；第二类是采用数值模拟方法求解具有确定边界的紊流运动控制方程，并结合实验研究和理论分析方法研究紊流特性。在两类方法中，第二类紊流数值模拟的研究及应用较为广泛，主要包括直接数值模型方法（direct numerical simulation，DNS）、大涡模拟方法（large eddy simulation，LES）、Reynolds 平均数值模拟方法（Reynolds average navier-stokes，RANS）、概率密度分布函数模拟方法（probability density function simulation，PDFS）等，从方法的通用性、经济性及工程实际应用性的角度而言，RANS 方法发展最为完善，是目前解决工程紊流问题的主要手段。

RANS 方法是从 Reynolds 时间平均方程或质量加权平均方程出发，结合具体紊流问题的边界条件进行求解，对 Reynolds 时间平均方程或质量加权平均方程中的不封闭项，提出适当的紊流模式，其核心在于如何应用数值模拟的方法求解未知的紊流黏性系数 μ_{t} 或 Reynolds 应力分量，通常可分为紊流黏性系数模式与

Reynolds 应力模式。紊流黏性系数模式根据决定 μ_t 所需求解的偏微分方程个数分为零方程模式（以混合长度模式为代表）、单方程模式（以紊流脉动动能输运方程，即 k 方程模式为代表）与双方程模式（以紊流脉动动能与紊流能量耗散率输运方程，即 k-ε 双方程模式为代表）；Reynolds 应力模式则有 Reynolds 应力输运模式与 Reynolds 应力代数模式。

基于上述观点，本文借用目前发展最为成熟且在工程应用中经受检验最为普遍的不可压缩 k-ε 双方程紊流模式，通过求解质量加权平均紊流脉动动能及能量耗散率输运方程，确定紊流黏性系数 μ_t，进而封闭多泥沙河流三维挟沙水流运动的质量加权平均控制方程。参照不可压缩 k-ε 双方程紊流模式，并考虑多泥沙河流挟沙水流密度变化的影响，质量加权平均紊流脉动动能及能量耗散率输运方程可写为式（4.30）及式（4.31）的形式。

质量加权平均紊流脉动动能 $\tilde{k}$ 的输运方程为

$$\frac{\partial\left(\overline{\rho}_m \tilde{k}\right)}{\partial t}+\frac{\partial\left(\overline{\rho}_m \tilde{u}_j \tilde{k}\right)}{\partial x_j}=\frac{\partial}{\partial x_j}\left[\left(\mu+\frac{\mu_t}{\sigma_k}\right)\frac{\partial\tilde{k}}{\partial x_j}\right]+G_k-\overline{\rho}_m \tilde{\varepsilon} \tag{4.30}$$

质量加权平均紊流能量耗散率 $\tilde{\varepsilon}$ 的输运方程为

$$\frac{\partial\left(\overline{\rho}_m \tilde{\varepsilon}\right)}{\partial t}+\frac{\partial\left(\overline{\rho}_m \tilde{u}_j \tilde{\varepsilon}\right)}{\partial x_j}=\frac{\partial}{\partial x_j}\left[\left(\mu+\frac{\mu_t}{\sigma_\varepsilon}\right)\frac{\partial\tilde{\varepsilon}}{\partial x_j}\right]+\frac{\tilde{\varepsilon}}{\tilde{k}}\left(C_{\varepsilon1}G_k-C_{\varepsilon2}\overline{\rho}_m \tilde{\varepsilon}\right)+C_{\varepsilon3}\overline{\rho}_m \tilde{\varepsilon}\frac{\partial\tilde{u}_k}{\partial x_k} \tag{4.31}$$

式中，μ_t、G_k 分别采用式（4.32）、式（4.33）的形式表达；相关经验参数 $\sigma_k=1.0$，$\sigma_\varepsilon=1.3$，$C_\mu=0.09$，$C_{\varepsilon1}=1.44$，$C_{\varepsilon2}=1.92$，$C_{\varepsilon3}=-0.373$。

$$\mu_t=C_\mu\overline{\rho}_m \frac{\tilde{k}^2}{\tilde{\varepsilon}} \tag{4.32}$$

$$\begin{aligned}G_k&=-\overline{\rho}_m \overline{u_i'' u_j''}\tilde{S}_{ij}\\&=\frac{\mu_t}{2}\left(\frac{\partial\tilde{u}_i}{\partial x_j}+\frac{\partial\tilde{u}_j}{\partial x_i}\right)^2-\frac{2}{3}\left(\overline{\rho}_m \tilde{k}+\mu_t\frac{\partial\tilde{u}_k}{\partial x_k}\right)\delta_{ij}\left[\frac{1}{2}\left(\frac{\partial\tilde{u}_i}{\partial x_j}+\frac{\partial\tilde{u}_j}{\partial x_i}\right)\right]\end{aligned} \tag{4.33}$$

至此，对于多泥沙河流三维挟沙质量加权平均流而言，已建立 1 个连续性微分方程（4.21），3 个运动微分方程（4.25），1 个紊流脉动动能输运方程（4.30），1 个紊流能量耗散率输运方程（4.31），6 个黏性应力张量 τ_{ji} 的表达式（4.28），共计 12 个方程。需求解的独立未知变量除平均流动密度 $\overline{\rho}_m$ 可通过浑水密度函数确定外，还包括 3 个质量加权平均流速分量 $\tilde{u}_x$、$\tilde{u}_y$、$\tilde{u}_z$，1 个时均压强 $\overline{p}$，6 个时均黏性应力分量 $\overline{\tau}_{xx}$、$\overline{\tau}_{yy}$、$\overline{\tau}_{zz}$、$\overline{\tau}_{yx}(=\overline{\tau}_{xy})$、$\overline{\tau}_{zx}(=\overline{\tau}_{xz})$、$\overline{\tau}_{zy}(=\overline{\tau}_{yz})$，1 个质量加权平均紊流脉动动能 $\tilde{k}$，1 个质量加权平均紊流能量耗散率 $\tilde{\varepsilon}$，共计 12 个待解变量。由此可见，方程个数与未知变量个数相当，构成了一个可模拟多泥沙

河流三维挟沙水流运动的封闭方程组，只要提供相应的定解条件，并运用恰当的数值方法即可求出描述多泥沙河流三维挟沙水流运动的相关物理量。

5. 平面二维挟沙水流运动控制方程

虽然经推导得到了多泥沙河流三维挟沙水流运动的控制方程，但对于河流、水库此类宽浅型天然水域而言，其水平尺度通常远大于深度尺度，流速等物理量沿深度方向的变化较沿水平方向的变化要小得多，通常不是实际工程所关注的重点，可以忽略不计。对于此种深度充分小，且具有自由液面的变密度挟沙水流运动，可采用沿水深方向积分三维控制方程的方法得到平面二维挟沙水流运动控制方程，将复杂的三维模式简化为平面二维模式，该模式可考虑水下地形及液面水位的变化，对于类似河流、水库的浅水水流运动是适宜的。在沿水深方向积分的过程中，需作如下假定及平均化处理（倪浩清，2010；李福田等，2001；梁书秀，2000）。

（1）静水压强假定。假定沿水深方向动水压强分布符合静水压强分布，即

$$-\partial \overline{p}/\partial x_3 = \overline{\rho}_\mathrm{m} g \tag{4.34a}$$

则

$$\overline{p} = \left[P_\mathrm{a} + \overline{\rho}_\mathrm{m} g \left(z_\mathrm{s} - x_3 \right) \right] \tag{4.34b}$$

式中，P_a 为作用于自由液面的大气压强；z_s 为自由液面相对于图 4.5 所示 x_1-x_2 坐标平面的高程，即液面水位。

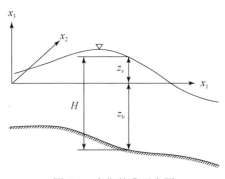

图 4.5　水位基准示意图

（2）长波假定。① 自由液面高度在水平方向的梯度，即自由面坡度远小于 1，即

$$\partial z_\mathrm{s}/\partial x_1 \ll 1, \quad \partial z_\mathrm{s}/\partial x_2 \ll 1 \tag{4.35}$$

② 自由液面边界满足式（4.36）所示的条件。

$$F^s (x_1, \ x_2, \ x_3, \ t) = x_3 \big|_s - z_\mathrm{s}(x_1, \ x_2, \ t) = 0 \tag{4.36}$$

（3）深度方向平均化处理。① 忽略密度在深度方向的变化。② 引入式（4.37）所示的 Leibnitz 公式进行深度积分变换。

$$
\frac{\partial}{\partial x_k} \int_{z_b}^{z_s} f(x_1,\ x_2,\ x_3) \mathrm{d}\, x_3
$$

$$
= \int_{z_b}^{z_s} \frac{\partial f(x_1,\ x_2,\ x_3)}{\partial x_k} \mathrm{d}\, x_3 + f(x_1,\ x_2,\ x_3)\big|_{z_s} - f(x_1,\ x_2,\ x_3)\big|_{z_b} \tag{4.37}
$$

③ 定义水体总深度为

$$
H = z_s - z_b \tag{4.38}
$$

④ 定义深度平均流速 $\hat{u}_j$ 与质量加权平均流速 $\tilde{u}_j$ 之间的关系为

$$
\hat{u}_j\left(x_1,\ x_2,\ t\right) = \frac{1}{H} \int_{z_b}^{z_s} \tilde{u}_j\left(x_1,\ x_2,\ x_3\right) \mathrm{d} x_3 \qquad j=1,\ 2 \tag{4.39}
$$

式中，

$$
\tilde{u}_j\left(x_1,\ x_2,\ x_3\right) = \hat{u}_j\left(x_1,\ x_2,\ t\right) + \Delta \tilde{u}_j\left(x_1,\ x_2,\ x_3,\ t\right) \tag{4.40}
$$

其中，$\Delta\tilde{u}_j$ 为由于流速在深度方向上分布不均匀而引起的质量加权平均流速与深度平均流速之间的偏离量。

⑤ 自由表面及底部运动学条件为

$$
\tilde{u}_3^s = \tilde{u}_3\big|_{z_s} = \frac{\partial z_s}{\partial t} + \tilde{u}_j\big|_{z_s}\frac{\partial z_s}{\partial x_j},\quad \tilde{u}_3^b = \tilde{u}_3\big|_{z_b} = \frac{\partial z_b}{\partial t} + \tilde{u}_j\big|_{z_b}\frac{\partial z_b}{\partial x_j} \qquad j=1,\ 2 \tag{4.41}
$$

⑥ 自由表面及底部切应力边界条件为

$$
\overline{\tau}_i^s = \overline{\tau}_i\big|_{z_s} = -\overline{\tau}_{ji}\big|_{z_s}\frac{\partial z_s}{\partial x_j} + \overline{\tau}_{3i}\big|_{z_s},\quad \overline{\tau}_i^b = \overline{\tau}_i\big|_{z_b} = \overline{\tau}_{ji}\big|_{z_b}\frac{\partial z_b}{\partial x_j} - \overline{\tau}_{3i}\big|_{z_b} \qquad i、j=1,\ 2
$$

$$
\tag{4.42a}
$$

当仅考虑表面风应力及底部剪应力时，式（4.42a）可表示为

$$
\overline{\tau}_i^s = C_W \rho_a W^2 \cos\theta_i,\quad \overline{\tau}_i^b = \frac{g}{C^2}\overline{\rho}_m \hat{u}_i \sqrt{\hat{u}_1^2 + \hat{u}_2^2} = \frac{g n^2}{H^{1/3}}\overline{\rho}_m \hat{u}_i \sqrt{\hat{u}_1^2 + \hat{u}_2^2} \tag{4.42b}
$$

式中，C_W 为无因次风应力系数，取值为 0.0026；ρ_a 为空气密度；W 为风速；θ_i 为风向与 x_i 方向之间的夹角；C 为谢才系数；n 为糙率。

依据假定及平均化处理方法，沿水深方向对三维挟沙水流运动的紊流质量加权平均方程及紊流模式控制方程进行积分，可得到近似考虑自由表面及地形变化的平面二维挟沙水流运动控制方程（陶建华，2005；丁剡等，1996，1994；倪浩清等，1994；樊必健，1991；余利仁，1990；张凌武，1990）。

1）深度平均的挟沙水流连续性微分方程

将三维挟沙水流运动的紊流质量加权平均连续性微分方程（4.21）沿水深方向进行积分，可得

$$\underbrace{\int_{z_b}^{z_s} \frac{\partial \overline{\rho}_m}{\partial t} dx_3}_{①} + \underbrace{\int_{z_b}^{z_s} \frac{\partial (\overline{\rho}_m \tilde{u}_j)}{\partial x_j} dx_3}_{②} + \underbrace{\int_{z_b}^{z_s} \frac{\partial (\overline{\rho}_m \tilde{u}_3)}{\partial x_3} dx_3}_{③} = 0 \qquad j=1,\ 2 \qquad (4.43)$$

将式（4.43）中各项展开，具体推导过程如下：

$$① = \frac{\partial}{\partial t} \int_{z_b}^{z_s} \overline{\rho}_m dx_3 - \overline{\rho}_m \Big|_{z_s} \frac{\partial z_s}{\partial t} + \overline{\rho}_m \Big|_{z_b} \frac{\partial z_b}{\partial t} = \frac{\partial}{\partial t} (H\overline{\rho}_m) - \overline{\rho}_m \Big|_{z_s} \frac{\partial z_s}{\partial t} + \overline{\rho}_m \Big|_{z_b} \frac{\partial z_b}{\partial t}$$

$$(4.44)$$

$$② = \frac{\partial}{\partial x_j} \int_{z_b}^{z_s} (\overline{\rho}_m \tilde{u}_j) dx_3 - (\overline{\rho}_m \tilde{u}_j) \Big|_{z_s} \frac{\partial z_s}{\partial x_j} + (\overline{\rho}_m \tilde{u}_j) \Big|_{z_b} \frac{\partial z_b}{\partial x_j}$$

$$= \frac{\partial}{\partial x_j} (H\overline{\rho}_m \hat{u}_j) - (\overline{\rho}_m \tilde{u}_j) \Big|_{z_s} \frac{\partial z_s}{\partial x_j} + (\overline{\rho}_m \tilde{u}_j) \Big|_{z_b} \frac{\partial z_b}{\partial x_j}$$

$$(4.45)$$

$$③ = (\overline{\rho}_m \tilde{u}_3) \Big|_{z_s} - (\overline{\rho}_m \tilde{u}_3) \Big|_{z_b} = \overline{\rho}_m \Big|_{z_s} \left(\frac{\partial z_s}{\partial t} + \tilde{u}_j \Big|_{z_s} \frac{\partial z_s}{\partial x_j} \right) - \overline{\rho}_m \Big|_{z_b} \left(\frac{\partial z_b}{\partial t} + \tilde{u}_j \Big|_{z_b} \frac{\partial z_b}{\partial x_j} \right)$$

$$(4.46)$$

将式（4.44）~式（4.46）代入式（4.43），并进行化简整理，则可得到多泥沙河流深度平均的挟沙水流连续性微分方程为

$$\frac{\partial}{\partial t} (H\overline{\rho}_m) + \frac{\partial}{\partial x_j} (H\overline{\rho}_m \hat{u}_j) = 0 \qquad (4.47)$$

2）深度平均的挟沙水流运动微分方程

将三维挟沙水流运动的紊流质量加权平均运动微分方程（4.25）沿水深方向进行积分，可得

$$\underbrace{\int_{z_b}^{z_s} \frac{\partial (\overline{\rho}_m \tilde{u}_i)}{\partial t} dx_3}_{①} + \underbrace{\int_{z_b}^{z_s} \frac{\partial (\overline{\rho}_m \tilde{u}_i \tilde{u}_j)}{\partial x_j} dx_3}_{②} + \underbrace{\int_{z_b}^{z_s} \frac{\partial (\overline{\rho}_m \tilde{u}_i \tilde{u}_3)}{\partial x_3} dx_3}_{③}$$

$$= \underbrace{\int_{z_b}^{z_s} (\overline{\rho}_m \overline{f}_i) dx_3}_{④} - \underbrace{\int_{z_b}^{z_s} \frac{\partial \overline{p}}{\partial x_i} dx_3}_{⑤} + \underbrace{\int_{z_b}^{z_s} \frac{\partial \overline{\tau}_{ji}}{\partial x_j} dx_3}_{⑥} + \underbrace{\int_{z_b}^{z_s} \frac{\partial \overline{\tau}_{3i}}{\partial x_3} dx_3}_{⑥} + \underbrace{\int_{z_b}^{z_s} \frac{\partial (-\overline{\rho}_m \overline{u_i'' u_j''})}{\partial x_j} dx_3}_{⑦}$$

$$i、j=1,2$$

$$(4.48)$$

将式（4.48）中各项展开，具体推导过程如下：

$$① = \frac{\partial}{\partial t} \int_{z_b}^{z_s} (\overline{\rho}_m \tilde{u}_i) dx_3 - (\overline{\rho}_m \tilde{u}_i) \Big|_{z_s} \frac{\partial z_s}{\partial t} + (\overline{\rho}_m \tilde{u}_i) \Big|_{z_b} \frac{\partial z_b}{\partial t}$$

$$(4.49)$$

$$= \frac{\partial}{\partial t} (\overline{\rho}_m \hat{u}_i H) - (\overline{\rho}_m \tilde{u}_i) \Big|_{z_s} \frac{\partial z_s}{\partial t} + (\overline{\rho}_m \tilde{u}_i) \Big|_{z_b} \frac{\partial z_b}{\partial t}$$

$$② = \frac{\partial}{\partial x_j} \int_{z_b}^{z_s} (\overline{\rho}_m \tilde{u}_i \tilde{u}_j) \mathrm{d}x_3 - (\overline{\rho}_m \tilde{u}_i \tilde{u}_j)\Big|_{z_s} \frac{\partial z_s}{\partial x_j} + (\overline{\rho}_m \tilde{u}_i \tilde{u}_j)\Big|_{z_b} \frac{\partial z_b}{\partial x_j}$$

$$= \frac{\partial}{\partial x_j} \int_{z_b}^{z_s} \left[\overline{\rho}_m (\hat{u}_i + \Delta \tilde{u}_i)(\hat{u}_j + \Delta \tilde{u}_j) \right] \mathrm{d}x_3 - (\overline{\rho}_m \tilde{u}_i \tilde{u}_j)\Big|_{z_s} \frac{\partial z_s}{\partial x_j} + (\overline{\rho}_m \tilde{u}_i \tilde{u}_j)\Big|_{z_b} \frac{\partial z_b}{\partial x_j}$$

$$(4.50a)$$

由于流速沿深度方向分布不均匀引起的偏离量 $\Delta \tilde{u}_j$ 为微小量，予以忽略，则式（4.50a）可近似变为式（4.50b），即

$$② \approx \frac{\partial}{\partial x_j} (H \overline{\rho}_m \hat{u}_i \hat{u}_j) - (\overline{\rho}_m \tilde{u}_i \tilde{u}_j)\Big|_{z_s} \frac{\partial z_s}{\partial x_j} + (\overline{\rho}_m \tilde{u}_i \tilde{u}_j)\Big|_{z_b} \frac{\partial z_b}{\partial x_j} \qquad (4.50b)$$

$$③ = (\overline{\rho}_m \tilde{u}_i \tilde{u}_3)\Big|_{z_s} - (\overline{\rho}_m \tilde{u}_i \tilde{u}_3)\Big|_{z_b}$$

$$= (\overline{\rho}_m \tilde{u}_i)\Big|_{z_s} \left(\frac{\partial z_s}{\partial t} + \tilde{u}_j\Big|_{z_s} \frac{\partial z_s}{\partial x_j} \right) - (\overline{\rho}_m \tilde{u}_i)\Big|_{z_b} \left(\frac{\partial z_b}{\partial t} + \tilde{u}_j\Big|_{z_b} \frac{\partial z_b}{\partial x_j} \right) \qquad (4.51)$$

$$④ = H \overline{\rho}_m \hat{f}_i \qquad (4.52)$$

式中，水平方向体积力 $\hat{f}_i$ 仅考虑地球自转的科里奥利力，其与地球自转角速度 ω 及当地纬度 φ 相关，在北半球 $\hat{f}_1 = 2\omega \sin\varphi \hat{u}_2$，$\hat{f}_2 = -2\omega \sin\varphi \hat{u}_1$。

$$⑤ = \frac{\partial}{\partial x_i} \int_{z_b}^{z_s} \overline{p}\, \mathrm{d}x_3 - \overline{p}\Big|_{z_s} \frac{\partial z_s}{\partial x_i} + \overline{p}\Big|_{z_b} \frac{\partial z_b}{\partial x_i} \qquad (4.53a)$$

将式（4.34b）代入式（4.53a）作进一步展开推导，可得

$$⑤ = \frac{\partial}{\partial x_i} \int_{z_b}^{z_s} \left[P_a + \overline{\rho}_m g(z_s - x_3) \right] \mathrm{d}x_3$$

$$- \left[P_a + \overline{\rho}_m g(z_s - x_3) \right]\Big|_{z_s} \frac{\partial z_s}{\partial x_i} + \left[P_a + \overline{\rho}_m g(z_s - x_3) \right]\Big|_{z_b} \frac{\partial z_b}{\partial x_i}$$

$$= \frac{\partial}{\partial x_i} \left(P_a H + \frac{1}{2} \overline{\rho}_m g H^2 \right) - P_a \frac{\partial z_s}{\partial x_i} + P_a \frac{\partial z_b}{\partial x_i} + \overline{\rho}_m g H \frac{\partial z_b}{\partial x_i} \qquad (4.53b)$$

$$= P_a \frac{\partial H}{\partial x_i} + \overline{\rho}_m g H \frac{\partial H}{\partial x_i} - P_a \frac{\partial (z_s - z_b)}{\partial x_i} + \overline{\rho}_m g H \frac{\partial z_b}{\partial x_i}$$

$$= \overline{\rho}_m g H \frac{\partial z_s}{\partial x_i}$$

$$⑥ = \frac{\partial}{\partial x_j} \int_{z_b}^{z_s} \overline{\tau}_{ji} \mathrm{d}x_3 - \overline{\tau}_{ji}\Big|_{z_s} \frac{\partial z_s}{\partial x_j} + \overline{\tau}_{ji}\Big|_{z_b} \frac{\partial z_b}{\partial x_j} + \overline{\tau}_{3i}\Big|_{z_s} - \overline{\tau}_{3i}\Big|_{z_b} = \frac{\partial}{\partial x_j} \int_{z_b}^{z_s} \overline{\tau}_{ji} \mathrm{d}x_3 + \overline{\tau}_i^s - \overline{\tau}_i^b$$

$$(4.54a)$$

将式（4.28）代入 $\int_{z_b}^{z_s} \overline{\tau}_{ji} \mathrm{d}x_3$ 中作进一步展开推导，可得

$$\int_{z_b}^{z_s} \overline{\tau}_{ji} \mathrm{d}x_3$$

$$= \int_{z_b}^{z_s}\left[\tau_B + \eta\left(\frac{\partial \tilde{u}_i}{\partial x_j} + \frac{\partial \tilde{u}_j}{\partial x_i}\right)\right]\mathrm{d}x_3$$

$$= H\tau_B + \eta\left(\frac{\partial}{\partial x_j}\int_{z_b}^{z_s}\tilde{u}_i\mathrm{d}x_3 - \tilde{u}_i\Big|_{z_s}\frac{\partial z_s}{\partial x_j} + \tilde{u}_i\Big|_{z_b}\frac{\partial z_b}{\partial x_j}\right) + \eta\left(\frac{\partial}{\partial x_i}\int_{z_b}^{z_s}\tilde{u}_j\,\mathrm{d}x_3 - \tilde{u}_j\Big|_{z_s}\frac{\partial z_s}{\partial x_i} + \tilde{u}_j\Big|_{z_b}\frac{\partial z_b}{\partial x_i}\right)$$

$$= H\tau_B + \eta\left[\frac{\partial(H\hat{u}_i)}{\partial x_j} + \frac{\partial(H\hat{u}_j)}{\partial x_i}\right] - \eta\left(\tilde{u}_i\Big|_{z_s}\frac{\partial z_s}{\partial x_j} + \tilde{u}_j\Big|_{z_s}\frac{\partial z_s}{\partial x_i}\right)$$

$$= H\tau_B + H\eta\left(\frac{\partial \hat{u}_i}{\partial x_j} + \frac{\partial \hat{u}_j}{\partial x_i}\right) + \eta\left(\hat{u}_i\frac{\partial H}{\partial x_j} + \hat{u}_j\frac{\partial H}{\partial x_i}\right) - \eta\left(\tilde{u}_i\Big|_{z_s}\frac{\partial z_s}{\partial x_j} + \tilde{u}_j\Big|_{z_s}\frac{\partial z_s}{\partial x_i}\right)$$

$$\text{(4.54b)}$$

将式（4.54b）代入式（4.54a），可得

$$⑥ = \frac{\partial(H\tau_B)}{\partial x_j} + \frac{\partial}{\partial x_j}\left[H\eta\left(\frac{\partial \hat{u}_i}{\partial x_j} + \frac{\partial \hat{u}_j}{\partial x_i}\right)\right] + \frac{\partial}{\partial x_j}\left[\eta\left(\hat{u}_i\frac{\partial H}{\partial x_j} + \hat{u}_j\frac{\partial H}{\partial x_i}\right)\right]$$
$$- \frac{\partial}{\partial x_j}\left[\eta\left(\tilde{u}_i\Big|_{z_s}\frac{\partial z_s}{\partial x_j} + \tilde{u}_j\Big|_{z_s}\frac{\partial z_s}{\partial x_i}\right)\right] + \overline{\tau}_i^s - \overline{\tau}_i^b$$

$$\text{(4.54c)}$$

将式（4.29）代入式（4.48）中第⑦项进行展开推导，可得

$$⑦ = \int_{z_b}^{z_s}\frac{\partial}{\partial x_j}\left[\mu_t\left(\frac{\partial \tilde{u}_i}{\partial x_j} + \frac{\partial \tilde{u}_j}{\partial x_i}\right) - \frac{2}{3}\left(\overline{\rho}_m\tilde{k} + \mu_t\frac{\partial \tilde{u}_k}{\partial x_k}\right)\delta_{ij}\right]\mathrm{d}x_3$$

$$= \frac{\partial}{\partial x_j}\left[H\hat{\mu}_t\left(\frac{\partial \hat{u}_i}{\partial x_j} + \frac{\partial \hat{u}_j}{\partial x_i}\right)\right] + \frac{\partial}{\partial x_j}\left[\hat{\mu}_t\left(\hat{u}_i\frac{\partial H}{\partial x_j} + \hat{u}_j\frac{\partial H}{\partial x_i}\right)\right] - \frac{\partial}{\partial x_j}\left[\hat{\mu}_t\left(\tilde{u}_i\Big|_{z_s}\frac{\partial z_s}{\partial x_j} + \tilde{u}_j\Big|_{z_s}\frac{\partial z_s}{\partial x_i}\right)\right]$$

$$- \frac{\partial}{\partial x_i}\left[\frac{2}{3}H\overline{\rho}_m\hat{k} + \frac{2}{3}\hat{\mu}_t\left(H\frac{\partial \hat{u}_l}{\partial x_l} + \hat{u}_k\frac{\partial H}{\partial x_k} - \tilde{u}_k\Big|_{z_s}\frac{\partial z_s}{\partial x_k} + \tilde{u}_k\Big|_{z_b}\frac{\partial z_b}{\partial x_k}\right)\right]$$

$$- \frac{2}{3}\left(\overline{\rho}_m\tilde{k} + \mu_t\frac{\partial \tilde{u}_k}{\partial x_k}\right)\Big|_{z_s}\frac{\partial z_s}{\partial x_i} + \frac{2}{3}\left(\overline{\rho}_m\tilde{k} + \mu_t\frac{\partial \tilde{u}_k}{\partial x_k}\right)\Big|_{z_b}\frac{\partial z_b}{\partial x_i}$$

$$\text{(4.55)}$$

将式（4.49）~式（4.55）代入式（4.48），并进行化简整理，则可得到多泥沙河流深度平均的挟沙水流运动微分方程为

$$\frac{\partial}{\partial t}(\overline{\rho}_m\hat{u}_iH) + \frac{\partial}{\partial x_j}(H\overline{\rho}_m\hat{u}_i\hat{u}_j) = H\overline{\rho}_m\hat{f}_i - \overline{\rho}_mgH\frac{\partial z_s}{\partial x_i} + \frac{\partial(H\tau_B)}{\partial x_j} + \overline{\tau}_i^s - \overline{\tau}_i^b$$

$$+\frac{\partial}{\partial x_j}\left[H(\eta+\hat{\mu}_t)\left(\frac{\partial \hat{u}_i}{\partial x_j}+\frac{\partial \hat{u}_j}{\partial x_i}\right)\right]-\frac{\partial}{\partial x_i}\left(\frac{2}{3}H\overline{\rho}_m\hat{k}+\frac{2}{3}H\hat{\mu}_t\frac{\partial \hat{u}_l}{\partial x_l}\right)+A_{\overline{u}_i} \quad (4.56a)$$

式中，$\hat{\mu}_t$ 为深度平均的紊流动力黏性系数；$\partial \hat{u}_l/\partial x_l$ 为深度平均的速度散度，求和下标 l=1、2；$A_{\overline{u}_i}$ 具体表达式如式（4.56b）所示，其主要表征在自由表面及底部产生的扩散项，该值通常很小，可忽略不计。

$$A_{\overline{u}_i}=\frac{\partial}{\partial x_j}\left[(\eta+\hat{\mu}_t)\left(\hat{u}_i\frac{\partial H}{\partial x_j}+\hat{u}_j\frac{\partial H}{\partial x_i}\right)\right]-\frac{\partial}{\partial x_j}\left[(\eta+\hat{\mu}_t)\left(\tilde{u}_i\Big|_{z_s}\frac{\partial z_s}{\partial x_j}+\tilde{u}_j\Big|_{z_s}\frac{\partial z_s}{\partial x_i}\right)\right]$$

$$-\frac{\partial}{\partial x_i}\left[\frac{2}{3}\hat{\mu}_t\left(\hat{u}_k\frac{\partial H}{\partial x_k}-\tilde{u}_k\Big|_{z_s}\frac{\partial z_s}{\partial x_k}+\tilde{u}_k\Big|_{z_b}\frac{\partial z_b}{\partial x_k}\right)\right]$$

$$-\frac{2}{3}\left(\overline{\rho}_m\tilde{k}+\mu_t\frac{\partial \tilde{u}_k}{\partial x_k}\right)\Bigg|_{z_s}\frac{\partial z_s}{\partial x_i}+\frac{2}{3}\left(\overline{\rho}_m\tilde{k}+\mu_t\frac{\partial \tilde{u}_k}{\partial x_k}\right)\Bigg|_{z_b}\frac{\partial z_b}{\partial x_i}$$

$$(4.56b)$$

3）深度平均 $\tilde{k}$ 方程

将三维挟沙水流运动的质量加权平均紊流脉动动能 $\tilde{k}$ 输运方程（4.30）沿水深方向进行积分，可得

$$\underbrace{\int_{z_b}^{z_s}\frac{\partial(\overline{\rho}_m\tilde{k})}{\partial t}\mathrm{d}x_3}_{①}+\underbrace{\int_{z_b}^{z_s}\left[\frac{\partial(\overline{\rho}_m\tilde{u}_j\tilde{k})}{\partial x_j}+\frac{\partial(\overline{\rho}_m\tilde{u}_3\tilde{k})}{\partial x_3}\right]\mathrm{d}x_3}_{②}$$

$$=\underbrace{\int_{z_b}^{z_s}\left\{\frac{\partial}{\partial x_j}\left[\left(\mu+\frac{\mu_t}{\sigma_k}\right)\frac{\partial \tilde{k}}{\partial x_j}\right]+\frac{\partial}{\partial x_3}\left[\left(\mu+\frac{\mu_t}{\sigma_k}\right)\frac{\partial \tilde{k}}{\partial x_3}\right]\right\}\mathrm{d}x_3}_{③}+\underbrace{\int_{z_b}^{z_s}(G_k-\overline{\rho}_m\tilde{\varepsilon})\mathrm{d}x_3}_{④}$$

$$(4.57)$$

将式（4.57）中各项展开，具体推导过程如下：

$$①=\frac{\partial}{\partial t}(H\overline{\rho}_m\hat{k})-\left(\overline{\rho}_m\tilde{k}\right)\Big|_{z_s}\frac{\partial z_s}{\partial t}+\left(\overline{\rho}_m\tilde{k}\right)\Big|_{z_b}\frac{\partial z_b}{\partial t} \quad (4.58)$$

$$②=\frac{\partial}{\partial x_j}(H\overline{\rho}_m\hat{u}_j\hat{k})+\left(\overline{\rho}_m\tilde{k}\right)\Big|_{z_s}\frac{\partial z_s}{\partial t}-\left(\overline{\rho}_m\tilde{k}\right)\Big|_{z_b}\frac{\partial z_b}{\partial t} \quad (4.59)$$

$$③=\frac{\partial}{\partial x_j}\int_{z_b}^{z_s}\left[\left(\mu+\frac{\mu_t}{\sigma_k}\right)\frac{\partial \tilde{k}}{\partial x_j}\right]\mathrm{d}x_3-\left(\mu+\frac{\mu_t}{\sigma_k}\right)\frac{\partial \tilde{k}}{\partial x_j}\Bigg|_{z_s}\frac{\partial z_s}{\partial x_j}+\left(\mu+\frac{\mu_t}{\sigma_k}\right)\frac{\partial \tilde{k}}{\partial x_j}\Bigg|_{z_b}\frac{\partial z_b}{\partial x_j}$$

$$+\left(\mu+\frac{\mu_t}{\sigma_k}\right)\frac{\partial \tilde{k}}{\partial x_3}\Bigg|_{z_s}-\left(\mu+\frac{\mu_t}{\sigma_k}\right)\frac{\partial \tilde{k}}{\partial x_3}\Bigg|_{z_b}$$

$$\approx \frac{\partial}{\partial x_j}\left[H\left(\hat{\mu}+\frac{\hat{\mu}_t}{\sigma_k}\right)\frac{\partial \hat{k}}{\partial x_j}\right]+\left[-\left(\mu+\frac{\mu_t}{\sigma_k}\right)\frac{\partial \tilde{k}}{\partial x_j}\bigg|_{z_s}\frac{\partial z_s}{\partial x_j}+\left(\mu+\frac{\mu_t}{\sigma_k}\right)\frac{\partial \tilde{k}}{\partial x_3}\bigg|_{z_s}\right]$$

$$+\left[\left(\mu+\frac{\mu_t}{\sigma_k}\right)\frac{\partial \tilde{k}}{\partial x_j}\bigg|_{z_b}\frac{\partial z_b}{\partial x_j}-\left(\mu+\frac{\mu_t}{\sigma_k}\right)\frac{\partial \tilde{k}}{\partial x_3}\bigg|_{z_b}\right]$$

$$(4.60a)$$

在式（4.60a）中不考虑水体向大气及底部散发的紊流脉动动能 $\tilde{k}$，即

水体向大气散发的 $\tilde{k}$：

$$-\left(\mu+\frac{\mu_t}{\sigma_k}\right)\frac{\partial \tilde{k}}{\partial x_j}\bigg|_{z_s}\frac{\partial z_s}{\partial x_j}+\left(\mu+\frac{\mu_t}{\sigma_k}\right)\frac{\partial \tilde{k}}{\partial x_3}\bigg|_{z_s}=0 \qquad (4.60b)$$

水体向底部散发的 $\tilde{k}$：

$$\left(\mu+\frac{\mu_t}{\sigma_k}\right)\frac{\partial \tilde{k}}{\partial x_j}\bigg|_{z_b}\frac{\partial z_b}{\partial x_j}-\left(\mu+\frac{\mu_t}{\sigma_k}\right)\frac{\partial \tilde{k}}{\partial x_3}\bigg|_{z_b}=0 \qquad (4.60c)$$

将式（4.60b）、式（4.60c）代入式（4.60a），可得

$$③\approx\frac{\partial}{\partial x_j}\left[H\left(\hat{\mu}+\frac{\hat{\mu}_t}{\sigma_k}\right)\frac{\partial \hat{k}}{\partial x_j}\right] \qquad (4.60d)$$

$$④=H(\hat{G}_k-\overline{\rho}_m\hat{\varepsilon})=H(G_k^0+G_{kv}-\overline{\rho}_m\hat{\varepsilon}) \qquad (4.61a)$$

式中，G_k^0 为水平流速梯度引起的紊流脉动动能生成项；G_{kv} 为由紊流脉动动能生成项的深度平均所引进的附加量。两者可由式（4.33）沿水深方向进行积分得到，具体表达式如式（4.61b）、式（4.61c）所示。

$$G_k^0=\frac{\hat{\mu}_t}{2}\left(\frac{\partial \hat{u}_i}{\partial x_j}+\frac{\partial \hat{u}_j}{\partial x_i}\right)^2-\frac{2}{3}\left(\overline{\rho}_m\hat{k}+\hat{\mu}_t\frac{\partial \hat{u}_l}{\partial x_l}\right)\frac{\partial \hat{u}_l}{\partial x_l} \qquad (4.61b)$$

$$G_{kv}=\hat{\mu}_t\left(\frac{\partial \hat{u}_j}{\partial x_3}\right)^2=C_k\overline{\rho}_m\frac{\hat{u}_*^3}{H}=\frac{1}{\sqrt{C_f}}\overline{\rho}_m\frac{\hat{u}_*^3}{H} \qquad (4.61c)$$

式中，$\hat{u}_*$ 为摩阻流速，$\hat{u}_*=\sqrt{C_f\left(\hat{u}_1^2+\hat{u}_2^2\right)}$；$C_f$ 为摩阻系数。

将式（4.58）~式（4.61）代入式（4.57），并进行化简整理，则可得到多泥沙河流深度平均的紊流脉动动能 $\tilde{k}$ 方程为

$$\frac{\partial}{\partial t}(H\overline{\rho}_{\mathrm{m}}\hat{k}) + \frac{\partial}{\partial x_j}(H\overline{\rho}_{\mathrm{m}}\hat{u}_j\hat{k}) = \frac{\partial}{\partial x_j}\left[H\left(\hat{\mu} + \frac{\hat{\mu}_{\mathrm{t}}}{\sigma_k}\right)\frac{\partial\hat{k}}{\partial x_j}\right] + H(G_k^0 + G_{kv} - \overline{\rho}_{\mathrm{m}}\hat{\varepsilon}) \quad (4.62)$$

4）深度平均 $\tilde{\varepsilon}$ 方程

将三维挟沙水流运动的质量加权平均紊流能量耗散率 $\tilde{\varepsilon}$ 输运方程（4.31）沿水深方向进行积分，可得

$$\underbrace{\int_{z_b}^{z_s}\frac{\partial(\overline{\rho}_{\mathrm{m}}\tilde{\varepsilon})}{\partial t}\mathrm{d}x_3}_{①} + \underbrace{\int_{z_b}^{z_s}\left[\frac{\partial(\overline{\rho}_{\mathrm{m}}\tilde{u}_j\tilde{\varepsilon})}{\partial x_j} + \frac{\partial(\overline{\rho}_{\mathrm{m}}\tilde{u}_3\tilde{\varepsilon})}{\partial x_3}\right]\mathrm{d}x_3}_{②}$$

$$= \underbrace{\int_{z_b}^{z_s}\left\{\frac{\partial}{\partial x_j}\left[\left(\mu + \frac{\mu_{\mathrm{t}}}{\sigma_\varepsilon}\right)\frac{\partial\tilde{\varepsilon}}{\partial x_j}\right] + \frac{\partial}{\partial x_3}\left[\left(\mu + \frac{\mu_{\mathrm{t}}}{\sigma_\varepsilon}\right)\frac{\partial\tilde{\varepsilon}}{\partial x_3}\right]\right\}\mathrm{d}x_3}_{③} \quad (4.63)$$

$$+ \underbrace{\int_{z_b}^{z_s}\frac{\tilde{\varepsilon}}{\tilde{k}}\left(C_{\varepsilon 1}G_k - C_{\varepsilon 2}\overline{\rho}_{\mathrm{m}}\tilde{\varepsilon}\right)\mathrm{d}x_3}_{④} + \underbrace{\int_{z_b}^{z_s}C_{\varepsilon 3}\overline{\rho}_{\mathrm{m}}\tilde{\varepsilon}\frac{\partial\tilde{u}_k}{\partial x_k}\mathrm{d}x_3}_{⑤}$$

将式（4.63）中各项展开，具体推导过程为

$$① = \frac{\partial}{\partial t}(H\overline{\rho}_{\mathrm{m}}\hat{\varepsilon}) - (\overline{\rho}_{\mathrm{m}}\tilde{\varepsilon})\Big|_{z_s}\frac{\partial z_s}{\partial t} + (\overline{\rho}_{\mathrm{m}}\tilde{\varepsilon})\Big|_{z_b}\frac{\partial z_b}{\partial t} \quad (4.64)$$

$$② = \frac{\partial}{\partial x_j}(H\overline{\rho}_{\mathrm{m}}\hat{u}_j\hat{\varepsilon}) + (\overline{\rho}_{\mathrm{m}}\tilde{\varepsilon})\Big|_{z_s}\frac{\partial z_s}{\partial t} - (\overline{\rho}_{\mathrm{m}}\tilde{\varepsilon})\Big|_{z_b}\frac{\partial z_b}{\partial t} \quad (4.65)$$

$$③ \approx \frac{\partial}{\partial x_j}\left[H\left(\hat{\mu} + \frac{\hat{\mu}_{\mathrm{t}}}{\sigma_\varepsilon}\right)\frac{\partial\hat{\varepsilon}}{\partial x_j}\right] \quad (4.66\mathrm{a})$$

与深度平均 $\tilde{k}$ 方程的推导类似，式（4.66a）中同样不考虑水体向大气及底部散发的紊流能量耗散率 $\tilde{\varepsilon}$，即

水体向大气散发的 $\tilde{\varepsilon}$：

$$-\left(\mu + \frac{\mu_{\mathrm{t}}}{\sigma_\varepsilon}\right)\frac{\partial\tilde{\varepsilon}}{\partial x_j}\Big|_{z_s}\frac{\partial z_s}{\partial x_j} + \left(\mu + \frac{\mu_{\mathrm{t}}}{\sigma_\varepsilon}\right)\frac{\partial\tilde{\varepsilon}}{\partial x_3}\Big|_{z_s} = 0 \quad (4.66\mathrm{b})$$

水体向底部散发的 $\tilde{\varepsilon}$：

$$\left(\mu + \frac{\mu_{\mathrm{t}}}{\sigma_\varepsilon}\right)\frac{\partial\tilde{\varepsilon}}{\partial x_j}\Big|_{z_b}\frac{\partial z_b}{\partial x_j} - \left(\mu + \frac{\mu_{\mathrm{t}}}{\sigma_\varepsilon}\right)\frac{\partial\tilde{\varepsilon}}{\partial x_3}\Big|_{z_b} = 0 \quad (4.66\mathrm{c})$$

$$④ \approx H\left[\frac{\hat{\varepsilon}}{\hat{k}}\left(C_{\varepsilon 1}\hat{G}_k - C_{\varepsilon 2}\overline{\rho}_{\mathrm{m}}\hat{\varepsilon}\right)\right] = H\left[\frac{\hat{\varepsilon}}{\hat{k}}\left(C_{\varepsilon 1}G_k^0 - C_{\varepsilon 2}\overline{\rho}_{\mathrm{m}}\hat{\varepsilon}\right) + G_{\varepsilon v}\right] \quad (4.67\mathrm{a})$$

式中，$G_{\varepsilon v}$ 为紊流能量耗散率生成项的深度平均所引进的附加项，其表达形式如式（4.67b）所示。

$$G_{\varepsilon v} = C_\varepsilon \overline{\rho}_{\mathrm{m}} \frac{\hat{u}_*^4}{H^2} = 3.6 \frac{C_{\varepsilon 2}}{C_{\mathrm{f}}^{3/4}} \sqrt{C_\mu} \, \overline{\rho}_{\mathrm{m}} \frac{\hat{u}_*^3}{H} \tag{4.67b}$$

$$⑤ \approx H C_{\varepsilon 3} \overline{\rho}_{\mathrm{m}} \hat{\varepsilon} \frac{\partial \hat{u}_l}{\partial x_l} \tag{4.68}$$

将式（4.64）~式（4.68）代入式（4.63），并进行化简整理，则可得到多泥沙河流深度平均的紊流能量耗散率 $\tilde{\varepsilon}$ 方程为

$$\frac{\partial}{\partial t}\left(H \overline{\rho}_{\mathrm{m}} \hat{\varepsilon}\right) + \frac{\partial}{\partial x_j}\left(H \overline{\rho}_{\mathrm{m}} \hat{u}_j \hat{\varepsilon}\right)$$

$$= \frac{\partial}{\partial x_j}\left[H \left(\hat{\mu} + \frac{\hat{\mu}_{\mathrm{t}}}{\sigma_\varepsilon}\right)\frac{\partial \hat{\varepsilon}}{\partial x_j} \right] + H\left[\frac{\hat{\varepsilon}}{\hat{k}}\left(C_{\varepsilon 1} G_k^0 - C_{\varepsilon 2} \overline{\rho}_{\mathrm{m}} \hat{\varepsilon}\right) + G_{\varepsilon v}\right] + H C_{\varepsilon 3} \overline{\rho}_{\mathrm{m}} \hat{\varepsilon} \frac{\partial \hat{u}_l}{\partial x_l}$$

$$\tag{4.69}$$

4.1.2　泥沙运动的控制方程

1. 悬移质泥沙输运（扩散）方程

1）三维悬移质泥沙瞬时连续性微分方程

三维悬移质泥沙瞬时连续性微分方程依据质量守恒定律进行推导，即 $\mathrm{d}t$ 时段内流入与流出如图 4.2 所示，无穷小微团的悬沙质量之差等于该时段无穷小微团内悬沙质量的变化量。在多泥沙河流挟沙水流运动中，悬移质泥沙的输运（扩散）过程包括由于分子运动产生的分子扩散及泥沙颗粒随挟沙水流流体质点运动而产生的对流扩散两部分，因此在分析悬沙质量变化时，需将分子扩散与对流扩散两部分均考虑在内。其中，由分子扩散引起的悬沙质量变化依据分子扩散定律（菲克定律），采用"梯度模拟"的方法来进行确定，即单位时间内通过单位面积的悬沙质量与含沙量在该面积法线方向上的梯度成比例（余常昭，1992），具体数学表达形式为

$$W_i = -D_{\mathrm{m}} \frac{\partial S}{\partial x_i} \tag{4.70}$$

式中，D_{m} 为分子扩散系数；S 为挟沙水流含沙量。

参照方程（4.3）的推导过程，设在某瞬时 t，悬沙粒子通过微团中心点 M 的速度为 u_s、v_s、w_s，则 $\mathrm{d}t$ 时段内流经无穷小微团各界面的悬沙质量可用表 4.3 所示的形式进行表示。

表 4.3　dt 时段内流经无穷小微团各界面的悬沙质量

空间方向	扩散类型	dt 时段内流经无穷小微团各界面的悬沙质量		
		流入	流出	流入−流出
x 方向	对流扩散	$\left[Su_{\mathrm{s}}-\dfrac{1}{2}\dfrac{\partial(Su_{\mathrm{s}})}{\partial x}\mathrm{d}x\right]\mathrm{d}y\mathrm{d}z\mathrm{d}t$	$\left[Su_{\mathrm{s}}+\dfrac{1}{2}\dfrac{\partial(Su_{\mathrm{s}})}{\partial x}\mathrm{d}x\right]\mathrm{d}y\mathrm{d}z\mathrm{d}t$	$-\dfrac{\partial(Su_{\mathrm{s}})}{\partial x}\mathrm{d}x\mathrm{d}y\mathrm{d}z\mathrm{d}t$
	分子扩散	$\left[-D_{\mathrm{m}}\dfrac{\partial S}{\partial x}+\dfrac{1}{2}\dfrac{\partial}{\partial x}\left(D_{\mathrm{m}}\dfrac{\partial S}{\partial x}\right)\mathrm{d}x\right]\mathrm{d}y\mathrm{d}z\mathrm{d}t$	$\left[-D_{\mathrm{m}}\dfrac{\partial S}{\partial x}-\dfrac{1}{2}\dfrac{\partial}{\partial x}\left(D_{\mathrm{m}}\dfrac{\partial S}{\partial x}\right)\mathrm{d}x\right]\mathrm{d}y\mathrm{d}z\mathrm{d}t$	$\dfrac{\partial}{\partial x}\left(D_{\mathrm{m}}\dfrac{\partial S}{\partial x}\right)\mathrm{d}x\mathrm{d}y\mathrm{d}z\mathrm{d}t$
y 方向	对流扩散	$\left[Sv_{\mathrm{s}}-\dfrac{1}{2}\dfrac{\partial(Sv_{\mathrm{s}})}{\partial y}\mathrm{d}y\right]\mathrm{d}x\mathrm{d}z\mathrm{d}t$	$\left[Sv_{\mathrm{s}}+\dfrac{1}{2}\dfrac{\partial(Sv_{\mathrm{s}})}{\partial y}\mathrm{d}y\right]\mathrm{d}x\mathrm{d}z\mathrm{d}t$	$-\dfrac{\partial(Sv_{\mathrm{s}})}{\partial y}\mathrm{d}x\mathrm{d}y\mathrm{d}z\mathrm{d}t$
	分子扩散	$\left[-D_{\mathrm{m}}\dfrac{\partial S}{\partial y}+\dfrac{1}{2}\dfrac{\partial}{\partial y}\left(D_{\mathrm{m}}\dfrac{\partial S}{\partial y}\right)\mathrm{d}y\right]\mathrm{d}x\mathrm{d}z\mathrm{d}t$	$\left[-D_{\mathrm{m}}\dfrac{\partial S}{\partial y}-\dfrac{1}{2}\dfrac{\partial}{\partial y}\left(D_{\mathrm{m}}\dfrac{\partial S}{\partial y}\right)\mathrm{d}y\right]\mathrm{d}x\mathrm{d}z\mathrm{d}t$	$\dfrac{\partial}{\partial y}\left(D_{\mathrm{m}}\dfrac{\partial S}{\partial y}\right)\mathrm{d}x\mathrm{d}y\mathrm{d}z\mathrm{d}t$
z 方向	对流扩散	$\left[Sw_{\mathrm{s}}-\dfrac{1}{2}\dfrac{\partial(Sw_{\mathrm{s}})}{\partial z}\mathrm{d}z\right]\mathrm{d}x\mathrm{d}y\mathrm{d}t$	$\left[Sw_{\mathrm{s}}+\dfrac{1}{2}\dfrac{\partial(Sw_{\mathrm{s}})}{\partial z}\mathrm{d}z\right]\mathrm{d}x\mathrm{d}y\mathrm{d}t$	$-\dfrac{\partial(Sw_{\mathrm{s}})}{\partial z}\mathrm{d}x\mathrm{d}y\mathrm{d}z\mathrm{d}t$
	分子扩散	$\left[-D_{\mathrm{m}}\dfrac{\partial S}{\partial z}+\dfrac{1}{2}\dfrac{\partial}{\partial z}\left(D_{\mathrm{m}}\dfrac{\partial S}{\partial z}\right)\mathrm{d}y\right]\mathrm{d}x\mathrm{d}y\mathrm{d}t$	$\left[-D_{\mathrm{m}}\dfrac{\partial S}{\partial z}-\dfrac{1}{2}\dfrac{\partial}{\partial z}\left(D_{\mathrm{m}}\dfrac{\partial S}{\partial z}\right)\mathrm{d}y\right]\mathrm{d}x\mathrm{d}y\mathrm{d}t$	$\dfrac{\partial}{\partial z}\left(D_{\mathrm{m}}\dfrac{\partial S}{\partial z}\right)\mathrm{d}x\mathrm{d}y\mathrm{d}z\mathrm{d}t$

　　同时，dt 时段内无穷小微团的悬沙质量变化可表示为 $(\partial S/\partial t)\mathrm{d}x\mathrm{d}y\mathrm{d}z\mathrm{d}t$，则依据质量守恒定律，可得出

$$\left[-\frac{\partial(Su_{\mathrm{s}})}{\partial x}+\frac{\partial}{\partial x}\left(D_{\mathrm{m}}\frac{\partial S}{\partial x}\right)\right]\mathrm{d}x\mathrm{d}y\mathrm{d}z\mathrm{d}t+\left[-\frac{\partial(Sv_{\mathrm{s}})}{\partial y}+\frac{\partial}{\partial y}\left(D_{\mathrm{m}}\frac{\partial S}{\partial y}\right)\right]\mathrm{d}x\mathrm{d}y\mathrm{d}z\mathrm{d}t$$

$$+\left[-\frac{\partial(Sw_{\mathrm{s}})}{\partial z}+\frac{\partial}{\partial z}\left(D_{\mathrm{m}}\frac{\partial S}{\partial z}\right)\right]\mathrm{d}x\mathrm{d}y\mathrm{d}z\mathrm{d}t=\frac{\partial S}{\partial t}\mathrm{d}x\mathrm{d}y\mathrm{d}z\mathrm{d}t \tag{4.71}$$

　　对式（4.71）进行整理简化，并写成张量形式，即

$$\frac{\partial S}{\partial t}+\frac{\partial(Su_{sj})}{\partial x_{j}}=D_{\mathrm{m}}\frac{\partial^{2}S}{\partial x_{j}^{2}}\qquad j=1,2,3 \tag{4.72}$$

　　式（4.72）中悬沙粒子速度 u_{sj} 为非独立变量，为使方程便于封闭求解，将式（4.72）改写为以挟沙水流流速 u_{j} 为求解变量的形式，即

$$\frac{\partial S}{\partial t}+\frac{\partial(Su_{j})}{\partial x_{j}}=-\frac{\partial\left[S(u_{sj}-u_{j})\right]}{\partial x_{j}}+D_{\mathrm{m}}\frac{\partial^{2}S}{\partial x_{j}^{2}} \tag{4.73}$$

式中，$u_{sj}-u_{j}$ 为挟沙水流中悬沙颗粒的扩散速度。

　　为封闭方程，需进一步导出 $u_{sj}-u_{j}$ 的表达形式。对于多泥沙河流水沙运动，$u_{sj}-u_{j}$ 与挟沙水流中水、沙两相之间的相间速度差 $u_{fj}-u_{sj}$ 相关，而 $u_{fj}-u_{sj}$ 可采用

水沙两相流的多连续介质模式（双流体模型）的思路，通过建立相间速度差运动方程并求解得到。基于此，以下就 $u_{sj} - u_j$ 与 $u_{fj} - u_{sj}$ 之间的关系式进行推导。

依据式（4.1）给出的挟沙水流密度 ρ_m，采用质量平均法可得到挟沙水流流速 u_j 的表达式为

$$u_j = \frac{1}{\rho_m}\left[\rho_f u_{fj} + S u_{sj}\right] \qquad (4.74)$$

式中，u_{fj}、u_{sj} 分别为水沙两相流中液相水流速度、固相悬沙颗粒速度。

依据式（4.1）、式（4.74），可得

$$u_{sj} - u_j = -\frac{\rho_f}{\rho_m}(u_{fj} - u_{sj}) \qquad (4.75)$$

同时，参考相关文献（Wu et al.，2000；Wu，1992），可得相间速度差表达式为

$$u_{fj} - u_{sj} = (1 - C)^n \omega \delta_{3j} = (1 - S/\rho_s)^n \omega \delta_{3j} \qquad (4.76)$$

式中，C 为悬沙体积浓度，$C = S/\rho_s$；ω 为悬沙颗粒的沉速；δ_{3j} 为重力方向的 Kronecker 函数；n 为幂指数。

将式（4.76）代入式（4.75），可得

$$u_{sj} - u_j = -\frac{\rho_f(1 - S/\rho_s)^n}{\rho_m}\omega \delta_{3j} \qquad (4.77a)$$

式（4.77a）是基于挟沙水流中水沙两相的相间速度差运动方程而得，物理意义清晰，但其形式复杂且内部参数不易确定，工程实际应用难度较大。同时，对于我国北方以细颗粒悬移质泥沙为主的多泥沙河流，水沙两相之间除存在由重力引起的相对运动以外，其他诸如颗粒惯性、拖曳等形成的水沙两相相对运动均较小，通常可予忽略。因此，可将式（4.77a）简化为

$$u_{sj} - u_j = -\omega \delta_{3j} \qquad (4.77b)$$

将式（4.77）代入式（4.73），则可得三维悬移质泥沙瞬时连续性微分方程为

$$\frac{\partial S}{\partial t} + \frac{\partial(S u_j)}{\partial x_j} = \frac{\partial}{\partial x_j}(S \omega \delta_{3j}) + D_m \frac{\partial^2 S}{\partial x_j^2} \qquad (4.78a)$$

为与推导得到的挟沙水流运动控制方程在形式上保持一致，式（4.78a）又可改写为以相对质量浓度为求解变量的形式，即

$$\frac{\partial(\rho_m Y)}{\partial t} + \frac{\partial(\rho_m Y u_j)}{\partial x_j} = \frac{\partial}{\partial x_j}(\rho_m Y \omega \delta_{3j}) + D_m \frac{\partial^2(\rho_m Y)}{\partial x_j^2} \qquad (4.78b)$$

式中，Y 为悬沙相对质量浓度，$Y = S/\rho_m$。

2）三维悬移质泥沙质量加权平均连续性微分方程

与挟沙水流运动的质量加权平均方程推导相似，将方程（4.78b）中变量 Y、u_j 采用质量加权平均分解，即 $Y=\tilde{Y}+Y''$、$u_j=\tilde{u}_j+u_j''$，而变量 ρ_{m} 仍采用时间平均分解，并对方程整体进行时均化处理，可得

$$\frac{\partial\left[(\overline{\rho}_{\mathrm{m}}+\rho_{\mathrm{m}}')(\tilde{Y}+Y'')\right]}{\partial t}+\frac{\partial\left[(\overline{\rho}_{\mathrm{m}}+\rho_{\mathrm{m}}')(\tilde{Y}+Y'')(\tilde{u}_j+u_j'')\right]}{\partial x_j}$$
$$=\frac{\partial}{\partial x_j}\left[(\overline{\rho}_{\mathrm{m}}+\rho_{\mathrm{m}}')(\tilde{Y}+Y'')\omega\delta_{3j}\right]+D_{\mathrm{m}}\frac{\partial^2\left[(\overline{\rho}_{\mathrm{m}}+\rho_{\mathrm{m}}')(\tilde{Y}+Y'')\right]}{\partial x_j^2} \tag{4.79}$$

与式（4.20）、式（4.23）及式（4.24）推导类似，引入关系式（4.19），并根据时均运算法则，式（4.79）可化简为

$$\frac{\partial(\overline{\rho}_{\mathrm{m}}\tilde{Y})}{\partial t}+\frac{\partial(\overline{\rho}_{\mathrm{m}}\tilde{Y}\tilde{u}_j)}{\partial x_j}+\frac{\partial(\overline{\rho}_{\mathrm{m}}\overline{Y''u_j''})}{\partial x_j}=\frac{\partial}{\partial x_j}(\overline{\rho}_{\mathrm{m}}\tilde{Y}\omega\delta_{3j})+D_{\mathrm{m}}\frac{\partial^2(\overline{\rho}_{\mathrm{m}}\tilde{Y})}{\partial x_j^2} \tag{4.80}$$

与三维悬移质泥沙瞬时连续性微分方程（4.78b）相比较，质量加权平均连续性微分方程（4.80）在形式上多了二阶脉动量的梯度项 $\partial(\overline{\rho}_{\mathrm{m}}\overline{Y''u_j''})/\partial x_j$，就物理意义而言，该项实质上表征的是悬沙紊动扩散量。为封闭求解方程，需给出 $\partial(\overline{\rho}_{\mathrm{m}}\overline{Y''u_j''})/\partial x_j$ 的处理办法。在时均方程中对于该类问题通常的做法是将悬沙的紊动扩散与分子扩散相类比，采用分子扩散定律，仿照式（4.16）、式（4.70）给出相应的计算形式。将该处理办法移用至质量加权平均方程中，即令

$$\overline{Y''u_j''}=-\frac{\nu_{\mathrm{t}}}{\sigma_Y}\frac{\partial\tilde{Y}}{\partial x_j} \tag{4.81}$$

将式（4.81）代入式（4.80）并进行整理，得

$$\frac{\partial(\overline{\rho}_{\mathrm{m}}\tilde{Y})}{\partial t}+\frac{\partial(\overline{\rho}_{\mathrm{m}}\tilde{Y}\tilde{u}_j)}{\partial x_j}=\frac{\partial}{\partial x_j}(\overline{\rho}_{\mathrm{m}}\tilde{Y}\omega\delta_{3j})+D_{\mathrm{m}}\frac{\partial^2(\overline{\rho}_{\mathrm{m}}\tilde{Y})}{\partial x_j^2}+\frac{\partial}{\partial x_j}\left(\overline{\rho}_{\mathrm{m}}\frac{\nu_{\mathrm{t}}}{\sigma_Y}\frac{\partial\tilde{Y}}{\partial x_j}\right) \tag{4.82}$$

在多泥沙河流的水沙运动中，紊流运动的尺度远大于分子运动的尺度，除壁面附近区域紊动受到限制以外，一般紊动扩散较分子扩散要占绝对优势，因此式（4.82）中的分子扩散运动项通常可以忽略，其可进一步简化为

$$\frac{\partial(\overline{\rho}_{\mathrm{m}}\tilde{Y})}{\partial t}+\frac{\partial(\overline{\rho}_{\mathrm{m}}\tilde{Y}\tilde{u}_j)}{\partial x_j}=\frac{\partial}{\partial x_j}(\overline{\rho}_{\mathrm{m}}\tilde{Y}\omega\delta_{3j})+\frac{\partial}{\partial x_j}\left(\frac{\mu_{\mathrm{t}}}{\sigma_Y}\frac{\partial\tilde{Y}}{\partial x_j}\right) \tag{4.83}$$

3）平面二维悬移质泥沙连续性微分方程

在推导平面二维悬移质泥沙连续性微分方程之前，先定义深度平均悬沙相对质量浓度 $\hat{Y}$ 与质量加权平均悬沙相对质量浓度 $\tilde{Y}$ 之间的关系为

$$\hat{Y}(x_1, \ x_2, \ t) = \frac{1}{H} \int_{z_b}^{z_s} \tilde{Y}(x_1, \ x_2, \ x_3) \mathrm{d}x_3 \qquad j = 1, \ 2 \qquad (4.84\mathrm{a})$$

其中，

$$\tilde{Y}(x_1, \ x_2, \ x_3) = \hat{Y}(x_1, \ x_2, \ t) + \Delta \tilde{Y}(x_1, \ x_2, \ x_3, \ t) \qquad (4.84\mathrm{b})$$

式中，$\Delta \tilde{Y}$ 为质量加权平均悬沙相对质量浓度与深度平均悬沙相对质量浓度之间的偏离量。

依据 $\hat{y}$ 与 $\tilde{Y}$ 之间的关系，将三维悬移质泥沙质量加权平均连续性微分方程（4.83）沿水深方向进行积分，可得

$$\underbrace{\int_{z_b}^{z_s} \frac{\partial (\overline{\rho}_m \tilde{Y})}{\partial t} \mathrm{d}x_3}_{①} + \underbrace{\int_{z_b}^{z_s} \left[\frac{\partial (\overline{\rho}_m \tilde{Y} \tilde{u}_j)}{\partial x_j} + \frac{\partial (\overline{\rho}_m \tilde{Y} \tilde{u}_3)}{\partial x_3} \right] \mathrm{d}x_3}_{②}$$

$$= \underbrace{\int_{z_b}^{z_s} \frac{\partial}{\partial x_3} (\overline{\rho}_m \tilde{Y} \omega \delta_{33}) \mathrm{d}x_3 + \int_{z_b}^{z_s} \left[\frac{\partial}{\partial x_j} \left(\frac{\mu_t}{\sigma_Y} \frac{\partial \tilde{Y}}{\partial x_j} \right) + \frac{\partial}{\partial x_3} \left(\frac{\mu_t}{\sigma_Y} \frac{\partial \tilde{Y}}{\partial x_3} \right) \right] \mathrm{d}x_3}_{③} \qquad (4.85)$$

类似深度平均挟沙水流控制方程的推导，将式（4.85）中各项展开，则有

$$① = \frac{\partial}{\partial t} (\overline{\rho}_m \hat{Y} H) - (\overline{\rho}_m \tilde{Y}) \big|_{z_s} \frac{\partial z_s}{\partial t} + (\overline{\rho}_m \tilde{Y}) \big|_{z_b} \frac{\partial z_b}{\partial t} \qquad (4.86)$$

$$② = \frac{\partial}{\partial x_j} (H \overline{\rho}_m \hat{Y} \hat{u}_j) + (\overline{\rho}_m \tilde{Y}) \big|_{z_s} \frac{\partial z_s}{\partial t} - (\overline{\rho}_m \tilde{Y}) \big|_{z_b} \frac{\partial z_b}{\partial t} \qquad (4.87)$$

$$③ = \frac{\partial}{\partial x_j} \left(\frac{\hat{\mu}_t}{\sigma_Y} H \frac{\partial \hat{Y}}{\partial x_j} \right) + \left\{ \left[- \left(\frac{\mu_t}{\sigma_Y} \frac{\partial \tilde{Y}}{\partial x_j} \right) \bigg|_{z_s} \frac{\partial z_s}{\partial x_j} + \left(\frac{\mu_t}{\sigma_Y} \frac{\partial \tilde{Y}}{\partial x_3} \right) \bigg|_{z_s} \right] + (\overline{\rho}_m \tilde{Y} \omega) \big|_{z_s} \right\}$$

$$+ \left\{ \left[\left(\frac{\mu_t}{\sigma_Y} \frac{\partial \tilde{Y}}{\partial x_j} \right) \bigg|_{z_b} \frac{\partial z_b}{\partial x_j} - \left(\frac{\mu_t}{\sigma_Y} \frac{\partial \tilde{Y}}{\partial x_3} \right) \bigg|_{z_b} \right] - (\overline{\rho}_m \tilde{Y} \omega) \big|_{z_b} \right\} \qquad (4.88\mathrm{a})$$

式（4.88a）中后两项分别表示由于紊动扩散及悬沙沉降作用而引起的悬移质泥沙在自由液面及河床底部的质量通量，其中悬沙在自由液面的质量通量通常很小，可不予考虑，而悬沙在河床底部的质量通量等于悬沙运动引起的河床变形。详细结论见式（4.88b）、式（4.88c）。

悬沙在自由液面的质量通量：

$$\left[- \left(\frac{\mu_t}{\sigma_Y} \frac{\partial \tilde{Y}}{\partial x_j} \right) \bigg|_{z_s} \frac{\partial z_s}{\partial x_j} + \left(\frac{\mu_t}{\sigma_Y} \frac{\partial \tilde{Y}}{\partial x_3} \right) \bigg|_{z_s} \right] + (\overline{\rho}_m \tilde{Y} \omega) \big|_{z_s} = 0 \qquad (4.88\mathrm{b})$$

悬沙在河床底部的质量通量：

$$\left[\left(\frac{\mu_t}{\sigma_Y}\frac{\partial \tilde{Y}}{\partial x_j}\right)\bigg|_{z_b}\frac{\partial z_b}{\partial x_j} - \left(\frac{\mu_t}{\sigma_Y}\frac{\partial \tilde{Y}}{\partial x_3}\right)\bigg|_{z_b}\right] - \left(\overline{\rho}_m \tilde{Y}\omega\right)\big|_{z_b} = -\rho_s\frac{\partial z_b}{\partial t} \qquad (4.88c)$$

将式（4.88b）、式（4.88c）代入式（4.88a），得

$$③ = \frac{\partial}{\partial x_j}\left(\frac{\hat{\mu}_t}{\sigma_Y}H\frac{\partial \hat{Y}}{\partial x_j}\right) - \rho_s\frac{\partial z_b}{\partial t} \qquad (4.88d)$$

将式（4.86）～式（4.88）代入式（4.85），并进行化简整理，则可得到多泥沙河流深度平均的悬移质泥沙连续性微分方程为

$$\frac{\partial}{\partial t}\left(\overline{\rho}_m \hat{Y}H\right) + \frac{\partial}{\partial x_j}\left(H\overline{\rho}_m \hat{Y}\hat{u}_j\right) = \frac{\partial}{\partial x_j}\left(\frac{\hat{\mu}_t}{\sigma_Y}H\frac{\partial \hat{Y}}{\partial x_j}\right) - \rho_s\frac{\partial z_b}{\partial t} \qquad (4.89a)$$

在实际工程模拟计算的应用中，需要考虑天然河流泥沙颗粒的非均匀性，即泥沙颗粒级配不均匀的影响，通常的做法是将悬移质泥沙按其粒径进行分组（如分为 n 组），每一组内以一个平均粒径作代表，这样每一组泥沙均可当作是均匀沙来处理。鉴于此，式（4.89a）可写成分粒径组的形式，即

$$\frac{\partial}{\partial t}\left(\overline{\rho}_m \hat{Y}_n H\right) + \frac{\partial}{\partial x_j}\left(H\overline{\rho}_m \hat{Y}_n \hat{u}_j\right) = \frac{\partial}{\partial x_j}\left(\frac{\hat{\mu}_t}{\sigma_Y}H\frac{\partial \hat{Y}_n}{\partial x_j}\right) - \rho_s\frac{\partial z_b}{\partial t} \qquad (4.89b)$$

式中，$\hat{Y}_n$ 为第 n 粒径组的深度平均悬沙相对质量浓度。

2. 悬移质泥沙河床变形方程

推导已给出了多泥沙河流深度平均的悬移质泥沙连续性微分方程（4.89），但该方程中仍存在未知的悬移质河床变形项 $-\rho_s \partial z_b/\partial t$，导致方程无法封闭求解。因此，需就悬移质泥沙河床变形方程进行详细推导。

如式（4.88c）所示，在河床表面（$x_3 = z_b$）处悬移质河床变形主要由悬沙扩散及悬沙沉降两部分作用引起。就悬沙扩散而言，其在 x_1、x_2 两方向的扩散量要远小于在 x_3 方向的扩散量，通常可忽略，故式（4.88c）可简化为

$$\left(\frac{\mu_t}{\sigma_Y}\frac{\partial \tilde{Y}}{\partial x_3}\right)\bigg|_{z_b} + \left(\overline{\rho}_m \tilde{Y}\omega\right)\big|_{z_b} = \rho_s\frac{\partial z_b}{\partial t} \qquad (4.90a)$$

即

$$\frac{\nu_t}{\sigma_Y}\frac{\partial \tilde{S}_b}{\partial x_3} + \tilde{S}_b\omega_b = \rho_s\frac{\partial z_b}{\partial t} \qquad (4.90b)$$

式中，$\tilde{S}_b$ 为近底悬移质泥沙的质量加权平均含沙量；ω_b 为近底沉速。

在实际工程中，近底悬沙要素 $\tilde{S}_b$、$\partial \tilde{S}_b/\partial x_3$ 及 ω_b 等均不易给出，式（4.90b）仍无法有效应用，因此在悬移质泥沙河床变形推导中引入如下假设。

（1）假设悬移质在平衡输沙状态下，床面不发生冲淤变形这一规律在悬移质不平衡输沙状态下仍成立。由式（4.90b）可导出悬移质平衡输沙状态下的河床变形方程为

$$\frac{v_t}{\sigma_Y}\frac{\partial \tilde{S}_b}{\partial x_3} + \tilde{S}_{b*}\omega_b = 0 \Rightarrow \frac{v_t}{\sigma_Y}\frac{\partial \tilde{S}_b}{\partial x_3} = -\tilde{S}_{b*}\omega_b \tag{4.91}$$

式中，$\tilde{S}_{b*}$ 为悬移质泥沙的饱和质量加权平均含沙量，即近底水流挟沙力。

（2）假设近底悬移质泥沙的质量加权平均含沙量 $\tilde{S}_b$、饱和质量加权平均含沙量（水流挟沙力）$\tilde{S}_{b*}$ 与深度平均含沙量 $\hat{S}$、水流挟沙力 $\hat{S}_*$ 之间存在如下关系，即

$$\tilde{S}_b = \alpha_1 \hat{S} , \quad \tilde{S}_{b*} = \alpha_2 \hat{S}_* \tag{4.92}$$

式中，α_1、α_2 为恢复饱和系数，因采用深度平均含沙量代替近底含沙量而引入，通常可近似取 $\alpha_1 \approx \alpha_2 = \alpha$。

（3）假设近底沉速 ω_b 近似等于深度平均沉速 ω。依据假设，进一步改写式（4.90b），则可得悬移质泥沙河床变形方程为

$$\alpha\omega(\hat{S} - \hat{S}_*) = \rho_s \frac{\partial z_b}{\partial t} \tag{4.93a}$$

即

$$\alpha\omega\overline{\rho}_m(\hat{Y} - \hat{Y}_*) = \rho_s \frac{\partial z_b}{\partial t} \tag{4.93b}$$

考虑天然河流泥沙颗粒的非均匀性，分粒径组悬移质泥沙河床变形方程为

$$\alpha_n\omega_n(\hat{S}_n - \hat{S}_{n*}) = \rho_s \frac{\partial z_b}{\partial t} \tag{4.93c}$$

即

$$\alpha_n\omega_n\overline{\rho}_m(\hat{Y}_n - \hat{Y}_{n*}) = \rho_s \frac{\partial z_b}{\partial t} \tag{4.93d}$$

式中，α_n 为第 n 粒径组沙恢复饱和系数；ω_n 为第 n 粒径组悬沙沉速。

4.1.3　水沙运动通用控制方程

至此严格推导出了多泥沙河流水库平面二维水沙运动的控制方程组，即式（4.47）、式（4.56）、式（4.62）、式（4.69）、式（4.89）及式（4.93），观察后可发现它们能够写成如式（4.94）所示的统一形式，该形式为标准的对流～扩散方程。

$$\frac{\partial}{\partial t}(\overline{\rho}_{\mathrm{m}}H\phi) + \frac{\partial}{\partial x_j}(\overline{\rho}_{\mathrm{m}}H\hat{u}_j\phi) = \frac{\partial}{\partial x_j}\left(\Gamma_\phi H\frac{\partial\phi}{\partial x_j}\right) + S_\phi \quad j=1,\ 2 \qquad (4.94)$$

式中，ϕ 为通用变量，分别代表 $\hat{u}_i$、$\hat{k}$、$\hat{\varepsilon}$、$\hat{Y}_n$；Γ_ϕ 为相应于通用变量 ϕ 的扩散系数；S_ϕ 为源项，为保证数值解的稳定性，对其进行负坡线性化处理后可写为 $S_\phi = S_{\phi C} + S_{\phi P}\phi_P$，$S_{\phi P}$ 必须满足非正这一基本法则。各方程中 ϕ、Γ_ϕ、$S_{\phi P}$ 及 $S_{\phi C}$ 的具体表达式可参见表 4.4。

表 4.4　通用控制方程中各变量表达式

控制方程	ϕ	Γ_ϕ	$S_{\phi P}$	$S_{\phi C}$
挟沙水流连续性微分方程	1	0	0	0
挟沙水流运动微分方程	$\hat{u}_i$	$\eta + \hat{\mu}_{\mathrm{t}}$	$-\overline{\tau}_i^b/\hat{u}_i$	$H\overline{\rho}_{\mathrm{m}}\hat{f}_i - \overline{\rho}_{\mathrm{m}}gH\dfrac{\partial z_{\mathrm{s}}}{\partial x_i} + \dfrac{\partial(H\tau_B)}{\partial x_j} + \overline{\tau}_i^s$ $+ \dfrac{\partial}{\partial x_j}\left[H\left(\eta+\hat{\mu}_{\mathrm{t}}\right)\dfrac{\partial\hat{u}_j}{\partial x_i}\right] - \dfrac{\partial}{\partial x_i}\left(\dfrac{2}{3}H\overline{\rho}_{\mathrm{m}}\hat{k} + \dfrac{2}{3}H\hat{\mu}_{\mathrm{t}}\dfrac{\partial\hat{u}_l}{\partial x_l}\right)$
$\hat{k}$ 方程	$\hat{k}$	$\hat{\mu} + \dfrac{\hat{\mu}_{\mathrm{t}}}{\sigma_k}$	$-\overline{\rho}_{\mathrm{m}}H\hat{\varepsilon}/\hat{k}$	$H\left(G_k^0 + G_{kv}\right)$
$\hat{\varepsilon}$ 方程	$\hat{\varepsilon}$	$\hat{\mu} + \dfrac{\hat{\mu}_{\mathrm{t}}}{\sigma_\varepsilon}$	$-C_{\varepsilon2}\overline{\rho}_{\mathrm{m}}H\hat{\varepsilon}/\hat{k}$	$H\left(\dfrac{\hat{\varepsilon}}{\hat{k}}C_{\varepsilon1}G_k^0 + G_{\varepsilon v}\right) + HC_{\varepsilon3}\overline{\rho}_{\mathrm{m}}\hat{\varepsilon}\dfrac{\partial\hat{u}_l}{\partial x_l}$
悬移质泥沙输运（扩散）方程	$\hat{Y}_n$	$\dfrac{\hat{\mu}_{\mathrm{t}}}{\sigma_Y}$	$-\alpha_n\omega_n\overline{\rho}_{\mathrm{m}}$	$\alpha_n\omega_n\overline{\rho}_{\mathrm{m}}\hat{Y}_{n*}$

4.1.4　拟合坐标系下水沙运动的控制方程

在多泥沙河流水库的实际工程中，需要研究的通常都是复杂边界大尺度区域的水沙运动规律，而复杂的边界形状往往对流场变化及河床冲淤演变影响甚大。因此，理想的做法是保证求解区域的实际边界与控制方程所依托的坐标系恰好相符，而现有的各种坐标系显然不能满足这一目标，可行的途径是通过计算的方法来构造一种坐标系，使其坐标轴恰好与计算区域的边界相适应，即采用拟合坐标系，又称适体坐标系或贴体坐标系。

基于此，从非规则的复杂边界直接出发，采用目前最常用的偏微分方程拟合坐标变换法，通过将不规则物理空间的控制方程（4.94）转换至计算空间中的规则计算区域，并在其上进行离散及求解，实现对多泥沙河流水库水沙运动模拟中动态不规则复杂边界问题的有效处理。

为转换推导之便，将张量形式的通用控制方程（4.94）改写为

$$\underbrace{\frac{\partial}{\partial t}(\overline{\rho}_{\mathrm{m}}H\phi)}_{①} + \underbrace{\frac{\partial}{\partial x}(\overline{\rho}_{\mathrm{m}}H\hat{u}\phi)}_{②} + \frac{\partial}{\partial y}(\overline{\rho}_{\mathrm{m}}H\hat{v}\phi) = \underbrace{\frac{\partial}{\partial x}\left(\Gamma_\phi H\frac{\partial\phi}{\partial x}\right)}_{③} + \underbrace{\frac{\partial}{\partial y}\left(\Gamma_\phi H\frac{\partial\phi}{\partial y}\right)}_{④} + S_\phi \qquad (4.95)$$

1. 转换关系

为将物理空间域的控制方程(4.95)转换至一般曲线坐标系下的计算空间域,需利用函数的导数与其反函数导数间的关系及多元复合函数链式求导法则来进行(陶文铨,2001)。

(1)设有函数 $x=x(\xi,\eta)$、$y=y(\xi,\eta)$,则其反函数 $\xi=\xi(x,y)$、$\eta=\eta(x,y)$ 的导数为

$$\xi_x=y_\eta/J,\quad \xi_y=-x_\eta/J,\quad \eta_x=-y_\xi/J,\quad \eta_y=x_\xi/J \tag{4.96a}$$

式中,J 为 Jacobi 因子,$J=x_\xi y_\eta-x_\eta y_\xi$。

(2)设物理空间域任一物理量 $\phi=\phi(x,y,t)$,其对 x、y 的偏导数转换为计算空间域物理量 $\phi=\phi(\xi,\eta,t)$ 对 ξ、η 的偏导数,可由多元复合函数链式求导法求得

$$\begin{cases}\dfrac{\partial\varphi}{\partial x}=\dfrac{\partial\varphi}{\partial\xi}\dfrac{\partial\xi}{\partial x}+\dfrac{\partial\varphi}{\partial\eta}\dfrac{\partial\eta}{\partial x}=\dfrac{1}{J}\left(\dfrac{\partial\varphi}{\partial\xi}\dfrac{\partial y}{\partial\eta}-\dfrac{\partial\varphi}{\partial\eta}\dfrac{\partial y}{\partial\xi}\right)\\[3mm]\dfrac{\partial\varphi}{\partial y}=\dfrac{\partial\varphi}{\partial\xi}\dfrac{\partial\xi}{\partial y}+\dfrac{\partial\varphi}{\partial\eta}\dfrac{\partial\eta}{\partial y}=\dfrac{1}{J}\left(-\dfrac{\partial\varphi}{\partial\xi}\dfrac{\partial x}{\partial\eta}+\dfrac{\partial\varphi}{\partial\eta}\dfrac{\partial x}{\partial\xi}\right)\end{cases} \tag{4.96b}$$

2. 控制方程的转换

利用关系式(4.96)可将控制方程(4.95)转换至一般曲线坐标系下的计算空间域,即得到拟合坐标系下多泥沙河流水库平面二维水沙运动的控制方程。方程中各项的具体转换过程为

$$① = \frac{\partial}{\partial t}(\overline{\rho}_{\mathrm{m}}H\phi) \tag{4.97a}$$

$$\begin{aligned}② &= \frac{1}{J}\left[\frac{\partial(\overline{\rho}_{\mathrm{m}}H\hat{u}\phi)}{\partial\xi}\frac{\partial y}{\partial\eta}-\frac{\partial(\overline{\rho}_{\mathrm{m}}H\hat{u}\phi)}{\partial\eta}\frac{\partial y}{\partial\xi}\right]+\frac{1}{J}\left[-\frac{\partial(\overline{\rho}_{\mathrm{m}}H\hat{v}\phi)}{\partial\xi}\frac{\partial x}{\partial\eta}+\frac{\partial(\overline{\rho}_{\mathrm{m}}H\hat{v}\phi)}{\partial\eta}\frac{\partial x}{\partial\xi}\right]\\[2mm]&=\frac{1}{J}\left\{\frac{\partial}{\partial\xi}\left[\left(\hat{u}\frac{\partial y}{\partial\eta}-\hat{v}\frac{\partial x}{\partial\eta}\right)\overline{\rho}_{\mathrm{m}}H\phi\right]+\frac{\partial}{\partial\eta}\left[\left(-\hat{u}\frac{\partial y}{\partial\xi}+\hat{v}\frac{\partial x}{\partial\xi}\right)\overline{\rho}_{\mathrm{m}}H\phi\right]\right\}\\[2mm]&=\frac{1}{J}\left[\frac{\partial}{\partial\xi}(\overline{\rho}_{\mathrm{m}}HU\phi)+\frac{\partial}{\partial\eta}(\overline{\rho}_{\mathrm{m}}HV\phi)\right]\end{aligned} \tag{4.97b}$$

式中,$U=\hat{u}\dfrac{\partial y}{\partial\eta}-\hat{v}\dfrac{\partial x}{\partial\eta}$,$V=-\hat{u}\dfrac{\partial y}{\partial\xi}+\hat{v}\dfrac{\partial x}{\partial\xi}$,分别为计算空间域上 ξ、η 方向的速度分量,称为逆变速度。

$$③ = \frac{\partial}{\partial x}\left[\Gamma_\phi H \frac{1}{J}\left(\frac{\partial \phi}{\partial \xi}\frac{\partial y}{\partial \eta} - \frac{\partial \phi}{\partial \eta}\frac{\partial y}{\partial \xi}\right)\right]$$

$$= \frac{1}{J}\left\{\frac{\Gamma_\phi H}{J}\left[\frac{\partial}{\partial \xi}\left(\frac{\partial \phi}{\partial \xi}\frac{\partial y}{\partial \eta} - \frac{\partial \phi}{\partial \eta}\frac{\partial y}{\partial \xi}\right)\frac{\partial y}{\partial \eta} - \frac{\partial}{\partial \eta}\left(\frac{\partial \phi}{\partial \xi}\frac{\partial y}{\partial \eta} - \frac{\partial \phi}{\partial \eta}\frac{\partial y}{\partial \xi}\right)\frac{\partial y}{\partial \xi}\right]\right\}$$

$$= \frac{1}{J}\frac{\partial}{\partial \xi}\left\{\frac{\Gamma_\phi H}{J}\left[\frac{\partial \phi}{\partial \xi}\left(\frac{\partial y}{\partial \eta}\right)^2 - \frac{\partial \phi}{\partial \eta}\frac{\partial y}{\partial \xi}\frac{\partial y}{\partial \eta}\right]\right\} - \frac{1}{J}\frac{\partial}{\partial \eta}\left\{\frac{\Gamma_\phi H}{J}\left[\frac{\partial \phi}{\partial \xi}\frac{\partial y}{\partial \eta}\frac{\partial y}{\partial \xi} - \frac{\partial \phi}{\partial \eta}\left(\frac{\partial y}{\partial \xi}\right)^2\right]\right\}$$

$$（4.97c）$$

$$④ = \frac{\partial}{\partial y}\left[\Gamma_\phi H \frac{1}{J}\left(-\frac{\partial \phi}{\partial \xi}\frac{\partial x}{\partial \eta} + \frac{\partial \phi}{\partial \eta}\frac{\partial x}{\partial \xi}\right)\right]$$

$$= \frac{1}{J}\left\{\frac{\Gamma_\phi H}{J}\left[-\frac{\partial}{\partial \xi}\left(-\frac{\partial \phi}{\partial \xi}\frac{\partial x}{\partial \eta} + \frac{\partial \phi}{\partial \eta}\frac{\partial x}{\partial \xi}\right)\frac{\partial x}{\partial \eta} + \frac{\partial}{\partial \eta}\left(-\frac{\partial \phi}{\partial \xi}\frac{\partial x}{\partial \eta} + \frac{\partial \phi}{\partial \eta}\frac{\partial x}{\partial \xi}\right)\frac{\partial x}{\partial \xi}\right]\right\}$$

$$= -\frac{1}{J}\frac{\partial}{\partial \xi}\left\{\frac{\Gamma_\phi H}{J}\left[\frac{\partial \phi}{\partial \eta}\frac{\partial x}{\partial \xi}\frac{\partial x}{\partial \eta} - \frac{\partial \phi}{\partial \xi}\left(\frac{\partial x}{\partial \eta}\right)^2\right]\right\} + \frac{1}{J}\frac{\partial}{\partial \eta}\left\{\frac{\Gamma_\phi H}{J}\left[\frac{\partial \phi}{\partial \eta}\left(\frac{\partial x}{\partial \xi}\right)^2 - \frac{\partial \phi}{\partial \xi}\frac{\partial x}{\partial \eta}\frac{\partial x}{\partial \xi}\right]\right\}$$

$$（4.97d）$$

将式（4.97c）、式（4.97d）相加并整理，得

$$③ + ④ = \frac{\partial}{\partial \xi}\left\{\frac{\Gamma_\phi H}{J^2}\left[\left(\frac{\partial x}{\partial \eta}\right)^2 + \left(\frac{\partial y}{\partial \eta}\right)^2\right]\frac{\partial \phi}{\partial \xi}\right\} - \frac{\partial}{\partial \xi}\left\{\frac{\Gamma_\phi H}{J^2}\left(\frac{\partial y}{\partial \xi}\frac{\partial y}{\partial \eta} + \frac{\partial x}{\partial \xi}\frac{\partial x}{\partial \eta}\right)\frac{\partial \phi}{\partial \eta}\right\}$$

$$+ \frac{\partial}{\partial \eta}\left\{\frac{\Gamma_\phi H}{J^2}\left[\left(\frac{\partial x}{\partial \xi}\right)^2 + \left(\frac{\partial y}{\partial \xi}\right)^2\right]\frac{\partial \phi}{\partial \eta}\right\} - \frac{\partial}{\partial \eta}\left\{\frac{\Gamma_\phi H}{J^2}\left(\frac{\partial y}{\partial \eta}\frac{\partial y}{\partial \xi} + \frac{\partial x}{\partial \eta}\frac{\partial x}{\partial \xi}\right)\frac{\partial \phi}{\partial \xi}\right\}$$

$$= \frac{\partial}{\partial \xi}\left(\alpha \frac{\Gamma_\phi H}{J^2}\frac{\partial \phi}{\partial \xi}\right) - \frac{\partial}{\partial \xi}\left(\beta \frac{\Gamma_\phi H}{J^2}\frac{\partial \phi}{\partial \eta}\right) + \frac{\partial}{\partial \eta}\left(\gamma \frac{\Gamma_\phi H}{J^2}\frac{\partial \phi}{\partial \eta}\right) - \frac{\partial}{\partial \eta}\left(\beta \frac{\Gamma_\phi H}{J^2}\frac{\partial \phi}{\partial \xi}\right)$$

$$（4.97e）$$

式中，$\alpha = \left(\frac{\partial x}{\partial \eta}\right)^2 + \left(\frac{\partial y}{\partial \eta}\right)^2$；$\beta = \frac{\partial x}{\partial \xi}\frac{\partial x}{\partial \eta} + \frac{\partial y}{\partial \xi}\frac{\partial y}{\partial \eta}$；$\gamma = \left(\frac{\partial x}{\partial \xi}\right)^2 + \left(\frac{\partial y}{\partial \xi}\right)^2$。

$$⑤ = S_\phi(\xi, \eta) \qquad （4.97f）$$

将式（4.97a）、式（4.97b）、式（4.97e）及式（4.97f）相加并整理，得计算空间域上多泥沙河流水库平面二维水沙运动的通用控制方程为

$$J\frac{\partial}{\partial t}(\overline{\rho}_m H \phi) + \frac{\partial}{\partial \xi}(\overline{\rho}_m H U \phi) + \frac{\partial}{\partial \eta}(\overline{\rho}_m H V \phi)$$

$$= \frac{\partial}{\partial \xi}\left(\alpha \frac{\Gamma_\phi H}{J}\frac{\partial \phi}{\partial \xi}\right) + \frac{\partial}{\partial \eta}\left(\gamma \frac{\Gamma_\phi H}{J}\frac{\partial \phi}{\partial \eta}\right) + S_{\beta\phi} + S_\phi(\xi, \eta)$$

$$（4.98）$$

式中，$S_{\beta\phi} = -\dfrac{\partial}{\partial \xi}\left(\beta \dfrac{\Gamma_\phi H}{J}\dfrac{\partial \phi}{\partial \eta}\right) - \dfrac{\partial}{\partial \eta}\left(\beta \dfrac{\Gamma_\phi H}{J}\dfrac{\partial \phi}{\partial \xi}\right)$，若生成的曲线坐标系在物理空间域上处处正交，则 $S_{\beta\phi} = 0$，反之，$S_{\beta\phi} \neq 0$，生成的曲线坐标系为非正交的任意曲线坐标系，即一般曲线坐标系；$S_\phi(\xi,\ \eta)$ 为转换后的源项；其余各项与原控制方程（4.95）中相应各项意义相同。方程（4.98）中 ϕ、Γ_ϕ、$S_{\beta\phi}$ 及 S_ϕ 针对各独立控制方程的表达式可参见表 4.5。

表 4.5　拟合坐标系下通用控制方程中各变量表达式

控制方程	ϕ	Γ_ϕ	$S_{\beta\phi}$	$S_{\phi P}$	$S_{\phi C}$
挟沙水流连续性方程	1	0	0	0	0
ξ 方向挟沙水流运动方程	$\hat{u}$	$\eta + \hat{\mu}_{\mathrm{t}}$	$-\dfrac{\partial}{\partial \xi}\left(\beta \dfrac{\Gamma_\phi H}{J}\dfrac{\partial \hat{u}}{\partial \eta}\right)$ $-\dfrac{\partial}{\partial \eta}\left(\beta \dfrac{\Gamma_\phi H}{J}\dfrac{\partial \hat{u}}{\partial \xi}\right)$	$-J\,\overline{\tau}_1^{-b}/\hat{u}$	$JH\overline{\rho}_{\mathrm{m}}\hat{f}_1 - \overline{\rho}_{\mathrm{m}}gH\left(\dfrac{\partial z_s}{\partial \xi}\dfrac{\partial y}{\partial \eta} - \dfrac{\partial z_s}{\partial \eta}\dfrac{\partial y}{\partial \xi}\right)$ $+\dfrac{\partial(H\tau_{\mathrm{B}})}{\partial \xi}\left(\dfrac{\partial y}{\partial \eta} - \dfrac{\partial x}{\partial \eta}\right) + \dfrac{\partial(H\tau_{\mathrm{B}})}{\partial \eta}\left(\dfrac{\partial x}{\partial \xi} - \dfrac{\partial y}{\partial \xi}\right) + J\overline{\tau}_1^{-s}$ $+\dfrac{\partial}{\partial \xi}\left[\dfrac{H(\eta + \hat{\mu}_{\mathrm{t}})}{J}\left(\dfrac{\partial U}{\partial \xi}\dfrac{\partial y}{\partial \eta} - \dfrac{\partial U}{\partial \eta}\dfrac{\partial y}{\partial \xi}\right)\right]$ $+\dfrac{\partial}{\partial \eta}\left[\dfrac{H(\eta + \hat{\mu}_{\mathrm{t}})}{J}\left(\dfrac{\partial V}{\partial \xi}\dfrac{\partial y}{\partial \eta} - \dfrac{\partial V}{\partial \eta}\dfrac{\partial y}{\partial \xi}\right)\right]$ $-\dfrac{\partial}{\partial \xi}\left(\dfrac{2}{3}H\overline{\rho}_{\mathrm{m}}\hat{k}\right)\dfrac{\partial y}{\partial \eta} + \dfrac{\partial}{\partial \eta}\left(\dfrac{2}{3}H\overline{\rho}_{\mathrm{m}}\hat{k}\right)\dfrac{\partial y}{\partial \xi}$ $-\dfrac{\partial}{\partial \xi}\left\{\dfrac{2}{3}\dfrac{H\hat{\mu}_{\mathrm{t}}}{J}\left[\left(\dfrac{\partial U}{\partial \xi} + \dfrac{\partial V}{\partial \eta}\right)\dfrac{\partial y}{\partial \eta}\right]\right\}$ $+\dfrac{\partial}{\partial \eta}\left\{\dfrac{2}{3}\dfrac{H\hat{\mu}_{\mathrm{t}}}{J}\left[\left(\dfrac{\partial U}{\partial \xi} + \dfrac{\partial V}{\partial \eta}\right)\dfrac{\partial y}{\partial \xi}\right]\right\}$
η 方向挟沙水流运动方程	$\hat{v}$	$\eta + \hat{\mu}_{\mathrm{t}}$	$-\dfrac{\partial}{\partial \xi}\left(\beta \dfrac{\Gamma_\phi H}{J}\dfrac{\partial \hat{u}}{\partial \eta}\right)$ $-\dfrac{\partial}{\partial \eta}\left(\beta \dfrac{\Gamma_\phi H}{J}\dfrac{\partial \hat{u}}{\partial \xi}\right)$	$-J\,\overline{\tau}_1^{-b}/\hat{u}$	$JH\overline{\rho}_{\mathrm{m}}\hat{f}_2 - \overline{\rho}_{\mathrm{m}}gH\left(-\dfrac{\partial z_s}{\partial \xi}\dfrac{\partial x}{\partial \eta} + \dfrac{\partial z_s}{\partial \eta}\dfrac{\partial x}{\partial \xi}\right)$ $+\dfrac{\partial(H\tau_{\mathrm{B}})}{\partial \xi}\left(\dfrac{\partial y}{\partial \eta} - \dfrac{\partial x}{\partial \eta}\right) + \dfrac{\partial(H\tau_{\mathrm{B}})}{\partial \eta}\left(\dfrac{\partial x}{\partial \xi} - \dfrac{\partial y}{\partial \xi}\right) + J\overline{\tau}_2^{-s}$ $+\dfrac{\partial}{\partial \xi}\left[\dfrac{H(\eta + \hat{\mu}_{\mathrm{t}})}{J}\left(-\dfrac{\partial U}{\partial \xi}\dfrac{\partial x}{\partial \eta} + \dfrac{\partial U}{\partial \eta}\dfrac{\partial x}{\partial \xi}\right)\right]$ $+\dfrac{\partial}{\partial \eta}\left[\dfrac{H(\eta + \hat{\mu}_{\mathrm{t}})}{J}\left(-\dfrac{\partial V}{\partial \xi}\dfrac{\partial x}{\partial \eta} + \dfrac{\partial V}{\partial \eta}\dfrac{\partial x}{\partial \xi}\right)\right]$ $+\dfrac{\partial}{\partial \xi}\left(\dfrac{2}{3}H\overline{\rho}_{\mathrm{m}}\hat{k}\right)\dfrac{\partial x}{\partial \eta} - \dfrac{\partial}{\partial \eta}\left(\dfrac{2}{3}H\overline{\rho}_{\mathrm{m}}\hat{k}\right)\dfrac{\partial x}{\partial \xi}$ $+\dfrac{\partial}{\partial \xi}\left\{\dfrac{2}{3}\dfrac{H\hat{\mu}_{\mathrm{t}}}{J}\left[\left(\dfrac{\partial U}{\partial \xi} + \dfrac{\partial V}{\partial \eta}\right)\dfrac{\partial x}{\partial \eta}\right]\right\}$ $-\dfrac{\partial}{\partial \eta}\left\{\dfrac{2}{3}\dfrac{H\hat{\mu}_{\mathrm{t}}}{J}\left[\left(\dfrac{\partial U}{\partial \xi} + \dfrac{\partial V}{\partial \eta}\right)\dfrac{\partial x}{\partial \xi}\right]\right\}$
$\hat{k}$ 方程	$\hat{k}$	$\hat{\mu} + \dfrac{\hat{\mu}_{\mathrm{t}}}{\sigma_k}$	0	$-J\overline{\rho}_{\mathrm{m}}H\hat{\varepsilon}/\hat{k}$	$JH\left(G_k^0 + G_{kv}\right)$

续表

控制方程	ϕ	Γ_ϕ	$S_{\beta\phi}$	$S_{\phi P}$	$S_{\phi C}$
$\hat{\varepsilon}$ 方程	$\hat{\varepsilon}$	$\hat{\mu} + \dfrac{\hat{\mu}_t}{\sigma_k}$	0	$-JC_{\varepsilon 2}\overline{\rho}_m H\,\hat{\varepsilon}/\hat{k}$	$JH\left(\dfrac{\hat{\varepsilon}}{\hat{k}}C_{\varepsilon 1}G_k^0 + G_{\varepsilon v}\right)$ $+HC_{\varepsilon 3}\overline{\rho}_m\varepsilon\left(\dfrac{\partial \hat{u}}{\partial \xi}\dfrac{\partial y}{\partial \eta} - \dfrac{\partial \hat{u}}{\partial \eta}\dfrac{\partial y}{\partial \xi} - \dfrac{\partial \hat{v}}{\partial \xi}\dfrac{\partial x}{\partial \eta} + \dfrac{\partial \hat{v}}{\partial \eta}\dfrac{\partial x}{\partial \xi}\right)$
悬沙输运（扩散）方程	$\hat{Y}_n$	$\dfrac{\hat{\mu}_t}{\sigma_Y}$	0	$-J\alpha_n\omega_n\overline{\rho}_m$	$J\alpha_n\omega_n\overline{\rho}_m\hat{Y}_{n*}$

注：$G_k^0 = \dfrac{\hat{\mu}_t}{2J^2}\left(-\dfrac{\partial \hat{u}}{\partial \xi}\dfrac{\partial x}{\partial \eta} + \dfrac{\partial \hat{u}}{\partial \eta}\dfrac{\partial x}{\partial \xi} + \dfrac{\partial \hat{v}}{\partial \xi}\dfrac{\partial y}{\partial \eta} - \dfrac{\partial \hat{v}}{\partial \eta}\dfrac{\partial y}{\partial \xi}\right)^2 - \dfrac{2}{3J}\left[\overline{\rho}_m\hat{k} + \dfrac{\hat{\mu}_t}{J}\left(\dfrac{\partial U}{\partial \xi} + \dfrac{\partial V}{\partial \eta}\right)\right]\left(\dfrac{\partial U}{\partial \xi} + \dfrac{\partial V}{\partial \eta}\right)$。

4.2 控制方程的离散及求解

4.2.1 通用控制方程的离散

经严密推导，4.1 节给出了一般曲线坐标系下多泥沙河流水库平面二维水沙运动通用控制方程。显而易见，该微分方程（组）在数学上形式过于复杂，尚无法用解析的方法将其解出，目前广泛的做法是采用数值计算的方法近似求解式（4.98）所示的微分方程（组）。因此，首要的工作是在一定的网格系统内对微分方程（组）进行离散，按照一定的物理定律或数学原理构造与微分方程（组）相关的离散代数方程（组），进而完成对方程（组）的求解（吴巍等，2010a）。

基于此，本节在通用控制方程的离散中引入同位网格系统，采用同位网格布置计算变量，把速度、水位及含沙量等物理量均存储于控制体积的同一网格节点上（图 4.6）。同时依据有限体积法的原理，将通用控制方程（4.98）在如图 4.6 所示的控制体积内沿时间和空间进行积分，并为保证数值解的稳定性，对源项进行负坡线性化处理，即

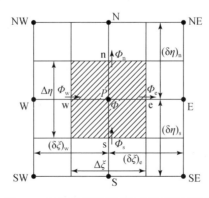

图 4.6　同位网格系统下控制体积示意图

$$\underbrace{\int_t^{t+\Delta t}\int_s^n\int_w^e J\frac{\partial}{\partial t}(\rho_m H\phi)\mathrm{d}\xi\mathrm{d}\eta\mathrm{d}t}_{①}+\underbrace{\int_t^{t+\Delta t}\int_s^n\int_w^e\left[\frac{\partial}{\partial\xi}(\rho_m HU\phi)+\frac{\partial}{\partial\eta}(\rho_m HV\phi)\right]\mathrm{d}\xi\mathrm{d}\eta\mathrm{d}t}_{②}$$

$$=\underbrace{\int_t^{t+\Delta t}\int_s^n\int_w^e\left[\frac{\partial}{\partial\xi}\left(\alpha\frac{\varGamma_\phi H}{J}\frac{\partial\phi}{\partial\xi}\right)+\frac{\partial}{\partial\eta}\left(\gamma\frac{\varGamma_\phi H}{J}\frac{\partial\phi}{\partial\eta}\right)\right]\mathrm{d}\xi\mathrm{d}\eta\mathrm{d}t}_{③}$$

$$+\underbrace{\int_t^{t+\Delta t}\int_s^n\int_w^e\left[S_{\beta\phi}+S_\phi\left(\xi,\ \eta\right)\right]\mathrm{d}\xi\mathrm{d}\eta\mathrm{d}t}_{④}$$

注：为书写之便，略去方程中物理量的平均符号"‾"、"~"及"^"。后同。

$$(4.99)$$

将式（4.99）中各项展开并进行化简整理，得

$$①=J_P\left[(\rho_m H\phi)_P-(\rho_m H\phi)_{P^-}\right]\Delta\xi\Delta\eta\approx J_P(\rho_m H)_P(\phi_P-\phi_{P^-})\Delta\xi\Delta\eta \quad (4.100a)$$

式中，假定计算变量在整个控制体积上均具有节点 P 处的值，且 ρ_m、H 在 Δt 时间段内的变化很小，可忽略；下标 "P^-" 表示计算变量在 $t-\Delta t$ 时刻节点 P 点处的值；下标 "+" 表示计算变量在 t 时刻节点 P 点处的值。

$$②=\left[(\rho_m HU\phi)_e-(\rho_m HU\phi)_w\right]\Delta\eta\Delta t+\left[(\rho_m HV\phi)_n-(\rho_m HV\phi)_s\right]\Delta\xi\Delta t$$
$$=(F_e\phi_e-F_w\phi_w+F_n\phi_n-F_s\phi_s)\Delta t$$

$$(4.100b)$$

式中，F 表示通过单位控制容积界面上的对流质量通量，表达形式分别为 $F_e=(\rho_m HU)_e\Delta\eta$，$F_w=(\rho_m HU)_w\Delta\eta$，$F_n=(\rho_m HV)_n\Delta\xi$，$F_s=(\rho_m HV)_s\Delta\xi$。

$$③=\left[\left(\alpha\frac{\varGamma_\phi H}{J}\frac{\partial\phi}{\partial\xi}\right)_e-\left(\alpha\frac{\varGamma_\phi H}{J}\frac{\partial\phi}{\partial\xi}\right)_w\right]\Delta\eta\Delta t+\left[\left(\gamma\frac{\varGamma_\phi H}{J}\frac{\partial\phi}{\partial\eta}\right)_n-\left(\gamma\frac{\varGamma_\phi H}{J}\frac{\partial\phi}{\partial\eta}\right)_s\right]\Delta\xi\Delta t$$

$$=\left[\left(\alpha\frac{\varGamma_\phi H}{J}\right)_e\frac{1}{(\delta\xi)_e}\left(\frac{\partial\phi}{\partial\xi/\delta\xi}\right)_e-\left(\alpha\frac{\varGamma_\phi H}{J}\right)_w\frac{1}{(\delta\xi)_w}\left(\frac{\partial\phi}{\partial\xi/\delta\xi}\right)_w\right]\Delta\eta\Delta t$$

$$+\left[\left(\gamma\frac{\varGamma_\phi H}{J}\right)_n\frac{1}{(\delta\eta)_n}\left(\frac{\partial\phi}{\partial\eta/\delta\eta}\right)_n-\left(\gamma\frac{\varGamma_\phi H}{J}\right)_s\left(\frac{\partial\phi}{\partial\eta/\delta\eta}\right)_s\right]\Delta\xi\Delta t$$

$$=\left[D_e\left(\frac{\partial\phi}{\partial\xi/\delta\xi}\right)_e-D_w\left(\frac{\partial\phi}{\partial\xi/\delta\xi}\right)_w+D_n\left(\frac{\partial\phi}{\partial\eta/\delta\eta}\right)_n-D_s\left(\frac{\partial\phi}{\partial\eta/\delta\eta}\right)_s\right]\Delta t$$

$$(4.100c)$$

式中，D 表示控制容积界面的扩散传导性，具体表达形式分别为

$$D_e = \left(\alpha \frac{\varGamma_\phi H}{J}\right)_e \frac{\Delta\eta}{(\delta\xi)_e} \quad , \quad D_w = \left(\alpha \frac{\varGamma_\phi H}{J}\right)_w \frac{\Delta\eta}{(\delta\xi)_w} \quad , \quad D_n = \left(\gamma \frac{\varGamma_\phi H}{J}\right)_n \frac{\Delta\xi}{(\delta\eta)_n} \quad ,$$

$$D_s = \left(\gamma \frac{\varGamma_\phi H}{J}\right)_s \frac{\Delta\xi}{(\delta\eta)_s} \,。$$

$$④ = (S_{\beta\phi} + S_\phi)\Delta\xi\Delta\eta\Delta t = (S_{\beta\phi} + S_{\phi C} + S_{\phi P}\phi_P)\Delta\xi\Delta\eta\Delta t \tag{4.100d}$$

将式（4.100a）～式（4.100d）代入式（4.99）并作进一步整理，得

$$J_P(\rho_m H)_P \frac{(\phi_P - \phi_{P^-})\Delta\xi\Delta\eta}{\Delta t} + D_e \left[Pe_e\phi_e - \left(\frac{\partial\phi}{\partial\xi/\delta\xi}\right)_e \right] - D_w \left[Pe_w\phi_w - \left(\frac{\partial\phi}{\partial\xi/\delta\xi}\right)_w \right]$$

$$+ D_n \left[Pe_n\phi_n - \left(\frac{\partial\phi}{\partial\eta/\delta\eta}\right)_n \right] - D_s \left[Pe_s\phi_s - \left(\frac{\partial\phi}{\partial\eta/\delta\eta}\right)_s \right] = (S_{\beta\phi} + S_{\phi C} + S_{\phi P}\phi_P)\Delta\xi\Delta\eta$$

$$\tag{4.101a}$$

式中，Pe 为佩克莱数，表示对流与扩散作用的相对大小，Pe=F/D。

将式（4.101a）中控制容积界面上的物理量ϕ_e、ϕ_w、ϕ_n、ϕ_s及其偏导数用界面两侧节点的值来表示，则有：

$$J_P(\rho_m H)_P \frac{(\phi_P - \phi_{P^-})\Delta\xi\Delta\eta}{\Delta t} + D_e \left[B(Pe_e)\phi_P - A(Pe_e)\phi_E \right]$$

$$- D_w \left[B(Pe_w)\phi_W - A(Pe_w)\phi_P \right] + D_n \left[B(Pe_n)\phi_P - A(Pe_n)\phi_N \right] \tag{4.101b}$$

$$- D_s \left[B(Pe_s)\phi_S - A(Pe_s)\phi_P \right] = (S_{\beta\phi} + S_{\phi C} + S_{\phi P}\phi_P)\Delta\xi\Delta\eta$$

式中，系数 A、B 为 Pe 的函数，可用函数 A（|Pe|）统一表示为 A（Pe）=A（|Pe|）+ max（-Pe，0），B（Pe）=A（|Pe|）+max（Pe，0）。依据离散格式的不同，函数 A（|Pe|）采用相应的公式来计算，通常在实际应用中较多采用的是具有较高精度的为 PLS 格式（乘方格式），此时 A（|Pe|）的计算公式为 A（|Pe|）=max $[0,(1-0.1|Pe|)^5]$。其物理意义为，当|Pe|>10 时，扩散项的影响置于零；当|Pe|<10 时，通过界面的流量按 5 次幂的乘方格式计算（李人宪，2008；Versteeg et al.，2007）。

对式（4.101b）进行整理，可得一般曲线坐标系下多泥沙河流水库平面二维水沙运动通用控制方程（4.98）的离散方程为

$$a_P\varphi_P = a_E\varphi_E + a_W\varphi_W + a_N\varphi_N + a_S\varphi_S + b \tag{4.102a}$$

简记为

$$a_P\phi_P = \sum a_{nb}\phi_{nb} + b \tag{4.102b}$$

式中，

$$a_P = a_E + a_W + a_N + a_S + F_e - F_w + F_n - F_s + a_{P^-} - S_{\phi P}\Delta\xi\Delta\eta$$

$$a_E = D_e A(|Pe_e|) + \max(-F_e,0) \,, \quad a_W = D_w A(|Pe_w|) + \max(F_w,0)$$

$$a_N = D_n A(|Pe_n|) + \max(-F_n,0) \,, \quad a_S = D_s A(|Pe_s|) + \max(F_s,0)$$

$$b = a_{P^-}\phi_{P^-} + (S_{\beta\varphi} + S_{\varphi C})\Delta\xi\Delta\eta \ , \quad a_{P^-} = \frac{J_P(\rho_m H)_P \Delta\xi\Delta\eta}{\Delta t}$$

4.2.2　挟沙水流运动方程的离散

4.1.3 小节给出了一般曲线坐标系下多泥沙河流水库平面二维水沙运动通用控制方程（4.98）的离散方程，但求解该方程的前提是已知流速场，否则无法计算方程中与速度相关的项或系数，而对于工程实践中所要解决的问题而言，流速场是待求的，流速、水位等均为未知量，因此前述推导得出的通用离散方程不能直接用于求解，实际计算中还需要对离散方程进行调整，并对各未知变量（流速、水位、含沙量等）的求解顺序及方式等进行处理（王福军，2004）。

鉴于此，本小节就挟沙水流运动方程的离散予以特殊考虑。这主要是由于在以流速、水位等为求解变量的原始变量法中，挟沙水流运动方程是流速的控制方程，但方程中却含有未知的水位（水位梯度项以源项的形式出现在挟沙水流运动方程中），而水位没有相应的独立控制方程来求解，因此在挟沙水流运动方程的离散中须将水位梯度项从源项中分离出来单独考虑，同时采用适当的方法来处理速度与水位之间的耦合关系。

当$\phi=u$、v，即离散ξ、η方向挟沙水流运动方程时，把水位梯度项从源项 S_ϕ 中分离出来，并转换成为计算空间域上的表达式，即

$$-\rho_m g H \frac{\partial z_s}{\partial x} = -\frac{\rho_m g H}{J}\left(\frac{\partial z_s}{\partial \xi}\frac{\partial y}{\partial \eta} - \frac{\partial z_s}{\partial \eta}\frac{\partial y}{\partial \xi} \right) \tag{4.103a}$$

$$-\rho_m g H \frac{\partial z_s}{\partial y} = -\frac{\rho_m g H}{J}\left(-\frac{\partial z_s}{\partial \xi}\frac{\partial x}{\partial \eta} + \frac{\partial z_s}{\partial \eta}\frac{\partial x}{\partial \xi} \right) \tag{4.103b}$$

对于ζ方向挟沙水流运动方程的离散，可仿照通用控制方程的离散方法对式（4.103a）在如图 4.6 所示的控制容积中沿时间和空间进行积分，得

$$\int_t^{t+\Delta t}\int_s^n\int_w^e\left[-\frac{\rho g H}{J}\left(\frac{\partial z}{\partial \xi}\frac{\partial y}{\partial \eta} - \frac{\partial z}{\partial \eta}\frac{\partial y}{\partial \xi} \right) \right] \mathrm{d}\xi\mathrm{d}\eta\mathrm{d}t$$

$$= -\rho g H y_\eta (z_e - z_w)\frac{\Delta\eta\Delta t}{J} + \rho g H y_\xi (z_n - z_s)\frac{\Delta\xi\Delta t}{J}$$

$$= -\rho g H y_\eta \frac{(z_e - z_w)}{(\delta\xi)_{we}}(\delta\xi)_{we}\frac{\Delta\eta\Delta t}{J} + \rho g H y_\xi \frac{(z_n - z_s)}{(\delta\eta)_{sn}}(\delta\eta)_{sn}\frac{\Delta\eta\Delta t}{J} \tag{4.104}$$

$$= (b^u z_\xi + c^u z_\eta)\frac{\Delta t}{J}$$

式中，为后续推导书写之便，略去了水面高程 z_s 的下标 "s" 以及挟沙水流密度 ρ_m 的下标 "m"，并采用下标的形式表示导数，如 y_η 表示 $\partial y/\partial \eta$；同时，$b^u = -\rho g H y_\eta(\delta\xi)_{we}\Delta\eta$ ，$c^u = \rho g H y_\xi(\delta\eta)_{sn}\Delta\xi$ ，$z_\xi = \partial z/\partial\xi = (z_e - z_w)/(\delta\xi)_{we}$ ，

$z_\eta = \partial z/\partial \eta = (z_n - z_s)/(\delta\eta)_{sn}$ 。

参照通用控制方程的最终离散形式（4.102），并考虑式（4.104），可以得出 ξ 方向挟沙水流运动方程的离散形式为

$$a_P^u u_P = \left(\sum a_{nb}^u u_{nb} + d^u\right)_P + \left(b^u z_\xi + c^u z_\eta\right)_P \tag{4.105}$$

式中，P 表示速度的计算位置，其余各项或系数的意义除与式（4.102）中相同外均列如下。

$$a_P^u = \sum a_{nb}^u + F_e - F_w + F_n - F_s + a_{P^-} + J\overline{\tau_1^b}/u\,\Delta\xi\Delta\eta$$
$$= \sum a_{nb}^u + F_e - F_w + F_n - F_s + a_{P^-} + \frac{gn^2\rho\sqrt{u^2+v^2}}{H^{1/3}}J\Delta\xi\Delta\eta$$

$$d^u = a_{P^-}u_{P^-} + \left(S_{\beta u} + S'_{uC}\right)\Delta\xi\Delta\eta \quad S'_{uC} = S_{uC} + \rho gH\left(\frac{\partial z}{\partial\xi}\frac{\partial y}{\partial\eta} - \frac{\partial z}{\partial\eta}\frac{\partial y}{\partial\xi}\right)$$

为了推导的方便，用主对角元素 a_P^u 除以式（4.105）两侧，得

$$u_P = \left[\sum\left(\frac{a_{nb}^u}{a_P^u}\right)u_{nb} + \frac{d^u}{a_P^u}\right]_P + \left(\frac{b^u}{a_P^u}z_\xi + \frac{c^u}{a_P^u}z_\eta\right)_P \tag{4.106}$$
$$= \left(\sum A_{nb}^u u_{nb} + D^u\right)_P + \left(B^u z_\xi + C^u z_\eta\right)_P$$

式中，$A_{nb}^u = a_{nb}^u/a_P^u$，$B^u = b^u/a_P^u$，$C^u = c^u/a_P^u$，$D^u = d^u/a_P^u$。

同理，可以推得 η 方向挟沙水流运动方程的离散形式为

$$v_P = \left(\sum A_{nb}^v v_{nb} + D^v\right)_P + \left(B^v z_\xi + C^v z_\eta\right)_P \tag{4.107}$$

式中，

$$A_{nb}^v = a_{nb}^v/a_P^v,\quad B^v = b^v/a_P^v,\quad C^v = c^v/a_P^v,\quad D^v = d^v/a_P^v$$
$$a_P^v = \sum a_{nb}^v + F_e - F_w + F_n - F_s + a_{P^-} + \frac{gn^2\rho\sqrt{u^2+v^2}}{H^{1/3}}J\Delta\xi\Delta\eta$$
$$d^u = a_{P^-}u_{P^-} + \left(S_{\beta v} + S'_{vC}\right)\Delta\xi\Delta\eta,\quad S'_{vC} = S_{vC} + \rho gH\left(-\frac{\partial z}{\partial\xi}\frac{\partial x}{\partial\eta} + \frac{\partial z}{\partial\eta}\frac{\partial x}{\partial\xi}\right)$$
$$b^v = \rho gHx_\eta(\delta\xi)_{we}\Delta\eta,\quad c^v = -\rho gHx_\xi(\delta\eta)_{sn}\Delta\xi$$

4.2.3　流速-水位-密度的耦合求解算法

在以流速、水位为求解变量的原始变量法中，须采用适当的方法来处理速度与水位之间的耦合关系。对于多泥沙河流水库的挟沙水流而言，其一个重要特点是密度在流体流动过程中是随含沙量变化而变化的，属可压缩变密度流体，因而流速的变化不仅与水位的变化有关，而且与挟沙水流密度变化相关。鉴于此，在

多泥沙河流挟沙水流模拟中就不仅仅是处理速度与水位之间的耦合关系，而是需要处理流速-水位-密度三者之间的耦合关系，即在算法实施中必须考虑由于密度变化而产生的影响（陶文铨，2009；陶文铨，2005）。在处理速度与水位之间耦合关系的方法中，目前应用最为广泛的是以 SIMPLE 系列算法为代表的压力修正法，该法的核心是利用连续性方程使假定的水位场不断地随迭代过程的进行而得到改进。本小节依据 SIMPLE 算法的基本思想，依次就速度修正方程、水位修正方程进行推导，并最终将算法扩展运用至一般曲线坐标下基于同位网格系统的多泥沙河流水库挟沙水流运动模拟中。

1. 速度修正方程的推导

设多泥沙河流水库挟沙水流初始密度为 ρ^*，初始猜测水位为 z^*，初始假设速度为 u^*、v^*。一般情况下，与初始假设速度 u^*、v^* 相对应的 U^*、V^* 不满足连续性方程，但初始假设速度 u^*、v^* 满足 ξ、η 方向挟沙水流运动方程的离散形式[式（4.106）、式（4.107）]，将初始密度 ρ^*、初始猜测水位 z^* 及初始假设速度 u^*、v^* 代入式（4.106）、式（4.107），得初始流速分布 u^*、v^*，即

$$u_P^* = (\sum A_{nb}^u u_{nb}^* + D^u)_P + (B^u z_\xi^* + C^u z_\eta^*)_P \tag{4.108a}$$

$$v_P^* = (\sum A_{nb}^u v_{nb}^* + D^v)_P + (B^v z_\xi^* + C^v z_\eta^*)_P \tag{4.108b}$$

在式（4.108a）、式（4.108b）中，等号右端的速度 u_{nb}^*、v_{nb}^* 为初始假设值，等号左端的速度为计算得到的初始流速分布。一般来讲，由此计算得到的速度场不能满足连续性方程，密度 ρ^*、水位 z^* 也仅仅是一个假设分布。因此，需要对 ρ^*、z^*、u^*、v^* 进行修正。设密度修正值为 ρ'，水位修正值为 z'，速度修正值为 u'、v'，则修正后的密度、水位和速度计算公式可写成

$$\rho = \rho^* + \rho',\quad z = z^* + z',\quad u = u^* + u',\quad v = v^* + v' \tag{4.109}$$

由此问题即转化为如何求出修正值 ρ'、z'、u'、v'。由于 ρ、z、u、v 为正确值，所以一定满足式（4.106）、式（4.107），将其代入式（4.106）、式（4.107）后得到的 u、v 也为正确值。因此，将 ρ、z、u、v 代入式（4.106）、式（4.107）并减去式（4.108a）、式（4.108b）中的相应部分，得

$$u_P - u_P^* = \left[\sum A_{nb}^u (u_{nb} - u_{nb}^*)\right]_P + \left[B^u(z_\xi - z_\xi^*) + C^u(z_\eta - z_\eta^*)\right]_P \tag{4.110a}$$

$$v_P - v_P^* = \left[\sum A_{nb}^v (v_{nb} - v_{nb}^*)\right]_P + \left[B^v(z_\xi - z_\xi^*) + C^v(z_\eta - z_\eta^*)\right]_P \tag{4.110b}$$

即

$$u_P' = (\sum A_{nb}^u u_{nb}')_P + (B^u z_\xi' + C^u z')_P \tag{4.111a}$$

$$v_P' = (\sum A_{nb}^u v_{nb}')_P + (B^v z_\xi' + C^v z_\eta')_P \tag{4.111b}$$

依据 SIMPLE 算法的基本假设，略去式（4.111）中邻点速度修正的影响，则得

$$u'_P = (B^u z'_\xi + C^u z'_\eta)_P \qquad (4.112a)$$

$$v'_P = (B^v z'_\xi + C^v z'_\eta)_P \qquad (4.112b)$$

由于 u、v 为挟沙水流运动方程的速度求解变量，U、V 为连续性方程中的速度求解变量，从满足连续性方程的角度出发还应导出关于逆变速度修正值 U'、V' 的计算公式，将式（4.112）代入逆变速度 U、V 与 u、v 之间的关系式，得

$$
\begin{aligned}
U'_P &= u'_P \frac{\partial y}{\partial \eta} - v'_P \frac{\partial x}{\partial \eta} \\
&= (B^u z'_\xi + C^u z'_\eta)_P y_\eta - (B^v z'_\xi + C^v z'_\eta)_P x_\eta \\
&= (y_\eta B^u - x_\eta B^v) z'_\xi + (y_\eta C^u - x_\eta C^v) z'_\eta \\
&= \left[y_\eta \frac{-\rho g H y_\eta (\delta\xi)_{we} \Delta\eta}{a_P^u} - x_\eta \frac{\rho g H x_\eta (\delta\xi)_{we} \Delta\eta}{a_P^v} \right] z'_\xi \\
&\quad + \left[y_\eta \frac{\rho g H y_\xi (\delta\eta)_{sn} \Delta\xi}{a_P^u} - x_\eta \frac{-\rho g H x_\xi (\delta\eta)_{sn} \Delta\xi}{a_P^v} \right] z'_\eta \\
&= -B\left[(y_\eta)^2 + (x_\eta)^2 \right] z'_\xi + C(y_\xi y_\eta + x_\xi x_\eta) z'_\eta \\
&= -\alpha B z'_\xi + \beta C z'_\eta
\end{aligned}
\qquad (4.113a)
$$

$$
\begin{aligned}
V'_P &= -u'_P \frac{\partial y}{\partial \xi} + v'_P \frac{\partial x}{\partial \xi} \\
&= -(B^u z'_\xi + C^u z'_\eta)_P y_\xi + (B^v z'_\xi + C^v z'_\eta)_P x_\xi \\
&= (x_\xi C^v - y_\xi C^u) z'_\eta + (x_\xi B^v - y_\xi B^u) z'_\xi \\
&= \left[x_\xi \frac{-\rho g H x_\xi (\delta\eta)_{sn} \Delta\xi}{a_P^v} - y_\xi \frac{\rho g H y_\xi (\delta\eta)_{sn} \Delta\xi}{a_P^u} \right] z'_\eta \\
&\quad + \left[x_\xi \frac{\rho g H x_\eta (\delta\xi)_{we} \Delta\eta}{a_P^v} - y_\xi \frac{-\rho g H y_\eta (\delta\xi)_{we} \Delta\eta}{a_P^u} \right] z'_\xi \\
&= -C\left[(x_\xi)^2 + (y_\xi)^2 \right] z'_\eta + B(x_\xi x_\eta + y_\xi y_\eta) z'_\xi \\
&= -\gamma C z'_\eta + \beta B z'_\xi
\end{aligned}
\qquad (4.113b)
$$

式中，由于在同位网格系统中 ξ、η 方向挟沙水流运动方程离散形式的系数相同，即 $a_P^u = a_P^v$，故简化表达形式为

$$
B = \frac{\rho g H (\delta\xi)_{we} \Delta\eta}{a_P^u} = \frac{\rho g H (\delta\xi)_{we} \Delta\eta}{a_P^v} , \quad C = \frac{\rho g H (\delta\eta)_{sn} \Delta\xi}{a_P^u} = \frac{\rho g H (\delta\eta)_{sn} \Delta\xi}{a_P^v} 。
$$

2. 水位修正方程的推导

经推导已给出了速度修正方程，对于多泥沙河流水库挟沙水流此类可压缩变密度流体而言，同样从满足连续性方程的角度出发还应给出密度修正值的计算公式。关于密度修正值 ρ'，诸多研究者是从气体状态方程中借鉴相关理论，建立其与水位修正值 z' 之间的关系，即

$$\rho' = \frac{\partial \rho}{\partial z} z' = C^{\rho} z' \tag{4.114}$$

式中，系数 C^{ρ} 与流体特性相关，其取值仅影响迭代过程的收敛特性，但不影响最终收敛结果。

至此，问题归结为水位修正值计算公式的确定。由于修正后的逆变速度 $(U^* + U')$、$(V^* + V')$ 以及密度 $(\rho^* + \rho')$ 满足挟沙水流连续性方程，以下即从该方程出发，就水位修正方程展开推导。为推导之便，在多泥沙河流水库平面二维水沙运动通用控制方程（4.98）中，令 $\phi = 1$，$\Gamma_\phi = 0$，$S_{\beta\phi} = S_\phi = 0$，写出挟沙水流连续性方程为

$$J \frac{\partial}{\partial t}(\rho H) + \frac{\partial}{\partial \xi}(\rho H U) + \frac{\partial}{\partial \eta}(\rho H V) = 0 \tag{4.115}$$

仿照通用控制方程（4.98）的离散过程，将式（4.115）在如图 4.6 所示的控制容积中沿时间和空间进行积分，得

$$J_P \frac{(\rho H)_P - (\rho H)_{P^-}}{\Delta t} \Delta\xi \Delta\eta + \left[\underbrace{(\rho H U)_e}_{①} - \underbrace{(\rho H U)_w}_{②} \right] \Delta\eta + \left[\underbrace{(\rho H V)_n}_{③} - \underbrace{(\rho H V)_s}_{④} \right] \Delta\xi = 0 \tag{4.116}$$

将 $\rho = \rho^* + \rho'$，$U = U^* + U'$，$V = V^* + V'$ 代入式中①～④项并进行整理，得

$$\begin{aligned}
① &= \left[(\rho^* + \rho') H (U^* + U') \right]_e \\
&= (\rho^* H U^* + \rho^* H U' + \rho' H U^* + \rho' H U')_e \\
&\approx (\rho^* H U^* + \rho^* H U' + \rho' H U^*)_e \\
&= (\rho^* H U + \rho H U^* - \rho^* H U^*)_e
\end{aligned} \tag{4.117a}$$

式中，为简化方程形式，忽略了二阶小量 $\rho' H U'$。同理可以得到

$$② = (\rho^* H U + \rho H U^* - \rho^* H U^*)_w \tag{4.117b}$$

$$③ = (\rho^* H V + \rho H V^* - \rho^* H V^*)_n \tag{4.117c}$$

$$④ = (\rho^* H V + \rho H V^* - \rho^* H V^*)_s \tag{4.117d}$$

将式（4.117）代入式（4.116）并作整理，得

$$J_P \frac{(\rho H)_P - (\rho H)_{P^-}}{\Delta t} \Delta \xi \Delta \eta + \left[(\rho^* HU)_\mathrm{e} - (\rho^* HU)_\mathrm{w} + (\rho HU^*)_\mathrm{e} - (\rho HU^*)_\mathrm{w} \right] \Delta \eta$$

$$+ \left[(\rho^* HV)_\mathrm{n} - (\rho^* HV)_\mathrm{s} + (\rho HV^*)_\mathrm{n} - (\rho HV^*)_\mathrm{s} \right] \Delta \xi + D = 0$$

$$(4.118)$$

式中， $D = \left[(\rho^* HU^*)_\mathrm{w} - (\rho^* HU^*)_\mathrm{e} \right] \Delta \eta + \left[(\rho^* HV^*)_\mathrm{s} - (\rho^* HV^*)_\mathrm{n} \right] \Delta \xi$。

式（4.118）中密度及流速均为控制容积界面上的值，而在同位网格系统中密度 ρ，水位 z，流速 u、v 及 U、V 皆存储于控制容积的节点上，且前述推导得到的速度修正方程也是对节点而言，因此为导出水位修正方程，并使流速与水位耦合起来，需要通过插值的方法得到控制容积界面上的密度、水位及流速等。

对于控制容积界面上的密度，采用相关文献（March et al.，1994）推荐的具有迎风倾向的插值方式，即

$$\rho_\mathrm{e} = (0.5 + \psi_\mathrm{e})\rho_P + (0.5 - \psi_\mathrm{e})\rho_E, \quad \rho_\mathrm{w} = (0.5 + \psi_\mathrm{w})\rho_W + (0.5 - \psi_\mathrm{w})\rho_P \quad (4.119a)$$

$$\rho_\mathrm{n} = (0.5 + \psi_\mathrm{n})\rho_P + (0.5 - \psi_\mathrm{n})\rho_N, \quad \rho_\mathrm{s} = (0.5 + \psi_\mathrm{s})\rho_S + (0.5 - \psi_\mathrm{s})\rho_P \quad (4.119b)$$

式中，参数 ψ 的取值取决于 U、V，当 U、$V > 0$ 时，$\psi = 0.5$，当 U、$V < 0$ 时，$\psi = -0.5$；ρ_P、ρ_E、ρ_W、ρ_N、ρ_S 则根据 ρ_P^*、ρ_E^*、ρ_W^*、ρ_N^*、ρ_S^* 及式（4.114）计算确定。

对于控制容积界面上的逆变速度，可将推导得到的速度修正方程（4.113a）、方程（4.113b）对界面写出，即

$$U_\mathrm{e}' = (-\alpha B z_\xi' + \beta C z_\eta')_\mathrm{e}, \quad U_\mathrm{w}' = (-\alpha B z_\xi' + \beta C z_\eta')_\mathrm{w} \quad (4.120a)$$

$$V_\mathrm{n}' = (-\gamma C z_\eta' + \beta B z_\xi')_\mathrm{n}, \quad V_\mathrm{s}' = (-\gamma C z_\eta' + \beta B z_\xi')_\mathrm{s} \quad (4.120b)$$

在式（4.120）中由于存在交叉方向上水位修正值的梯度项，将导致最终导出的水位修正方程为九点格式，为避免求解此九点格式的代数方程，可将式（4.120）中交叉方向上水位修正值的梯度项略去，这样处理仅影响迭代过程的收敛特性，但不影响最终收敛结果。略去交叉梯度项后式（4.120）变为

$$U_\mathrm{e}' = (-\alpha B z')_\mathrm{e}, \quad U_\mathrm{w}' = (-\alpha B z_\xi')_\mathrm{w}, \quad V_\mathrm{n}' = (-\gamma C z_\eta')_\mathrm{n}, \quad V_\mathrm{s}' = (-\gamma C z_\eta')_\mathrm{s} \quad (4.121)$$

式中，系数 α、γ、B、C 在控制容积界面上的值可依据其在节点处的值线性插值而得；z_ξ'、z_η' 在控制容积界面上的值则可引入相邻两点间的水位差，即

$$(z_\xi')_\mathrm{e} = \frac{z_E' - z_P'}{(\delta \xi)_{PE}}, \quad (z_\xi')_\mathrm{w} = \frac{z_P' - z_W'}{(\delta \xi)_{WP}}, \quad (z_\eta')_\mathrm{n} = \frac{z_N' - z_P'}{(\delta \eta)_{PN}}, \quad (z_\eta')_\mathrm{s} = \frac{z_P' - z_S'}{(\delta \eta)_{SP}} \quad (4.122)$$

至此，可以写出修正后的逆变速度 U、V 在控制容积界面上的值为

$$U_\mathrm{e} = U_\mathrm{e}^* + (-\alpha B z_\xi')_\mathrm{e}, \quad U_\mathrm{w} = U_\mathrm{w}^* + (-\alpha B z_\xi')_\mathrm{w} \quad (4.123a)$$

$$V_\mathrm{n} = V_\mathrm{n}^* + (-\gamma C z_\eta')_\mathrm{n}, \quad V_\mathrm{s} = V_\mathrm{s}^* + (-\gamma C z_\eta')_\mathrm{s} \quad (4.123b)$$

式中，U_e^*、U_w^*、V_n^*、V_s^* 可由节点处 U^*、V^* 线性插值得出。

将式（4.119）、式（4.122）、式（4.123）代入式（4.118）并进行整理，可得水位修正方程为

$$a_P z_P' = a_E z_E' + a_W z_E' + a_N z_N' + a_S z_S' + b \qquad (4.124a)$$

简记为

$$a_P z_P' = \sum a_{nb} z_{nb}' + b \qquad (4.124b)$$

式中，

$$a_E = \left[(\rho^* H)_e \alpha_e B_e - (HU^*)_e (0.5 - \psi_e) C_E^\rho \right] \Delta\eta$$

$$a_W = \left[(\rho^* H)_w \alpha_w B_w - (HU^*)_w (0.5 + \psi_w) C_W^\rho \right] \Delta\eta$$

$$a_N = \left[(\rho^* H)_n \gamma_n C_n - (HV^*)_n (0.5 - \psi_n) C_N^\rho \right] \Delta\xi$$

$$a_S = \left[(\rho^* H)_s \gamma_s C_s - (HV^*)_s (0.5 + \psi_s) C_S^\rho \right] \Delta\xi$$

$$a_P = m_P^\rho C_P^\rho + \left[(\rho^* H)_e \alpha_e B_e + (\rho^* H)_w \alpha_w B_w \right] \Delta\eta + \left[(\rho^* H)_n \gamma_n C_n + (\rho^* H)_s \gamma_s C_s \right] \Delta\xi$$

$$b = \frac{J_P (\rho H)_{P^-}}{\Delta t} \Delta\xi\Delta\eta - m_P^\rho \rho_P^* - \left[(HU^*)_e (0.5 - \psi_e) \rho_E^* - (HU^*)_w (0.5 + \psi_w) \rho_W^* \right] \Delta\eta$$

$$- \left[(HV^*)_n (0.5 - \psi_n) \rho_N^* - (HV^*)_s (0.5 + \psi_s) \rho_S^* \right] \Delta\xi$$

$$m_P^\rho = \frac{J_P H_P \Delta\xi\Delta\eta}{\Delta t} + \left[(HU^*)_e (0.5 + \psi_e) - (HU^*)_w (0.5 - \psi_w) \right] \Delta\eta$$

$$+ \left[(HV^*)_n (0.5 + \psi_n) - (HV^*)_s (0.5 - \psi_s) \right] \Delta\xi$$

在同位网格系统中为避免出现水位、密度与速度间的失耦现象，应将与所计算速度有关的相邻节点间的水位差引入到动量方程的求解过程中。为此，方程（4.124）系数及源项中的界面流速 U_e^*、U_w^*、U_n^*、U_s^* 需采用动量插值的方法来确定，通过该法可引入相邻节点间的水位差，加强水位、密度与速度之间的耦合关系。本小节采用研究者 Rhie 等（1983）推荐的改进动量插值公式计算界面流速，即

$$U_e^* = \bar{U}_e^* - \alpha_e B_e \left(\frac{z_E - z_P}{\Delta\xi} - \bar{z}_\xi \right), \quad U_w^* = \bar{U}_w^* - \alpha_w B_w \left(\frac{z_P - z_W}{\Delta\xi} - \bar{z}_\xi \right) \qquad (4.125a)$$

$$V_n^* = \bar{V}_n^* - \gamma_n C_n \left(\frac{z_N - z_P}{\Delta\eta} - \bar{z}_\eta \right), \quad V_s^* = \bar{V}_s^* - \gamma_s C_s \left(\frac{z_P - z_S}{\Delta\eta} - \bar{z}_\eta \right) \qquad (4.125b)$$

式中，$\bar{U}_e^*$、$\bar{U}_w^*$、$\bar{V}_n^*$、$\bar{V}_s^*$ 为按节点上的 U、V 作线性插值得到的值；$\bar{z}_\xi$ 为与所研究控制体积有关的 ξ 方向节点间水位梯度之平均值；$\bar{z}_\eta$ 为与所研究控制体积有关的 η 方向节点间水位梯度之平均值。

4.2.4　流场及悬沙场的求解步骤

经过严格推导，已获得一般曲线坐标系下多泥沙河流水库平面二维水沙运动的控制方程、离散形式，以及流速-水位-密度耦合求解 SIMPLE 算法中的两个关键方程（速度与水位修正方程），至此构建水沙数学模型的核心要素已具备，本小

节即可依据算法就多泥沙河流水库的流场及悬沙场进行求解，并在此基础之上进一步求得河床变形。模型详细求解可归纳为以下几个步骤。

（1）根据经验给定流场及悬沙场的初始值，其中包括初始假设流速分布 u^*、v^*，初始紊流脉动动能及能量耗散率 k^*、ε^*，初始含沙量分布 S^*，初始猜测水位分布 z^*，初始挟沙水流密度 ρ_m^* 以及其他参数。

（2）将假设的初始速度分布 u^*、v^* 代入逆变速度 U、V 与 u、v 之间的关系式，计算网格节点上的 U^*、V^*，并依线性插值求出控制容积界面上的逆变流速 U_e^*、U_w^*、V_n^*、V_s^*，用于计算首轮迭代时挟沙水流运动方程离散形式[式（4.106）、式（4.107）]中的系数和源项等。

（3）将初始猜测水位 z^* 和初始假设流速 u^*、v^* 代入挟沙水流运动方程离散形式 [式（4.106）、式（4.107）]，求得初始流速分布 u^*、v^*。

（4）将求得的 u^*、v^* 代入逆变速度 U、V 与 u、v 之间的关系式，计算网格节点上的 U^*、V^*，并依线性插值求出控制容积界面上的逆变流速 $\overline{U}_e^*$、$\overline{U}_w^*$、$\overline{V}_n^*$、$\overline{V}_s^*$。

（5）依据节点上的水位 z^*，计算改进动量插值公式（4.125）中规定的界面流速附加项（公式右端第二项），并考虑步骤（4）求得的 $\overline{U}_e^*$、$\overline{U}_w^*$、$\overline{V}_n^*$、$\overline{V}_s^*$，计算得出 U_e^*、U_w^*、V_n^*、V_s^*。

（6）计算水位修正方程（4.124）中的系数及源项 b，进而求解水位修正方程（4.124），得出水位修正值 z'。

（7）将步骤（6）求出的水位修正值 z' 代入速度修正方程（4.112）、方程（4.113），求出流速修正值 u'、v' 及 U'、V'。

（8）根据得出的修正值，更新水位和流速，即 $z=z^*+z'$，$u=u^*+u'$，$v=v^*+v'$，$U=U^*+U'$，$V=V^*+V'$，同时按照式（4.123）更新界面流速 U_e、U_w、V_n、V_s。

（9）依据步骤（8）求得的界面流速 U_e、U_w、V_n、V_s，计算挟沙水流运动方程离散形式 [式（4.106）、式（4.107）]中的系数和源项，并将前述更新修正过的水位 z 及流速 u、v 代入式（4.106）、式（4.107），求得下一迭代层次流速分布 u^*、v^*。

（10）采用通用控制方程的离散形式（4.102）求解 k-ε 方程，得出下一迭代层次的 k^*、ε^*，进而计算确定紊流黏性系数及悬沙紊动扩散系数等。

（11）采用通用控制方程的离散形式（4.102）求解悬沙输运（扩散）方程，得出下一迭代层次的含沙量 S^*，进而求得挟沙水流密度 ρ_m^*。

（12）判别求得的流场与悬沙场是否满足收敛条件，若满足则转入骤（13），否则将所有变量前一迭代层次计算得出的值赋值为下一迭代层次的初始值，并返回步骤（4）开始新迭代层次的计算。

（13）根据计算收敛后的流场、悬沙场，按照式（4.93）计算河床变形。

（14）采用更新后的河床地形，返回步骤（1），开始下一时段流场及悬沙场的计算。

4.3　模型定解条件

4.3.1　初始条件

（1）初始水位场利用计算区域上、下游水位和断面间距进行线性插值，在各个断面上可以不考虑横比降。当计算区域较长时，采用一维数学模型或水力计算公式推求水面线的办法给出二维区域中几个断面的水位，然后分段进行线性插值。

（2）初始流速场可以采用俗称"零启动"或"冷启动"的方法给定，简单地给定全场，这种方法简单易行，但迭代计算时间将会延长，不易于迭代收敛。常用的做法是，在方向上给定，而方向上的流速则由曼宁公式计算得出，同时对断面总流量进行校正。

（3）初始紊动能与耗散率依据初始流速场采用式（4.126）计算确定。

$$k_{in} = 3.75 \times 10^{-3} u_{in}^2, \quad \varepsilon_{in} = C_\mu^{3/4} k_{in}^{3/2} / (0.07R) \tag{4.126}$$

式中，R 为进口断面的水力半径。

（4）初始含沙量及初始挟沙水流密度采用全场均匀分布，并等于进口处值的方式给定。

4.3.2　边界条件

1. 进口边界条件

进口以第一类边界条件给出，即给定各变量的函数值。

（1）进口流速。依据均匀来流条件，假定进口断面上的流速接近均匀分布，给定进口流速沿河宽的分布，进口流速根据实测入流过程 $Q_{in}(t)$ 采用曼宁-谢才公式计算确定。具体表达形式为

$$u_{in,j} = \frac{Q_{in}(t)H_j^{2/3}}{\sum H_j^{5/3} \delta y_j}, \quad v_{in,j} = 0 \tag{4.127}$$

式中，$u_{in,j}$、$v_{in,j}$ 为进口计算网格节点沿河宽方向的流速；H_j 为进口计算网格节点沿河宽方向的水深；δy_j 为沿河宽方向的网格间距。

（2）进口紊动能与耗散率。其依据式（4.126）计算确定。

（3）进口含沙量。假定进口断面上的含沙量接近均匀分布，沿河宽方向给定含沙量过程 $S_{in}(t)$。

2. 出口边界条件

出口边界条件采用水位控制，即给定下游控制水位 $z(t)$。同时，认为出口断面满足充分发展条件，即所有物理量在流动方向的导数为零，具体表达形式为

$$\frac{\partial u}{\partial \xi} = 0 , \quad v = 0 , \quad \frac{\partial k}{\partial \xi} = \frac{\partial \varepsilon}{\partial \xi} = \frac{\partial S}{\partial \xi} = \frac{\partial z}{\partial \xi} = 0 \tag{4.128}$$

3. 壁面边界条件

壁面边界条件依据黏性无滑移条件给定，并假定没有质量交换，即

$$u = v = k = \varepsilon = 0 , \quad \frac{\partial S}{\partial \eta} = 0 \tag{4.129}$$

此外，在近壁处各变量急剧趋近于 0，针对高雷诺数的 k-ε 方程在此处不适用，因此近壁网格点需作壁函数处理。

4. 自由表面边界条件

自由表面边界条件采用零物质流条件给定。

4.4 流场及悬沙场求解中的关键问题

4.4.1 流场及悬沙场耦合求解

由于多泥沙河流水库挟沙水流的流变性质不同于少泥沙河流水库，在运动方程中存在宾厄姆极限应力的梯度项，在流场计算时必须同时求出宾厄姆极限应力，而宾厄姆极限应力直接取决于悬沙场计算成果，由此可见流变参数关乎流场计算的合理性与精确性。与此同时，在多泥沙河流水库挟沙水流运动的控制方程中包含挟沙水流的密度，而挟沙水流密度随悬移质含沙量的变化而变化，当悬移质含沙量较大时，密度对流场计算的影响不容忽视。此外，多泥沙河流水库河床变形剧烈，又势必影响挟沙水流运动。

基于这几方面的原因，流场及悬沙场耦合求解即便计算工作量大，但对于多泥沙河流水库挟沙水流而言是必要的。正如流场及悬沙场耦合求解步骤中所述，流场及悬沙场耦合求解需联立求解挟沙水流连续性方程、运动方程以及悬移质泥沙连续性方程、河床变形方程，每计算一步流速、水位等流场变量后，再计算悬移质含沙量场，然后用所得的流场与悬沙场变量作为下一迭代步骤的初值，依次类推至流场与悬沙场均收敛。

4.4.2　动边界

采用"冻结法"处理非恒定流场中由于水位升降造成水陆边界不断移动的动边界问题。该法在同位网格系统中将动量方程中的糙率系数布置于水位、流速等所在的网格点上，计算网格依高水位进行划分。当水位发生变化时，根据水位与河底高程的关系，可以判断该网格点是否露出水面，若该节点不露出水面，则糙率系数取正常值；反之，该节点的糙率系数取一个接近于无穷大的正数。将该糙率系数代入动量方程中进行计算，可使流速、水深都趋于零，这样用连续方程计算该节点水位时，水位将"冻结"不变。但在一般的迭代计算过程中，如果水深为零或很小时，常会出现数值溢出或迭代发散，使动量方程的求解无法进行下去。为避免该问题的发生，通常做法是对于露出水面的节点给定一个微小的虚拟水深，使露出水面的单元与淹没单元同样参加计算，从而将复杂的动边界计算问题简化成简单的定边界计算。

4.4.3　流变参数

对于多泥沙河流水库挟沙水流而言，其流变性质属于非牛顿流体，即宾厄姆流体，其应力张量与应变率张量之间遵循宾厄姆体流变方程。在宾厄姆体流变方程中，需确定宾厄姆极限应力 τ_B 及刚性系数 η 两个流变参数。

依据费祥俊（1982）的研究成果，刚性系数 η 及宾厄姆极限应力 τ_B 采用式（4.130a）来进行计算。

$$\eta = \mu \left(1 - \lambda \frac{S_v}{S_{vm}}\right)^{-2.5}, \quad \lambda = 1 + 2.0 \left(\frac{S_v}{S_{vm}}\right)^{0.3} \left(1 - \frac{S_v}{S_{vm}}\right)^4, \quad S_{vm} = 0.92 - 0.2 \lg \sum_{i=1}^{n} \frac{P_i}{d_i}$$

$$\text{（4.130a）}$$

$$\tau_B = \exp\left(8.45 \frac{S_v - S_{v0}}{S_{vm}} + 1.5\right), \quad S_{v0} = 1.26 S_{vm}^{3.2} \quad \text{（4.130b）}$$

式中，S_v、S_{vm} 分别为挟沙水流的体积比含沙量、极限体积比含沙量；S_{v0} 为挟沙水流的形成宾厄姆体的临界体积比含沙量；μ 为清水的分子动力黏性系数；d_i、P_i 分别是第 i 粒径组泥沙的代表粒径和重量百分比；λ 为修正系数；τ_B 以 mg/cm² 计。

实际计算中，首先计算宾厄姆流体的临界体积比含沙量 S_{v0}，并依其判别挟沙水流的流变特性，若属宾厄姆流体，则采用宾厄姆体流变方程，反之采用牛顿流体流变方程。

4.4.4　非均匀沙沉速

考虑多泥沙河流中泥沙的存在对泥沙悬浮液介质容重和黏滞性的影响，以及群体泥沙沉降时颗粒间的相互阻尼作用，各粒径组泥沙在挟沙水流中的沉速计算公式通过相应粒径组泥沙在清水中的沉速计算公式修正而得。本小节采用费祥俊（1991）提出的方法，分别修正斯托克斯公式与沙玉清天然沙沉速公式，得出多泥沙河流水库非均匀沙沉速的计算办法。

当粒径等于或小于 0.062mm 时，泥沙沉降处于层流区，采用修正后的斯托克斯公式计算沉速，即

$$\omega_i = \frac{g}{1800} \frac{\rho_s - \rho_m}{\rho_m} \frac{d_i^2}{v_m} (1 - S_v)^{4.91} \tag{4.131}$$

式中，ω_i 为第 i 粒径组泥沙在挟沙水流中的沉速；v_m 为挟沙水流的运动黏滞系数。

当粒径为 0.062～2.0mm 时，泥沙沉降处于过渡区，采用修正后的沙玉清天然沙沉速公式计算沉速，即

$$\omega_i = Sa_m g^{\frac{1}{3}} \left(\frac{\gamma_s - \gamma_m}{\gamma_m} \right)^{\frac{1}{3}} v_m^{\frac{1}{3}} (1 - S_v)^{4.91} \tag{4.132a}$$

$$\lg Sa_m = \sqrt{39.0 - (\lg \Phi_m - 5.777)^2} - 3.790 \tag{4.132b}$$

$$\Phi_m = \frac{g^{\frac{1}{3}} \left(\frac{\gamma_s - \gamma_m}{\gamma_m} \right)^{\frac{1}{3}} d_i}{10 v_m^{\frac{2}{3}}} \tag{4.132c}$$

式中，γ_s、γ_m 分别为泥沙和挟沙水流容重；Sa_m、Φ_m 分别为沉速判数和粒径判数。

非均匀沙的群体沉速采用式（4.133）计算。

$$\omega = \sum_{i=1}^{n} P_i \omega_i \tag{4.133}$$

4.4.5 水流挟沙力、挟沙力级配及分组挟沙力

1. 水流挟沙力

水流挟沙力采用张红武等（1993）提出的全沙挟沙力计算公式，该公式不仅适用于一般挟沙水流，而且适用于高含沙紊流，在工程实际中有着重要的意义，其形式为

$$S_* = 2.5 \left[\frac{(0.0022 + S_v) U^3}{\kappa \frac{\gamma_s - \gamma_m}{\gamma_m} gh\omega} \ln \left(\frac{H}{6D_{50}} \right) \right]^{0.62} \tag{4.134}$$

式中，κ 为浑水卡门常数；D_{50} 为床沙中值粒径。

2. 挟沙力级配及分组挟沙力

河流中的泥沙一部分由上游来水挟带而来，另一部分则是由于水流的紊动扩散作用从床面上扩散而来。因此，悬移质挟沙力级配既与床沙级配有关，又与上游来沙级配有关。基于这样的认识，采用韩巧兰等（2006）提出的公式计算挟沙力级配，即

$$P_{*i} = \theta P_i + (1-\theta)P'_{*i}, \quad P'_{*i} = P_{bi}\left[\frac{\omega}{\omega_i}\right]^m \bigg/ \sum_{i=1}^{n} P_{bi}\left[\frac{\omega}{\omega_i}\right]^m \qquad (4.135)$$

式中，P_{*i} 为分组挟沙力级配；P_i 为来沙级配；P'_{*i} 为床沙级配；θ 为加权因子，取决于上游来沙和床沙条件；P_{bi} 为原床沙级配；m 为由实测资料率定得到的指数。

分组挟沙力 S_{*i} 可用式（4.136）进行计算。

$$S_{*i} = P_{*i}S_* \qquad (4.136)$$

4.4.6　恢复饱和系数

利用河床变形方程（4.93）进行分粒径组泥沙的冲淤计算时，许多数学模型都采用了相同的 α 值计算不同粒径组的泥沙冲淤量，这样河床冲淤强度与泥沙粒径或沉速成正比，当河床处于冲刷状态时，泥沙粒径越粗，河床冲刷量越大；泥沙粒径越细，河床冲刷量越小。结果使河床发生细化现象，这显然与实际情况不符。采用作者提出的计算分粒径组泥沙恢复饱和系数的方法（王新宏等，2003），即

$$\alpha_i = \alpha_0 \left(\frac{\overline{\omega}}{\omega_i}\right)^{m_1} \qquad (4.137)$$

式中，α_i 是第 i 粒径组泥沙的恢复饱和系数；α_0、m_1 分别为待定系数和指数，需通过实测资料进行率定计算；$\overline{\omega}$ 是混合沙的平均沉速。

4.5　小　　结

本章针对多泥沙河流水库的特性，从质量守恒定律、动量守恒定律等基础理论出发，在严格数学推导的基础之上，构建了以服务多泥沙河流水库水沙联合调度为目的的平面二维水沙数学模型，重点研究内容包括以下几个方面。

（1）以水沙两相流的无滑移模式为基础，将多连续介质模式中相间滑移（水沙两相间存在速度差）理论引入，从水沙运动的三维瞬时方程入手，兼顾传统时均方程的推导办法，得出了水沙运动的三维质量加权平均方程，并最终导出考虑多泥沙河流水库流变特性及其可压缩变密度特点的平面二维水沙运动控制方程。

（2）针对多泥沙河流水库实际工程中，需要研究的通常都是复杂边界大尺度区域的水沙运动规律问题，采用偏微分方程拟合坐标变换法，实现对多泥沙河流水库水沙运动模拟中动态不规则复杂边界问题的有效处理。

（3）将传统的 SIMPLE 算法扩展运用至一般曲线坐标系下基于同位网格系统的多泥沙河流水库水沙运动模拟中，推导给出了流速-水位-密度的耦合求解算法，并提出了以流场及悬沙场耦合求解为核心的算法实施步骤。

（4）针对所构建模型的特点，给出了模型求解的定解条件及相关关键问题的处理办法。

第5章 多泥沙河流水库冲淤的 APSO-BP 预测模型研究

合理的调度运行方式是解决水库泥沙淤积这一难题的有效途径之一，而相应的水库泥沙冲淤预测计算作为其前提和基础，直接影响着水库调度运行方式的制

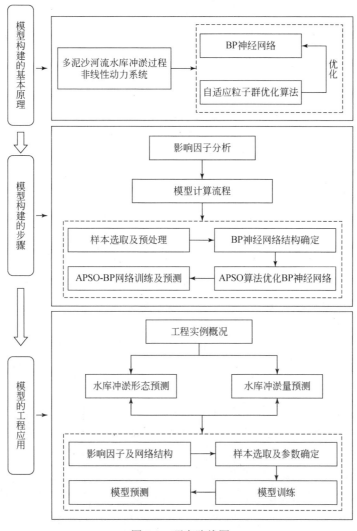

图 5.1 研究路线图

订。第 3 章构建的多泥沙河流水库准二维纵向冲淤和横向变形数学模型以及第 4 章构建的多泥沙河流水库平面二维水沙数学模型作为水库泥沙冲淤预测计算的有效手段，考虑了泥沙冲淤的物理过程，能够揭示冲淤变化过程的内在机理，在实际工程中应用广泛，但计算所需参数众多，过程较为烦琐，所需时间也较长。而在实际水库管理过程中，水库调度运行方式的制订是根据库区泥沙冲淤变化过程及水库的其他兴利目标，通过实时动态反复调整水库运行策略而实现的。在此过程中，若调用数学模型对水库泥沙冲淤变化过程进行预测计算，则会由于其计算速度的限制而无法满足现实需求。因此，本章引入 BP 人工神经网络及自适应粒子群优化算法，遵循图 5.1 的研究路线，构建基于 APSO-BP 的多泥沙河流水库冲淤预测模型。多泥沙河库冲淤的 APSO-BP 预测模型能够根据上游来水来沙条件，准确、迅速地预测出某一具体水库调度运行方式下泥沙的冲淤变化过程，为水库管理提供决策依据，模型相对简便，计算效率高，且能保证一定计算精度（吴巍等，2011）。

5.1　模型构建的基本原理

多泥沙河流水库冲淤受上游来流量、来沙量、库区地形及下游控制基准面等动力因子的共同影响，可视为一个复杂的非线性动力系统，在这一系统中以水流、泥沙及边界等条件为输入，水库冲淤变化（冲淤量、冲淤形态等）为输出。人工神经网络作为一门新兴的学科，其主要特征之一就是高度的非线性作用，能够实现从输入状态到输出状态的非线性映射，具有处理大规模复杂非线性动力学问题的能力，而且其良好的容错性、鲁棒性，以及自适应、自学习功能，也为其处理非线性问题提供了保证。因此，神经网络模型的这些特点决定了其适于解决多泥沙河流水库冲淤这一非线性问题。目前应用最多、研究比较成熟的多层前馈网络误差反传递算法模型，即 BP 神经网络，是人工神经网络的核心模型之一。但在应用 BP 神经网络进行模拟预测时，其对初始权值的依赖性较大，同时有网络结构、初始连接权值及阈值等诸多参数需要调整拟定，这些参数取值的合理与否直接影响着模型的收敛速度和预测精度，而且当目标函数存在多个极值点时也容易陷入局部最优，这些缺陷导致 BP 神经网络的输出具有不一致性和不可预测性，降低了模拟预测的可靠性。

为改善这一问题，可引入自适应粒子群优化算法对 BP 神经网络进行优化。自适应粒子群优化算法是粒子群优化算法的一种改进形式，是一种新兴的全局随机优化算法，其需要调整的参数不多，结构简单，易于实现，具有较强的通用性和全局寻优能力（李丽等，2009；王凌等，2008）。应用自适应粒子群优化算法对 BP 神经网络进行优化，主要是对网络的初始连接权值和阈值进行优化，在计算中先用自适应粒子群优化算法对网络权值和阈值进行全局最优化搜索,待搜索范围缩小至一定区间后,再返回利用 BP 神经网络进行精确求解,从而达到全局搜索与精确求解的良好结合,缩短 BP 神经网络的训练时间,避免网络陷入局部最优,提高网络训练精度。

5.1.1　BP 神经网络

BP 神经网络是人工神经网络中最为重要的模型之一,该网络的主要特点是信息正向传递,误差反向传播。在正向传递中,输入的信息由输入层经隐含层到输出层逐层处理,并计算得到各神经元节点的预测输出值,计算中每一层的神经元状态只影响下一层神经元状态。网络预测输出与期望输出之间的误差若未达到允许值,则转入反向传播,根据误差确定网络权值和阈值的修正量,自后往前逐层修改各层神经元节点的连接权值和阈值,从而使 BP 神经网络的预测输出不断逼近期望输出。

设有 3 层 BP 神经网络,输入层节点数为 n、隐含层节点数为 l,输出层节点数为 m,网络输入为 x_i($i=1$, 2, …, n),预测输出为 y_k($k=1$, 2, …, m),输入层与隐含层节点之间的连接权值为 $w1_{ji}$($i=1$, 2, …, n; $j=1$, 2, …, l),隐含层与输出层节点之间的连接权值为 $w2_{kj}$,隐含层阈值为 $\theta1_j$,输出层阈值为 $\theta2_k$,隐含层传递函数为 $f(x)$,输出层传递函数为 $g(x)$。当期望输出为 t_k 时,BP 算法的数学推导过程如下。

1. 信息正向传递过程

(1)隐含层输出:

$$y'_j = f\left(\sum_{i=1}^{n} w1_{ji} x_i + \theta1_j \right) \tag{5.1}$$

(2)输出层预测输出:

$$y_k = g\left(\sum_{j=1}^{l} w2_{kj} y'_j + \theta2_k \right) \tag{5.2}$$

(3)误差函数:

$$E = \frac{1}{2} \sum_{k=1}^{m} (t_k - y_k)^2 \tag{5.3}$$

2. 误差反向传播过程

BP 神经网络在误差反向传播过程中,逆向对网络权值和阈值进行修正,具体数学描述为: $w^{t+1} = w^t + \eta \Delta w^t$, $\theta^{t+1} = \theta^t + \eta \Delta \theta^t$,其中 w^{t+1}、θ^{t+1} 为修正后的网络

权值和阈值，w^t、θ^t为当前的网络权值和阈值，Δw^t、$\Delta \theta^t$为网络权值和阈值的修正量，η为学习速率。修正采用梯度下降法进行，即沿着误差函数下降最快的方向（负梯度方向）来计算网络权值和阈值的修正量。

1）输出层权值及阈值修正

（1）权值修正量：

$$\Delta w2_{kj} = -\eta \frac{\partial E}{\partial w2_{kj}} = \eta(t_k - y_k)g'y'_j = \eta \delta_{kj} y'_j \tag{5.4}$$

式中，$e_k = t_k - y_k$；$\delta_{kj} = e_k g'$。

（2）阈值修正量：

$$\Delta \theta2_k = -\eta \frac{\partial E}{\partial \theta2_k} = \eta(t_k - y_k)g' = \eta \delta_{kj} \tag{5.5}$$

2）隐含层权值及阈值修正

（1）权值修正量：

$$\Delta w1_{ji} = -\eta \frac{\partial E}{\partial w1_{ji}} = \eta \sum_{k=1}^{m}(t_k - y_k)g'w2_{kj}f'x_i = \eta \delta_{ji} x_i \tag{5.6}$$

式中，$e_j = \sum_{k=1}^{m} \delta_{kj} w2_{kj}$；$\delta_{ji} = e_j f'$。

（2）阈值修正量：

$$\Delta \theta1_j = -\eta \frac{\partial E}{\partial \theta1_j} = \eta \sum_{k=1}^{m}(t_k - y_k)g'w2_{kj}f' = \eta \delta_{ji} \tag{5.7}$$

实际应用中，在用梯度下降法修正网络权值和阈值时，最初阶段下降较快，但随着向最优值的逼近，由于梯度趋于零，致使误差函数下降缓慢，不可避免地使 BP 神经网络存在迭代次数多、运算时间长、收敛性差的缺陷，目前 BP 神经网络常采用 Levenberg-Marquardt 优化算法来改进权值和阈值。该算法能使每次迭代不再沿着单一的负梯度方向下降，而是允许误差沿着恶化的方向进行搜索，大大提高了网络的收敛速度。

5.1.2　自适应粒子群优化算法

APSO 算法是 PSO 算法的一种改进形式。PSO 算法源于对鸟类捕食行为的研究，鸟类捕食时，每只鸟找到食物最简单有效的方法就是搜寻当前距离食物最近的鸟的周围区域。PSO 算法受这种生物种群行为特征的启发，将其应用于求解优化问题。算法首先在可解空间中初始化一群粒子，每个粒子都代表优化问题的一个潜在解，用位置、速度和适应度值 3 项指标表示该粒子的特征，适应度值由适应度函数计算得到，其值的好坏表示粒子的优劣。粒子在解空间中运动，通过跟踪个体极值和群体极值更新个体位置，个体极值是指个体所经历位置中计算得到的适应度最优位置，群体位置是指种群中的所有粒子搜索到的适应度最优位置。粒子每更新一次位置，就计算一次适应度值，并且通过比较新粒子的适应度值和个体极值、群体极值的适应度值更新个体极值和群体极值，更新过程可用如下数学形式进行描述。

设在 1 个 d 维搜索空间中，由 n 个粒子组成种群 $X=(X_1, X_2, \cdots, X_n)$，其中第 i 个粒子表示为 1 个 d 维的列向量 $X_i=(x_{i1}, x_{i2}, \cdots, x_{id})^T$，代表第 i 个粒子在 d 维搜索空间中的位置，即问题的一个潜在解。根据适应度函数即可计算出每个粒子位置 X_i 对应的适应度值。第 i 个粒子的速度为 $V_i=(v_{i1}, v_{i2}, \cdots, v_{id})^T$，在 t 时刻该粒子所经过的最佳位置，即个体极值为 $P_i=(p_{i1}, p_{i2}, \cdots, p_{id})^T$，群体所搜索到的最佳位置，即种群的全局极值为 $P_g=(p_{g1}, p_{g2}, \cdots, p_{gd})^T$。在每次迭代过程中，粒子通过个体极值和全局极值更新自身的速度和位置，更新公式为

$$v_{ij}(t+1) = \omega v_{ij}(t) + c_1 r_1 \left[p_{ij} - x_{ij}(t) \right] + c_2 r_2 \left[p_{gj} - x_{ij}(t) \right] \quad (5.8)$$

$$x_{ij}(t+1) = x_{ij}(t) + v_{ij}(t+1) \qquad j=1, 2, \cdots, d \quad (5.9)$$

式中，ω 为惯性权重；c_1、c_2 为加速度因子；r_1、r_2 为[0, 1]区间均匀分布的随机数。另外，为防止粒子的盲目搜索，需将粒子的位置、速度限制在一定的区间内，即 $v_{ij} \in [v_{min}, v_{max}]$，$x_{ij} \in [x_{min}, x_{max}]$，当 $v_{ij} > v_{max}$ 时取 $v_{ij} = v_{max}$，当 $v_{ij} < v_{min}$ 时取 $v_{ij} = v_{min}$。

由更新公式（5.8）可以看出，PSO 算法的性能在很大程度上依赖于控制参数的取值，合理的参数取值能够有效控制与平衡算法的全局搜索和局部改良能力，对于快速、准确找到问题的最优解至关重要。PSO 算法的参数改进主要体现在惯性权重、加速度因子的调节上，因此采用自适应非线性动态调节惯性权重策略及非对称反余弦函数调节加速度因子策略，来改进传统粒子群优化算法，进而形成 APSO 算法。

1. 自适应非线性动态调节惯性权重策略

由粒子速度更新公式（5.8）可以看出，该式右侧第一部分代表粒子上一时刻的速度对当前速度的影响，而惯性权重 ω 是决定粒子上一时刻速度对当前速度影响的系数，通过调整该系数的值可以实现全局搜索与局部搜索之间的平衡。惯性权重值较大时，全局搜索能力强，局部搜索能力弱，有利于跳出局部极小点，避免陷入局部最优；惯性权重值较小时，全局搜索能力弱，局部搜索能力强，有利于对当前搜索区域进行精确局部搜索，便于算法收敛。粒子适应度值是反应粒子当前位置优劣的一个参数，与惯性权重关系密切，在实际应用中可采用自适应非

线性动态调节惯性权重策略，使惯性权重值随粒子适应度值的变化而自适应调整，其计算公式为

$$\omega = \begin{cases} \omega_{max} & \text{fitness} > \text{fitness}_{avg} \\ \omega_{min} + \dfrac{(\omega_{max} - \omega_{min})(\text{fitness} - \text{fitness}_{min})}{(\text{fitness}_{avg} - \text{fitness}_{min})} \end{cases} \tag{5.10}$$

式中，ω_{min}、ω_{max} 分别为惯性权重的最小值和最大值；fitness 为粒子当前的适应度值；fitness_{avg}、fitness_{min} 分别为所有粒子的平均适应度值和最小适应度值。

由式（5.10）可见，当各粒子的适应度值趋于一致（趋于局部最优）时，惯性权重将增加；当各粒子的适应度值比较分散时，惯性权重将减小。同时对于适应度值优于平均适应度值的粒子，其对应的惯性权重较小，从而保护了该粒子，反之对于适应度值劣于平均适应度值的粒子，其对应的惯性权重较大，使得该粒子能够向较好的搜索区域靠拢。

2. 非线性反余弦函数动态调节加速度因子策略

同样由粒子速度更新公式（5.8）可以看出，该式右侧第二部分代表粒子当前位置与自己最优位置间的距离，体现了粒子自身记忆的影响；第三部分则代表粒子当前位置与群体最优位置间的距离，体现了粒子间的信息共享与合作。简言之，粒子在解空间搜索寻优时，一方面会考虑自身的经验；另一方面又会去顾及其他粒子的经验，当某一粒子认为其他粒子经验较好的时候，它将进行适应性的调整，以寻求粒子群整体的经验最优。而加速度因子 c_1 和 c_2 恰好决定了粒子自身经验与其他粒子经验对粒子运动轨迹的影响，反映了粒子群之间的信息交流。当 c_1 值较大时，粒子将徘徊于局部解空间；反之，c_2 值较大时，则会使粒子过早收敛于局部最优值。比较理想的加速度因子取值原则应当是在搜索初期加快 c_1 和 c_2 的变化速度，让算法尽快完成对整个解空间的搜索，以便进入局部搜索；后期则取较大的 c_2 值，使算法更注重粒子全局特性，从而尽可能摆脱局部极值的干扰，避免早熟收敛。依此原则，采用反余弦函数来构造加速度因子的动态调节策略（陈水利等，2007）。该策略可随迭代次数的变化动态调节 c_1 和 c_2 值，其计算通式为

$$c = c_{end} - (c_{end} - c_{start}) \left[1 - \frac{\arccos\left(\dfrac{-2\text{Iteration}}{\text{Iteration}_{max}} + 1 \right)}{\pi} \right] \tag{5.11}$$

式中，c 为 c_1 和 c_2 的通用写法；c_{start}、c_{end} 分别为加速度因子的迭代初值和终值；Iteration 为当前迭代次数；Iteration_{max} 为最大迭代次数。

5.2　模型构建的步骤

5.2.1　影响因子分析

构建基于 APSO-BP 的多泥沙河流水库冲淤预测模型，首要前提是模型输入、输出变量的确定。出于服务水库调度运行方式制订这一目的，多泥沙河流水库冲淤预测主要侧重库区泥沙冲淤量及冲淤形态两方面内容的计算。其中冲淤形态可通过直观表征河床冲刷下切及淤积升高的河床纵剖面（深泓线）来反映，因此确定预测模型的输出变量为库区泥沙冲淤量与特征断面深泓点冲淤深度。

模型输入变量的确定与影响多泥沙河流水库冲淤变化的因子相关。多泥沙河流水库冲淤变化主要受上游来水来沙及调度运行方式等因素的影响，对于上游来水来沙这一因素，依据河流动力学原理，由其形成的水沙输移是库区河床塑造的基本动力。其中，来水作为运动的“载体”，大水挟大沙，小水挟小沙，是塑造河床的直接动力，径流量、径流过程及各流量级持续时间等要素决定了水沙两相流的造床动力特征，在河床演变中起着积极主动的作用；来沙则是运动的“荷体”，依水流条件而存在并发挥作用，是改变河床形态的物质基础，输沙量、输沙过程、泥沙颗粒粗细及各含沙量级持续时间等均影响着河床冲淤变化的发展方向，在河床演变中处于被动的地位（张根广等，2004）。水库调度运行方式是目前水库泥沙冲淤控制的主要手段，根据实测资料分析及总结，认为水库泥沙冲淤变化与之密切相关，不同水库调度运行方式下的排沙情况、冲淤部位及冲淤形态等明显不同，尤其对于普遍采用“蓄清排浑”调度运行方式的多泥沙河流水库，这一影响更为显著，而水库调度运行方式的表征，则主要是通过水库下边界条件来体现，如库水位、出库水量等。此外，河道地形、人类活动、流域气候、流域地貌等诸多因素对水库冲淤变化也会产生不同程度的影响。其中，河道地形可采用河段平均比降来表征，而人类活动、流域气候及地貌等因素在一定的时空范围内具有相对的稳定性，可认为它们的量基本不变，或可视不同情况对其进行量化处理。

综上所述，确定预测模型的输入变量为：①入库水量或水量过程；②入库沙量或沙量过程；③入库泥沙颗粒级配；④某特征流量级、含沙量级持续时间；⑤库水位；⑥出库水量或水量过程；⑦河段平均比降；⑧其他量化因子。对于不同研究问题，可视具体情况对这些因子进行取舍。

至此，基于 APSO-BP 的多泥沙河流水库冲淤预测模型可用式（5.12）所示非线性映射函数来进行表达，即

$$\varphi = f(W_{in},\ W_{in}\text{-}t,\ S,\ S\text{-}t,\ D_s,\ d,\ Z,\ W_{out},\ W_{out}\text{-}t,\ J,\ \cdots) \qquad (5.12)$$

式中，φ 表示泥沙冲淤变量（冲淤量或特征断面深泓点高程）；W_{in}、W_{in}-t 分别表示入库水量、水量过程；S、S-t 分别表示入库沙量、沙量过程；D_s 表示入库泥沙颗粒级配；d 表示某特征流量级、含沙量级持续时间；Z 表示库水位；W_{out}、W_{out}-t 分别表示出库水量、水量过程；J 表示河段平均比降。

5.2.2 模型计算流程

基于 APSO 算法优化 BP 神经网络的多泥沙河流水库冲淤预测模型，实质是将神经网络的权值和阈值映射为 APSO 算法中的粒子，并通过粒子速度与位置的更新来优化这些参数，从而完成模型训练和预测。具体流程如下。

1. 样本选取及预处理

样本是连接预测模型与所研究问题的介质，其选取合理与否决定着预测模型在实际应用中的可靠性。样本选取包括样本特征选取及样本数目确定两方面内容。样本特征应能很好地反映所研究问题的基本特征，不仅在训练区内有代表性，而且在预测区内要有普适性；样本数目取决于所研究问题的复杂性，既不能由于样本过少而使网络训练不足，又要避免样本过多而增加网络训练负担或信息量过剩导致过拟合现象。具体对多泥沙河流水库冲淤预测模型而言，选取的样本应能反映丰、平、枯各种水沙情况，同时又要适当考虑大水、大沙和枯水、枯沙情况。此外，样本还应尽可能与天然水沙系列一致，以保持样本的连续性（陈一梅等，2002）。

在选取的样本中，由于组成每个样本的影响因子量纲不同，数量级上差别较大，为避免由此造成的网络预测误差较大，防止部分网络神经元达到过饱和状态，需要对样本输入数据进行预处理，将样本数据均转化为区间[0，1]上的值，即进行归一化处理，归一化计算公式为

$$y = (y_{max} - y_{min})(x - x_{min})/(x_{max} - x_{min}) + y_{min} \qquad (5.13)$$

式中，x、x_{min}、x_{max} 分别为各样本中的影响因子及其在样本中的最小值、最大值；y、y_{min}、y_{max} 分别为归一化后的影响因子值及其最小值、最大值，若归一化至区间[0，1]，则 $y_{min}=0$，$y_{max}=1$。

2. BP 神经网络结构确定

确定 BP 神经网络拓扑结构，并初始化网络参数。根据步骤 1 选取的网络输入、输出样本集确定网络拓扑结构，即确定网络输入层神经元数、隐含层数及其神经元数、输出层神经元数。其中，输入层、输出层神经元数根据实际问题需要来确定，输入层神经元数为非线性映射函数式（5.12）的自变量数，即影响因子的个数，输出层神经元数为函数式（5.12）的因变量数；隐含层数及其神经

元数的确定目前无明确理论依据，通常采用试算法加以确定，所依据的原则是既要保证预测精度，又不至于使网络训练时间过长。在确定网络拓扑结构的同时，对相关网络参数进行初始化赋值，主要包括最大训练次数、训练误差目标、学习系数、学习系数下降因子、学习系数上升因子以及隐含层、输出层传递函数等。

3. APSO 算法优化 BP 神经网络

调用 APSO 算法，建立 APSO 算法中粒子与 BP 神经网络权值和阈值之间的映射关系，即将 BP 神经网络中的 1 组权值和阈值视为 APSO 算法中的 1 个粒子，通过粒子寻优确定 BP 神经网络的初始连接权值和阈值。具体寻优流程如下（罗云霞等，2008）。

（1）初始化 APSO 算法参数，包括粒子种群规模、每个粒子的维数、惯性权重最大值和最小值、加速度因子的迭代初值和终值、算法迭代次数及收敛目标值等。其中，粒子种群规模根据所研究问题的复杂程度进行决定，对于一般问题取 20~40 个粒子即可满足计算要求；每个粒子的维数由优化问题决定，神经网络中有多少个连接权值和阈值，每个粒子就有多少维。

（2）设定粒子位置变化范围[x_{min}, x_{max}]以及最大速度 v_{max}、最小速度 v_{min}，随机初始化种群中各粒子的位置和速度。

（3）计算种群中每个粒子的适应度函数值，并将当前各粒子的位置和计算所得适应度值分别赋值给个体极值和个体最优适应度值，同时将所有粒子中适应度值最小粒子的位置和适应度值分别赋值给群体极值和群体最优适应度值。其中，适应度函数采用 BP 神经网络计算输出与期望输出之间的均方误差来表征，具体形式为

$$\text{fitness(pop)} = \frac{1}{P} \sum_{p=1}^{P} \sum_{k=1}^{m} (t_k^p - y_k^p)^2 \qquad \text{pop}=1, 2, \cdots, \text{population} \qquad (5.14)$$

式中，population 表示种群规模；fitness（pop）表示第 pop 个粒子的适应度值；P 为样本个数；m 为网络输出神经元个数；t_k^p、y_k^p 分别表示第 p 个样本的第 k 个网络期望输出值与计算输出值。

（4）依据式（5.8）、式（5.9）以及式（5.10）、式（5.11），计算更新各粒子的速度和位置，同时据此更新值计算每个粒子的新适应度函数值。

（5）比较种群中各粒子当前适应度值与其个体最优适应度值，若当前适应度值更优，则用粒子的当前位置和适应度值更新其个体极值和个体最优适应度值，否则仍保留原值。

（6）比较种群中各粒子当前个体最优适应度值与群体最优适应度值，若当前个体最优适应度值更优，则用粒子的当前个体极值和个体最优适应度值更新群体

极值和群体最优适应度值，否则仍保留原值。

（7）判断迭代终止条件是否满足，若满足则输出群体极值及群体最优适应度值并停止算法，否则转向步骤（4）继续进行迭代计算。

4. APSO-BP 网络训练及预测

将经步骤 3 优化输出的群体极值映射为 BP 神经网络的权值和阈值，并以此为网络最优初始权值和阈值，采用步骤 1 选取的输入、输出变量样本训练 BP 神经网络，通过进一步调整更新网络连接权值和阈值，得到可用于预测计算的 BP 神经网络。

5.3　模型的工程应用

为检验所构建模型的实效，本节将其应用至渭河某一级支流上的 FJS 水库，就库区泥沙冲淤形态、冲淤量等展开预测计算。

5.3.1　工程实例概况

FJS 水库位于渭河左岸某一级支流下游，控制流域面积 3232km^2，总库容 3.89 亿 m^3，是一座以灌溉、城市供水为主，兼顾防洪、发电、旅游、养殖等综合利用的大型水库，是所在区域的主要水源地之一。水库所处流域大部位于黄土高原沟壑区，侵蚀模数高达 1620t/km^2，来水来沙多由暴雨形成，且汛期入库水量、沙量主要集中在几场洪水过程中，整体呈现显著的多沙特性。另据入库水文站 1974～2000 年实测水沙资料统计，FJS 水库多年平均入库径流量为 3.30 亿 m^3，多年平均入库悬移质输沙量为 299.01 万 t，多年平均入库含沙量为 9.05kg/m^3，属多泥沙河流水库。

FJS 水库自 1974 年 3 月投入运行以来，采用蓄洪同时辅以异重流排沙的调度运行方式，但随着运行时间的推移，水库泥沙淤积问题日渐凸显，库容逐渐减小，水资源供需矛盾日益加剧。据相关统计资料显示，截至 2000 年水库运行 27 年来，累计泥沙淤积量为 8481 万 m^3，其中有效库容淤积 4335 万 m^3，死库容淤积 4146 万 m^3，总库容淤损近 21.6%，年平均淤积量达 326 万 m^3，年平均有效库容淤积量为 167m^3，库区泥沙淤积相当严重。为此，需对水库调度运行方式作进一步优化以减缓水库淤损，基于此将构建的 APSO-BP 多泥沙河流水库冲淤预测模型应用于 FJS 水库，就库区泥沙冲淤形态、冲淤量等展开预测计算，为水库调度运行方式的优化提供决策依据。

5.3.2　水库冲淤形态预测

1. 影响因子及网络结构

对于 FJS 水库冲淤形态预测，需就非线性映射函数式（5.12）中的影响因子进一步分析以便做出取舍。本研究主要着眼于水库年冲淤变化过程的预测，预测的是水库不同运用年的冲淤形态，反映的是以年为度量时段的水库冲淤变化情况，因此影响因子选用年入库水量、沙量以及出库水量，而不采用入库水量过程、沙量过程以及出库水量过程。就入库泥沙颗粒级配这一影响因子而言，FJS 水库自 1974 年建库运行至今，悬移质泥沙颗粒级配整体虽呈细化过程，但量值变化不大，对不同运用年库区河床冲淤的影响暂可不予考虑。至于表征河道地形的河段平均比降，在水库冲淤形态预测中其本身即是未知量，不能作为影响因子加以选用。此外，在 FJS 水库多年运行实践中，当入库流量大于 $50m^3/s$，且含沙量大于 $30kg/m^3$ 时，可产生异重流，进而可通过异重流排沙减缓库区泥沙淤积，因此大于 $50m^3/s$ 流量级、$30kg/m^3$ 含沙量级的持续天数这一影响因子对水库冲淤形态有重要影响。综上所述，确定 FJS 水库冲淤形态预测模型选取的影响因子，即模型输入变量为：①年入库水量；②年入库沙量；③大于 $50m^3/s$ 流量级、$30kg/m^3$ 含沙量级持续天数；④年平均库水位；⑤年出库水量。对于模型的输出变量，则选用 FJS 水库库区 1#、6#、9#、12#、21#共计 5 个特征断面的深泓点冲淤深度，其中 1#～6#为坝前锥体段、6#～9#为过渡段、9#～12#为三角洲前坡段、12#～21#为三角洲顶坡段。

网络结构设计中，输入层神经元数为选取的影响因子个数 5；输出层神经元数为输出变量个数 5；至于隐含层数，考虑到 FJS 水库泥沙冲淤预测是一个复杂的非线性问题，为了既保证预测精度，又不致使网络训练时间过长，确定采用双隐含层，其神经元数经试算分别确定为 15、12。因此，采用的 BP 神经网络拓扑结构为 5-15-12-5。

2. 样本选取及参数确定

依据样本选取原则，结合 FJS 水库实际水沙资料情况，模型训练及预测样本基于 FJS 水库 1974～2000 年共计 27 年的水沙系列及实测冲淤资料选取。27 年内涵盖了各种水沙条件变化及组合，其中包括 1981～1985 年丰水丰沙段，1987～1991 年平水平沙段，1995～1999 年枯水枯沙段，同时 1981 年为 FJS 水库建库以来历史最大洪水年，样本无论就代表性还是普适性均表现良好。在 1974～2000 年 27 个样本中，由于 1974 年、1975 年、1986 年、1989 年、1994 年、1995 年、1999 年未施测河床纵剖面，无法用于模型训练及预测，故将这 7 个样本予以剔除，确定模型训练样本为 1976～1985 年+1987～1988 年+1990～1993 年共计 16 个，预测样本则选 1996～1998 年+2000 年共计 4 个。

预测模型参数包括 BP 算法参数及 APSO 算法参数两部分。BP 算法参数中最大训练次数取为 100，训练目标取为均方误差小于等于 10^{-5}，学习系数的初始值、下降因子及上升因子分别为 0.001、0.7 和 1.2，输入层与第 1 隐含层之间的传递函数采用双曲正切 S 型传递函数，形式为 $tansig(x) = (1-e^{-2x})/(1+e^{-2x})$，第 1 隐含层与第 2 隐含层之间的传递函数采用对数 S 型传递函数，形式为 $logsig(x) = 1/(1+e^{-x})$，第 2 隐含层与输出层之间的传递函数采用线性传递函数，形式为 $purelin(x)=x$；APSO 算法参数中粒子种群规模取为 35，每个粒子的维数为 347，惯性权重最大值和最小值分别为 0.9 及 0.4，加速度因子采用非对称方式取值，c_1 的迭代初值和终值分别为 2.75 及 1.25，c_2 的迭代初值和终值分别为 0.5 及 2.25，收敛目标为迭代次数大于 150 或均方误差小于等于 10^{-4}。

3. 模型训练

采用经预处理的 16 个训练样本及确定的相关参数，对基于 APSO-BP 的 FJS 水库冲淤预测模型进行训练。训练分两个阶段进行：首先是基于 APSO 算法的 BP 神经网络初始权值和阈值的迭代寻优；其次是 BP 神经网络对权值和阈值的进一步调整更新。

（1）针对训练第一阶段。图 5.2 给出了种群的最优群体适应度值（均方误差）随迭代次数的变化过程。可以看出，APSO 算法最优群体适应度值随迭代次数的增加不断减小，经反复迭代 150 次后达到最大迭代次数，此时最优群体适应度值为 $7.5195×10^{-3}$，与之对应的粒子位置即为传递给 BP 神经网络的最优初始权值和阈值。

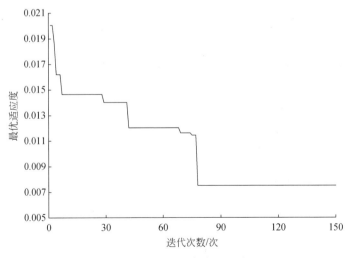

图 5.2　最优适应度变化曲线

（2）针对训练第二阶段。图 5.3 给出了模型的训练均方误差曲线，图 5.4 给出了模型训练输出与期望输出之间的相关分析。由图 5.3 可以看出，模型训练误差曲线包括训练集、验证集及测试集 3 条。之所以有 3 条误差曲线，主要是因为在模型实际训练过程中，并不是全部 16 个训练样本均参与训练，而是依 10∶3∶3 的比例随机划分为训练集、验证集及测试集 3 部分来进行。其中，10 个训练集样本用于对模型进行正常训练，3 个验证集样本用于在模型训练的同时监控模型的训练进程，3 个测试集样本则用于评价模型的训练结果以及判定样本集划分的合理性，这样做的目的主要是保证模型的泛化能力，防止模型训练过度。模型训练时，训练集训练、验证集监控及测试集评价交替进行，每经过一次训练即统计一次训练集均方误差，然后保持网络权值和阈值不变，分别采用验证集、测试集样本运行模型，并统计验证集、测试集的均方误差。在图 5.3 中，随着训练次数的增加，3 部分样本的均方误差均保持递减趋势，仅经过 4 次训练后，训练集均方误差即递减为 8.8233×10^{-6}，达到网络训练目标，停止训练，此时验证集、测试集最小均方误差分别为 0.0471 和 0.0822，误差值较小均在模型计算可接受范围内，且变化趋势保持同步，表明 3 部分样本集划分合理。由图 5.4 可以看出，模型训练输出与期望输出形成的点群基本集中于直线 $y = x$ 的附近，且两者之间的相关系数为 0.7141，相关度较高，拟合得到的线性趋势线斜率达到 0.9556，接近于直线 $y = x$ 的斜率 1，由此表明模型训练效果良好，可用于 FJS 水库库区冲淤形态的预测计算。

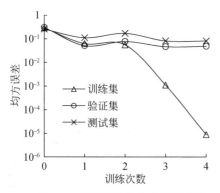
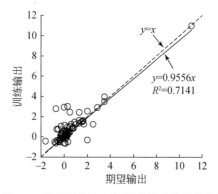

图 5.3　模型训练的均方误差曲线　　　图 5.4　模型训练输出与期望输出的相关分析

4. 模型预测

采用训练完成的 APSO-BP 水库冲淤预测模型，并调取经预处理后的 4 个预测样本，对 FJS 水库 1996 年、1997 年、1998 年、2000 年 5 个特征断面的深泓点冲淤深度进行预测，为更直观地表征历年水库冲淤形态，将模型预测所得的各断面深泓点冲淤深度换算为深泓点高程，并与实测深泓点高程进行对比，结果见图 5.5～图 5.8。

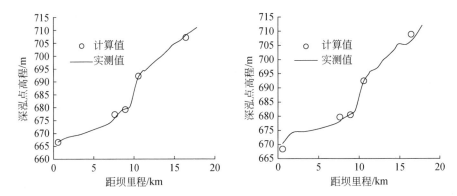

图 5.5　1996 年库区纵剖面计算与实测值对比　　图 5.6　1997 年库区纵剖面计算与实测值对比

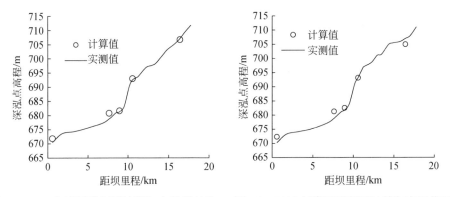

图 5.7　1998 年库区纵剖面计算与实测值对比　　图 5.8　2000 年库区纵剖面计算与实测值对比

由图 5.5～图 5.8 可以看出，模型计算值与实测值之间吻合良好，其中吻合程度最佳的为 1996 年，5 个特征断面深泓点高程计算值与实测值平均相差仅为 0.6m，其次为 1998 年、1997 年及 2000 年，平均高程差分别为 0.89m、1.20m 及 1.47m。就预测精度而言，4 个预测样本的平均相对误差依次分别为 9%、13%、10%、15%，均低于通常泥沙数学模型相对误差不大于 30%的精度要求，由此表明本章所构建模型可满足实际水库调度运行中对库区冲淤形态准确、迅速进行预测的需要。

5.3.3　水库冲淤量预测

1. 影响因子及网络结构

对于 FJS 水库冲淤量预测，除需考虑冲淤形态预测中确定的 5 个影响因子外，还需加入表征河道地形的河段平均比降这一因子，即模型输入变量为：①年入库水量；②年入库沙量；③大于 50m³/s 流量级、30kg/m³ 含沙量级持续天数；④年平均库水位；⑤年出库水量；⑥库区纵剖面平均比降。模型的输出变量则为水库库区泥沙冲淤量。

网络结构同样采用双隐含层，其拓扑结构为 6-30-25-1。

2. 样本选取及参数确定

模型训练、预测样本选取同 5.3.2 小节冲淤形态预测一致，这里不再赘述。参数确定中除每个粒子的维数调整为 1011 外，其余也同 5.3.2 小节。

3. 模型训练

对于 APSO 算法中模型初始权值和阈值的迭代寻优，图 5.9 给出了种群的最优群体适应度值随迭代次数的变化过程。可以看出，同图 5.2 一致，APSO 算法最优群体适应度值随迭代次数的增加不断减小，经反复迭代 150 次后达到最大迭代次数，此时最优群体适应度值为 6.2455×10^{-4}。

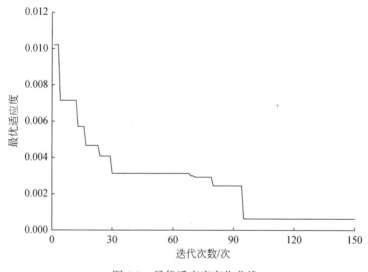

图 5.9　最优适应度变化曲线

对于 BP 神经网络对权值和阈值的调整更新，图 5.10 给出了模型的训练均方误差曲线，图 5.11 给出了模型训练输出与期望输出之间的相关分析。由图 5.10 可以看出，随着训练次数的增加，3 部分样本的均方误差均保持递减趋势，仅经过 3 次训练后，训练集均方误差即递减为 1.0219×10^{-6}，达到网络训练目标，停止训练。此时验证集、测试集最小均方误差分别为 0.0144 和 0.0623，误差值较小均在模型计算可接受范围内，且其变化趋势保持同步，表明 3 部分样本集划分合理。由图 5.11 可以看出，模型训练输出与期望输出形成的点群基本集中于直线 $y = x$ 的附近，且两者之间的相关系数为 0.8184，相关度较高，拟合得到的线性趋势线斜率达到 1.0604，接近于直线 $y = x$ 的斜率 1，由此表明模型训练效果良好，可用于 FJS 水库库区冲淤量的预测计算。

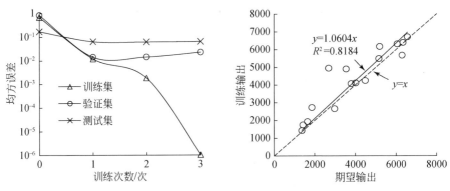

图 5.10　模型训练的均方误差曲线　　　图 5.11　模型训练输出与期望输出的相关分析

4. 模型预测

采用上述训练完成的 APSO-BP 水库冲淤预测模型，并调取经预处理后的 4 个预测样本，对 FJS 水库 1996 年、1997 年、1998 年、2000 年冲淤量进行预测，图 5.12 给出了模型历年累计冲淤量计算值与实测值之间的对比情况。由图 5.12

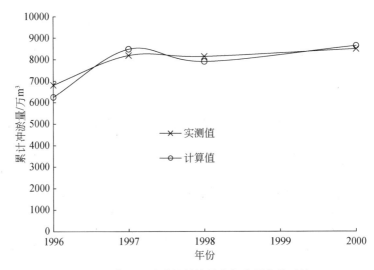

图 5.12　库区累计冲淤量计算值与实测值的对比

可以看出，模型计算值与实测值之间吻合良好，其中吻合程度最佳的为 2000 年，累计冲淤量计算值与实测值相对误差 1.71%，其次为 1998 年、1997 年及 1996 年，相对误差分别为 2.89%、3.57% 及 8.36%，预测精度较高，表明所构建模型可满足实际水库调度运行中对库区冲淤量准确、迅速预测的需要。

5.4　小　　　结

本章将人工神经网络及粒子群优化算法引入到多泥沙河流水库冲淤预测计算中，构建了基于自适应粒子群算法优化 BP 神经网络的多泥沙河流水库冲淤预测模型。该模型将多泥沙河流水库冲淤变化过程视为一个非线性动力系统，系统以入库水沙量、库水位及出库水量等诸多影响水库冲淤变化的因子为输入，以表征水库冲淤变化过程的库区冲淤量及冲淤形态为输出，利用人工神经网络在处理大规模复杂非线性动力学问题方面的优势，实现从输入状态到输出状态的非线性映射，进而完成对多泥沙河流水库冲淤过程的预测。同时，为进一步提高与改善人工神经网络的收敛速度和预测精度，采用自适应粒子群优化算法对 BP 神经网络的初始连接权值和阈值进行优化，该算法参数少，结构简单，易于实现。

为检验模型的实际应用效果，本章将其应用到 FJS 水库冲淤预测计算中，采用 16 个样本训练模型，4 个样本预测库区泥沙冲淤形态及冲淤量。结果表明，本章构建模型的计算值与实测值之间吻合良好，可满足实际水库调度运行中对库区泥沙冲淤变化过程准确、迅速预测的需要，模型具有较强的合理性及较广的适用性，为多泥沙河流水库冲淤预测计算提供了一条新的有效途径。

第6章　多泥沙河流水库水沙联合优化调度耦合模型研究

　　我国西北地区的广袤土地为黄土所覆盖，水土流失严重，是多泥沙河流的主要发育区。同时，该区水资源短缺及现有水资源开发利用不足的现状，严重制约了国民经济的发展及人民生活水平的提高。为扭转此局面，充分合理地利用当地现有水资源，在多泥沙河流上兴建以工业、城市生活供水为主要目标，同时兼顾发电、防洪等目标的供水水库逐渐成为首选措施。为此，本章以此类型水库为主要研究对象，遵循图 6.1 所示的研究路线，运用水沙数学模型与优化理论的基本思想，在综合集成水库泥沙冲淤计算子模型及水库（群）优化调度动态规划子模型研究成果的基础之上，构建多泥沙河流水库水沙联合调度的耦合模型，为我国西北地区广泛分布的多泥沙河流水库亟须解决的水沙联合调度问题提供一条切实可行的技术路线。

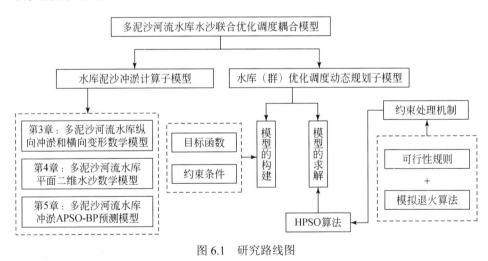

图 6.1　研究路线图

6.1　水库泥沙冲淤计算子模型

　　对于在多泥沙河流上修建的水库，为充分发挥其效益，就必须制订合理的调度运行方式，妥善解决泥沙淤积带来的库容损耗这一问题。而水库合理调度运行

方式的制订，与一定来水来沙条件下水库泥沙淤积的数量、部位及形态等直接相
关。因此，针对水库兴建后上下游新的边界条件，采用水库泥沙冲淤计算数学模
型，分析计算不同水库调度运行方式下库区泥沙冲淤演变情况，是完善、调整及
优化水库调度运行方式的必要技术手段。

　　正是基于这一原因，本书开展了"多泥沙河流水库纵向冲淤和横向变形数学
模型"（第 3 章）、"多泥沙河流水库平面二维水沙数学模型"（第 4 章）与"多泥
沙河流水库冲淤的 APSO-BP 预测模型"（第 5 章）的研究工作。三种模型分别基
于不同的理论构建，其中前两者采用水动力学方法，可精细模拟多泥沙河流水库
的冲淤演变过程，但计算较复杂，所需时间也较长；后者则以人工神经网络理论
为基础，建立泥沙冲淤影响因子与冲淤变化过程之间的非线性映射关系，实现对
水库泥沙冲淤的准确、迅速预测，模型计算效率高且相对简便，但精细程度不足，
物理图形不明确。

　　三种模型各具特色，分别可满足不同的计算需求，本章将其引入作为水沙联
合调度耦合模型中的泥沙冲淤计算子模型模块。在实际应用中，可根据所解决问
题的特点，选用不同的模型，或将三者结合使用。

6.2　水库（群）优化调度动态规划子模型

6.2.1　模型的构建

　　供水水库（群）的优化调度一般是按一定的水库调度规则、供水要求等将
调度期划分为若干阶段，然后通过对蓄、泄水过程的合理调控使整个调度期内
的供水量（或供水效益）达到最大，是一个典型的多阶段决策过程，而动态规
划是解决多阶段决策过程最优化的有效方法之一。对于西北地区广泛分布，以
工业、城市生活供水为主要目标，兼顾发电、防洪等目标的供水水库（群），
在已知长系列入库径流过程时，可构建以供水总量最大为目标函数，考虑排沙、
等流量（供水过程均匀）等约束条件，并遵循"以供定需"原则的多沙河流供
水水库（群）优化调度确定型动态规划模型。模型具体描述如下（吴巍等，
2010b）。

1. 阶段、决策、状态及目标函数

　　（1）阶段变量：$t=1, 2, \cdots, N$，表示调度期内的第 t 个时段（月、旬或日等）。
　　（2）决策变量：第 i 水库第 t 个时段的水库供水量 $x_{i,t}$，m^3/s。
　　（3）状态变量：第 i 水库时段初水库蓄水量 $V_{i,t}$，万 m^3。
　　（4）状态转移方程。根据水库水量平衡方程，可得

$$V_{i,t+1} = V_{i,t} + (Q_{i,t} - x_{i,t} - WS_{i,t} - E_{i,t})\ \Delta t \times 10^{-4},$$

$$i=1,\ 2,\ \cdots,\ M;\ t=1,\ 2,\ \cdots,\ N-1 \qquad (6.1)$$

式中，$V_{i,t+1}$ 为第 i 水库时段末水库蓄水量，万 m^3；$Q_{i,t}$ 为第 i 水库第 t 时段内入库水量，m^3/s；$WS_{i,t}$ 为第 i 水库第 t 时段内弃水量（含生态基流），m^3/s；$E_{i,t}$ 为第 i 水库第 t 时段内蒸发渗漏损失水量，m^3/s；Δt 为当前计算时段长度，s。

（5）目标函数。以调度期内可供水总量最大为目标，即

$$\max W = \sum_{i=1}^{M}\sum_{t=1}^{N}(x_{i,t}\Delta t \times 10^{-4}) \qquad i=1,\ 2,\ \cdots,\ M;\ t=1,\ 2,\ \cdots,\ N \quad (6.2)$$

式中，W 为可供水总量，万 m^3。

2. 约束条件

（1）蓄水量约束：

$$V_{i,t,\min} \leqslant V_{i,t} \leqslant V_{i,t,\max} \qquad i=1,\ 2,\ \cdots,\ M;\ t=1,\ 2,\ \cdots,\ N \quad (6.3a)$$

式中，$V_{i,t,\min}$ 为第 i 水库第 t 时段最小蓄水量，通常为死水位所对应的库容；$V_{i,t,\max}$ 为第 i 水库第 t 时段最大蓄水量，对于特定枯水枯沙年份为正常蓄水位所对应的库容，其他年份则非汛期为正常蓄水位所对应的库容，汛期为排沙水位所对应的库容（汛期又可细分为汛前期与汛后期，分别采用不同的排沙水位）。

（2）放水量约束：

$$x_{i,t,\min} \leqslant x_{i,t} \leqslant x_{i,t,\max} \qquad i=1,\ 2,\ \cdots,\ M;\ t=1,\ 2,\ \cdots,\ N \quad (6.3b)$$

式中，$x_{i,t,\min}$ 为第 i 水库第 t 时段放水量下限值，通常为生态需水量；$x_{i,t,\max}$ 为第 i 水库第 t 时段供水量上限值，与输水建筑物规模有关。

（3）等流量约束：

$$x_{i,t} = x_{i,t+1} \qquad t=1,\ 2,\ \cdots,\ N-1 \qquad (6.3c)$$

对于工业、城市生活供水，为满足其高保证率、低破坏深度的供水要求，各时段供水量应尽可能拉平，以使水库供水过程均匀平稳，为达此目的可依等流量约束条件逐时段进行水量平衡，在已知来水系列过程及水库调节库容的前提下，按照"以供定需"的原则推求水库供水过程。

（4）汛期敞泄排沙约束：

$$X_{i,t}=0 \qquad (6.3d)$$

建于多泥沙河流上的水库为确保其有效库容，延长水库使用寿命，当汛期来流量及含沙量达到一定临界值后，通常会进行敞泄排沙，此时水库停止供水，该约束条件也可归至放水量约束中，即将第 i 水库第 t 时段放水量下限值 $x_{i,t,\min}$ 取为 0，但鉴于该条件"多泥沙"的特殊性，这里将其单独列出。

（5）库水位日消落幅度约束：

$$\Delta z \leqslant 10\text{m} \qquad (6.3e)$$

式中，Δz 为库水位日消落幅度。

依据相关规范，为安全起见，水库水位日消落幅度不能过大，一般不应大于 10m。

（6）非负约束：上述所有变量均为非负。

3. 边界条件

水库初始、最终蓄水量均为死库容 V_d，即

$$V_{i,1}=V_{i,N}=V_d \tag{6.4}$$

6.2.2　模型的求解

由水库（群）优化调度动态规划模型可以看出，水库（群）优化调度实质上是一个包含不等式约束及等式约束的非线性优化问题，而且水库（群）作为一个多维连续的复杂动态非线性动力系统，内部关系繁杂，约束条件多样，从而使得水库（群）优化调度问题较一般的约束优化问题更为复杂。对于此类问题的求解，目前较为常用的方法主要有动态规划法、逐次优化法以及遗传算法等。其中，动态规划法发展最为成熟，且易于实现，但存在维数灾问题；逐次优化法虽克服了动态规划法的维数灾问题，但对于多维问题存在收敛速度慢和难以保证收敛到全局最优解的问题；遗传算法是近年来兴起的智能优化算法的主要代表，该法避免了传统优化算法存在的问题，适于求解大规模复杂的多维连续非线性优化问题，在水库调度领域已有广泛应用，但其原理稍显复杂，所需参数较多，导致算法搜索效率较低。为此，本章同样基于智能优化算法，采用第 5 章引入的粒子群优化算法来求解多泥沙河流水库（群）优化调度模型。该法一方面继承了遗传算法群体智能寻求全局最优的特点；另一方面原理更为简单，参数更少，实现更为容易。

1. 约束处理机制

PSO 主要是针对无约束优化问题而提出的，若要将其应用至水库优化调度此类约束优化问题中，需给出相应的约束处理机制，即结合约束处理技术将约束优化问题转化为等价的无约束优化问题。目前，应用较多的约束处理技术是罚函数法，该法将目标函数和约束条件同时综合为一个罚函数，通过调整罚因子来实现目标函数与约束条件之间的平衡。罚函数法原理简单，实现方便，对问题本身没有额外的苛刻要求，但如何合理设置罚因子却是罚函数约束处理机制的一个难点。若罚因子过小，则对不可行解的惩罚不够，很可能导致算法最终获得解的不可行性；若罚因子过大，虽有利于获得可行解，但不利于获得优良解。因此，本章引入以可行性规则为指导基于模拟退火（simulated annealing，SA）算法的约束处理机制，并将其应用于水库（群）优化调度模型中约束条件的处理（Deb，2000）。

该法较罚函数法相比，原理非常简单，且无须增加类似于罚因子之类的额外参数。

以可行性规则作为指导的约束处理机制，与罚函数法将目标函数与约束条件综合为一个罚函数的做法有本质区别，其核心思想是将目标函数与约束条件分开处理，通过相关规定指导解的比较，使算法向违反约束量小的方向搜索或在可行域内向目标值好的方向搜索。可行性规则规定：①可行解总是优于不可行解；②若两个解均可行，则目标值好的解为优；③若两个解均不可行，则违反约束量小的为优。依此规定不难看出，在算法实施过程中，不可行解将面临巨大的选择压力，很难在种群中得以保留，从而使得种群会过早集中于几个可行解附近，进而陷入局部极小。为了避免算法早熟收敛，还需引入模拟退火算法来进行局部搜索，以避免算法陷入局部极小。

模拟退火算法核心思想是通过概率突跳，来避免搜索过程陷入局部极小。具体而言，即针对目标函数 $f(x)$，若 x 为当前解，x' 为 x 邻域内的新解，令 $\Delta E = f(x') - f(x)$，则 x' 替代 x 成为新的当前解的概率 $p_a = \min[1,\ \exp(-\Delta E/T)]$，其中 T 为温度参数。显然，若 $f(x') < f(x)$，则 $p_a = 1$，即算法以概率 1 接受好的新解；若 $f(x') > f(x)$，则 $p_a = \exp(-\Delta E/T)$，为 $0 \sim 1$ 的值，即算法以一定概率接受差的新解，从而使算法产生突跳行为。

2. 基于可行性规则的模拟退火混合 PSO 算法——HPSO 算法

在确定约束处理机制之后，还需给出算法实施的相关策略。基于可行性规则的模拟退火混合 PSO 算法遵循第 4 章中提到的标准 PSO 算法基本思想，但在更新粒子群的个体极值及群体极值时采用不同于标准算法的策略，其中个体极值采用基于可行性规则的更新策略，群体极值采用基于模拟退火算法的更新策略。

1）基于可行性规则的个体极值更新策略

设 P_i^t、$f(P_i^t)$ 分别为种群中第 i 个粒子在 t 时刻的个体极值与个体最优适应度值，X_i^{t+1}、$f(X_i^{t+1})$ 为第 i 个粒子在 $t+1$ 时刻时在搜索空间中的位置及其适应度值，标准 PSO 算法中仅当 $f(X_i^{t+1})$ 优于 $f(P_i^t)$ 时，才有 $P_i^{t+1} = X_i^{t+1}$，而在基于可行性规则的个体极值更新策略中，依据可行性规则的三条规定，若以下任意一种情况存在，则有 $P_i^{t+1} = X_i^{t+1}$，否则 $P_i^{t+1} = P_i^t$。

（1）P_i^t 不满足约束条件为不可行解，而 X_i^{t+1} 满足约束条件为可行解。

（2）P_i^t、X_i^{t+1} 均满足约束条件为可行解，且 $f(X_i^{t+1})$ 优于 $f(P_i^t)$。

（3）P_i^t、X_i^{t+1} 均不满足约束条件为不可行解，且 $\mathrm{viol}(X_i^{t+1}) < \mathrm{viol}(P_i^t)$，其中 $\mathrm{viol}(x)$ 为不可行解违反约束量的函数。

2）基于模拟退火算法的群体极值更新策略

基于模拟退火算法的群体极值更新策略，实质上仍是采用可行性规则的基本思想来更新群体极值，仅是在其中引入模拟退火算法的概率突跳处理办法来进行局部搜索。具体实施过程可概括为如下几个步骤。

（1）初始化相关参数。设 L 为局部搜索最大步数；m 为搜索步数；P_G^t、$P_G^{\prime t}$ 为种群在 t 时刻的群体极值及其邻域内产生的新群体极值；$f(P_G^t)$、$f(P_G^{\prime t})$ 为对应于 P_G^t、$P_G^{\prime t}$ 的群体最优适应度值；p_A^t 为 t 时刻的概突跳率；$T(k)$ 为模拟退火算法中的温度参数，采用指数退温模式，即 $T(k+1)=\lambda T(k)$；k 为 PSO 算法迭代次数。

（2）采用式（6.5）计算 $P_G^{\prime t}$。

$$P_G^{\prime t} = P_G^t + \eta(X_{\max} - X_{\min})N(0,1) \tag{6.5}$$

式中，η 为局部搜索步长；$X_{\max}$、$X_{\min}$ 为搜索空间变化范围的上下界；$N(0,1)$ 为服从均值为 0，方差为 1 的高斯分布随机数。

（3）依据可行性规则的规定，计算 p_A^t。若 $P_G^{\prime t}$ 满足约束条件为可行解，则 $p_A^t = 1$；若 $P_G^{\prime t}$ 不满足约束条件为不可行解，P_G^t 满足满足约束条件为可行解，则 $p_A^t = 0$；若 $P_G^{\prime t}$、P_G^t 均满足约束条件为可行解，则 p_A^t 满足式（6.6）所示关系；若 $P_G^{\prime t}$、P_G^t 均不满足约束条件为不可行解，则 p_A^t 满足式（6.7）所示关系。

$$p_A^t = \min\left(1, \exp\left\{\left[f(P_G^t) - f(P_G^{\prime t})\right]\big/T(k)\right\}\right) \tag{6.6}$$

$$p_A^t = \min\left(1, \exp\left\{\left[\text{viol}(P_G^t) - \text{viol}(P_G^{\prime t})\right]\big/T(k)\right\}\right) \tag{6.7}$$

（4）随机生成 0~1 均匀分布的随机数 $U(0,1)$，若 $p_A^t \geqslant U(0,1)$，则 $P_G^t = P_G^{\prime t}$。

（5）令 $m=m+1$，若 $m>L$，则输出 P_G^t 为种群在 t 时刻的群体极值，否则返回步骤（2）并执行后续步骤。

3. HPSO 算法在水库优化调度子模型中的实施步骤

对于水库（群）优化调度动态规划子模型，结合 HPSO 算法考虑，可描述为在 N 个调度时段构成的搜索空间内，从 m 个水库库容变化序列$(V_1, V_2, \cdots, V_i, \cdots, V_m)$ 中获得一个库容变化序列 $V_i=(V_{i1}, V_{i2}, \cdots, V_{it}, \cdots, V_{iN})$，在满足各约束条件下使得水库目标函数可供水量最大。与 PSO 算法中相关概念进行对应，可将 N 个调度时段视为 N 维搜索空间，m 个水库库容变化序列视为 m 个粒子组成的种群，库容变化序列 V_i 视为第 i 个粒子在 N 维搜索空间中的位置，相应地可将库容变化速度 v_i 视为第 i 个粒子在 N 维搜索空间中的速度，目标函数则视为适应度函数。

在明确概念的基础上，给出采用基于可行性规则的模拟退火混合 PSO 算法求解水库（群）优化调度动态规划子模型的实施步骤。

（1）随机初始化 HPSO 算法参数，包括粒子种群规模 m、每个粒子的空间维数 N、惯性权重 ω、加速度因子 c_1 与 c_2、随机数 r_1 与 r_2、算法迭代次数以及收敛目标值等。其中，粒子种群规模根据所研究问题的复杂程度进行决定；每个粒子的维数由总的水库调度时段数确定。

（2）根据各调度时段允许的水库库容变化范围及速度，设定粒子位置变化范围[V_{min}, V_{max}]以及最大速度 v_{max}、最小速度 v_{min}，随机初始化种群中各粒子的位置和速度，即生成 m 组时段末水库库容变化序列 V_1=(V_{11}, V_{12}, …, V_{1N})，…，V_m=(V_{m1}, V_{m2}, …, V_{mN})以及 m 组时段末水库库容变化速度序列 v_1=(V_{v11}, v_{12}, …, v_{1N})，…，v_m=(v_{m1}, v_{m2}, …, v_{mN})。

（3）根据模型的目标函数（6.2）计算每个粒子的初始适应度函数值，并将当前各粒子的位置和计算所得适应度值分别赋值给个体极值和个体最优适应度值，同时将所有粒子中适应度值最优粒子的位置和适应度值分别赋值给群体极值和群体最优适应度值。

（4）依据标准 PSO 算法中位置和速度更新公式［式（5.8）、式（5.9）］，计算更新各粒子的速度和位置，并据此更新值计算每个粒子的新适应度函数值。

（5）根据可行性规则更新个体极值及群体极值，并给出相应的个体最优适应度值及群体最优适应度值。

（6）根据基于模拟退火算法的局部搜索策略进一步更新群体极值，并给出相应的群体最优适应度值。

（7）判断迭代终止条件是否满足，若满足则输出群体极值及群体最优适应度值并停止算法，否则转向步骤（4）继续进行迭代计算。

6.3　水沙联合优化调度耦合模型

6.3.1　模型耦合的基本思路

多泥沙河流水库水沙联合优化调度耦合模型由泥沙冲淤计算子模型及水库（群）优化调度动态规划子模型两部分构成，子模型之间通过参数及相关数据的相互传递与循环，实现对模型定解条件的影响，从而使两个子模型综合集成为一个耦合模型。

模型耦合的基本思路可概括为：通过求解水库（群）优化调度动态规划子模型获得进出库流量过程、库水位（库容）变化过程等参数，以此为边界条件，调用泥沙冲淤计算子模型进行库区泥沙冲淤计算，获得冲淤后新库容，将新库容代入水库（群）优化调度动态规划子模型中改变其库容约束，再次进行求解，所得又影响泥沙冲淤计算子模型的边界条件，以此反复循环，直至水库达到冲淤平衡，即可实现水、沙调节能力的相互匹配与协调。

6.3.2　耦合变量的确定

在明确模型耦合的基本思路之后，还需确定子模型之间的耦合变量，该变量不仅与水沙联合调度的目标有关，还应体现在各子模型中，合理的耦合变量可以有效实现状态变量在子模型之间的传递转移，使子模型有机地联系在一起。

由于本模型主要是基于我国西北地区广泛分布的多泥沙河流供水水库而构建的，对于此类型水库供水与排沙减淤始终是一个不可调和的矛盾，若要在二者之间建立联系，寻求能体现二者联系的耦合变量，从与水库调度运行方式有关的变量入手是一条可行的途径。为此本书确定采用水库蓄水时机作为耦合变量，该变量作为水库调度运行规则中的一个重要因子，既影响水库（群）优化调度动态规划子模型的起调变量，又决定着泥沙冲淤计算子模型的冲淤形态、冲淤量等计算结果。

6.3.3　模型计算步骤

采用多泥沙河流水库水沙联合优化调度耦合模型，可以就不同调度运用方式下水库的供水情况及泥沙冲淤情况做出预测，据此即可优选出合理的水库调度运用方式，并为水库规模确定提供依据，其计算流程如图 6.2 所示，具体实施步骤可以概括如下。

（1）根据长系列（或典型年）历史水文资料，分析入库水沙特性，同时结合水库开发目标要求，初步拟定水库调度运行方式，包括蓄水方式、排沙方式及供水方式等。

（2）运用以调度期内供水量最大为目标函数，并考虑排沙约束的多泥沙河流水库（群）优化调度动态规划子模型，依照步骤（1）拟定的水库调度运行方式，进行调节计算，输出水库进出库流量过程、库水位（库容）变化过程等参数。

（3）运用水库泥沙冲淤计算子模型，调入水库（群）优化调度动态规划子模型的输出参数，作为其边界条件，进行库区泥沙冲淤计算，输出水库运用若干年后的库容曲线、冲淤量等参数。

（4）将步骤（3）输出的库容曲线与初始库容曲线（$n=1$ 时）或前一计算层次输出的库容曲线（$n>1$ 时）进行比较，若两者无限接近至满足计算控制精度 ε，则判定水库冲淤达到基本平衡，步骤（3）输出的库容曲线即为终极库容曲线，可统计相关供水参数（包括可供水量、供水保证率、供水破坏深度等）；否则，将步骤（3）输出的库容曲线调入水库（群）优化调度动态规划子模型，改变模型的库容约束条件，并返回步骤（2）依次实施步骤（2）～步骤（4），开始下一层次计算，直至水库冲淤达到基本平衡。

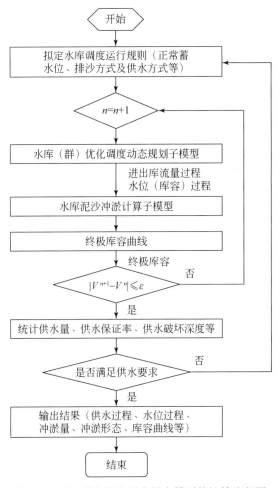

图 6.2　水沙联合优化调度耦合模型的计算流程图

　　（5）依据实际供水目标要求，判断步骤（4）输出的可供水量、供水保证率、供水破坏深度等供水参数是否满足供水要求。若满足，则输出模型最终计算成果，包括水库供水过程、库水位变化过程、终极库容曲线、冲淤量等；若不满足，则返回步骤（1）重新调整拟定水库调度运行方式，并依次重复实施步骤（2）～步骤（5），直至最终满足供水要求。

6.4　小　　结

　　建于多泥沙河流上的水库，始终存在兴利与排沙减淤这一对天然矛盾，为协调二者之间的矛盾，使水库既能充分发挥兴利效益，又不至于因泥沙淤积而损耗过多库容，拟定合理的水库调度运行方式是至关重要的。因此，本章运用水沙数学模型与优化理论的基本思想，就如下几方面内容进行了重点研究。

（1）针对我国西北地区广泛分布的多泥沙河流水库的特点，构建了以供水量最大为目标函数，考虑排沙、等流量等约束条件，并遵循"以供定需"调节原则的水库（群）优化调度动态规划子模型。

（2）引入基于可行性规则的模拟退火混合 PSO 算法，给出了水库（群）优化调度动态规划子模型的求解模式，该模式原理简单、参数少，且实现较为容易。

（3）在综合集成水库泥沙冲淤计算子模型及水库（群）优化调度动态规划子模型研究成果的基础之上，通过两子模型之间参数及数据的相互传递与循环，实现对模型定解条件的影响，进而构建了多泥沙河流水库水沙联合优化调度的耦合模型。

第7章 黑河亭口水库水沙联合调节模拟计算分析

以非均匀悬移质不平衡输沙及水库优化调度理论为基础构建的多泥沙河流水库水沙联合优化调度耦合模型，从物理图形及理论基础角度而言，是精细且严格的，但其实际应用效果如何，尚需工程检验。因此，本章以典型多泥沙河流水库——亭口水库为例，遵循图 7.1 所示的研究路线，采用构建的模型就不同运行方式下水库的供水、冲淤等情况进行比较计算，确定出水库的合理工程规模及运用方式，进而实现模型在实际工程中的有效应用。

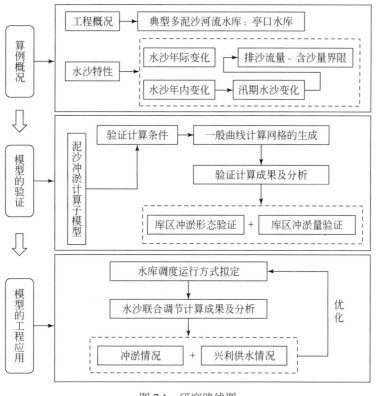

图 7.1 研究路线图

7.1 算 例 概 况

7.1.1 工程概况

亭口水库工程地处陕西省咸阳市长武县境内,位于彬(彬县)长(长武县)矿区中部,处于泾河一级支流黑河干流末端,水库坝址距黑河入泾河口仅 2km。黑河为陕西省内泾河右岸最大支流,发源于甘肃省华亭县上关,由长武县刘家河村进入陕西境内,于亭口镇汇入泾河,流域面积 4255km², 全长 168km,河道比降 2.9‰,河口以上 14.2km 处汇入其最大支流达溪河。该河发源于陕西省陇县河北乡北庙庄和甘肃省崇信乡宰相村,自长武县巨家乡入境,其流域面积 2537km²,占黑河流域面积的 60%,河长 126.8km,河道比降 2.74‰。

亭口水库工程开发目标以工业及城镇生活供水为主,同时兼顾防洪、发电等,是解决彬长矿区生产、生活用水的重要水源工程之一。亭口水库所在流域地处黄土高原强侵蚀区,径流多由暴雨形成,入库流量变幅大、含沙量高,属多泥沙河流水库。据 1954～2005 年共计 52 年的入库水沙过程统计,亭口水库多年平均入库流量为 7.62m³/s,入库含沙量为 60.18kg/m³,水少沙多的矛盾极为突出。

作为一座典型的多泥沙河流水库,亭口水库供水与排沙减淤之间的矛盾尤其尖锐。首先,水库的开发目标决定其供水保证率要求比较高,设计供水月保证率不小于 90%,供水破坏深度不大于 20%;其次,水库入库沙量大、库沙比小,如不适时进行排沙,库区泥沙淤积将会十分严重,难以保持长期终极有效库容,水库效益发挥也将受到极大制约;最后,水库进行排沙,排沙方式的合理与否将直接影响水库供水要求的满足程度。

7.1.2 水沙特性

1. 水沙年际变化

亭口水库年平均入库径流量、输沙量及悬移质含沙量的年际变化情况分别参见图 7.2 及图 7.3。可以看出,亭口水库入库水沙年际分配极不均匀,从 52 年的变化形式来看,水沙量整体呈现减小的趋势,且沙量的减小趋势较水量更为显著。其中,20 世纪 90 年代为一连续枯水枯沙系列,其余年份则水沙丰枯交替变化。

2. 水沙年内变化

亭口水库多年平均入库水沙量的年内分配情况分别见图 7.4、图 7.5。可以看出,亭口水库多年平均水沙年内分配极不均匀,来水来沙主要集中在汛期的 7～9 月,而在汛期又集中在主汛期的 7～8 月,尤以输沙量的集中度为甚。其中,在汛

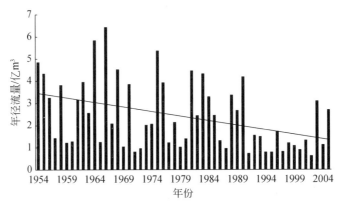

图 7.2　亭口水库入库径流量年际变化图

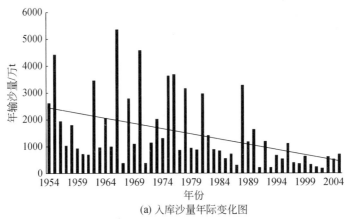

(a) 入库沙量年际变化图

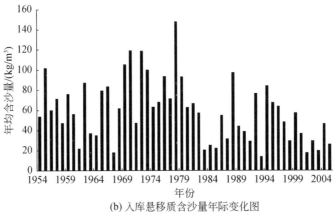

(b) 入库悬移质含沙量年际变化图

图 7.3　亭口水库入库沙量、入库悬移质含沙量年际变化图

期的 3 个月内，径流量占多年平均全年入库水量的 48.5%，而输沙量占到全年的
84.3%；在主汛期的 2 个月中，径流量占全年入库水量的 29.5%，输沙量则占全年

的 68.7%。高沙的产生主要源于高洪，入库沙量主要集中在汛期的几场洪水，随着洪峰流量的增加，含沙量的增幅会更大。这样的水沙年内分配特点，对水库调度而言，意味着调水调沙的矛盾主要集中于汛期。

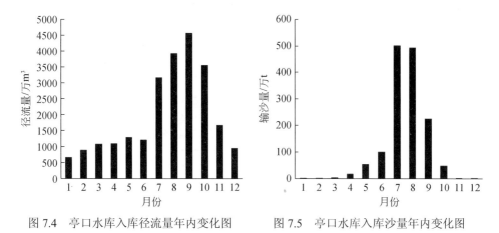

图 7.4　亭口水库入库径流量年内变化图　　　图 7.5　亭口水库入库沙量年内变化图

3. 汛期水沙变化

亭口水库多年平均主汛期（7～8 月）不同含沙量级、不同流量级入库水沙量及其出现天数统计见表 7.1、表 7.2。由表 7.1 可见，含沙量小于 $50kg/m^3$ 时，水量占全年水量比例明显大于沙量占全年沙量比例，且出现天数较多，而当含沙量大于 $50kg/m^3$ 后，水量所占年比例则逐渐由相当于沙量所占年比例降至小于沙量所占年比例，出现天数也减少很多。因此本着利用少量水排出尽可能多沙的原则，$50kg/m^3$ 可作为水库排沙的含沙量界限。与之相类似，由表 7.2 可初步确定水库排沙的流量界限为 $30m^3/s$。

表 7.1　亭口水库主汛期不同含沙量级多年平均入库水沙量统计

含沙量分级	水		沙		出现天数 /d
	径流量/万 m³	占全年比例/%	输沙量/万 t	占全年比例/%	
<50kg/m³	2907.1	12.1	38.9	2.7	48.6
50～100kg/m³	854.4	3.6	60.5	4.2	4.8
100～200kg/m³	1126.6	4.7	160.8	11.1	3.9
200～400kg/m³	1594.4	6.6	446.9	30.9	3.5
400～800kg/m³	607.0	2.5	286.0	19.8	1.2
全年	24015.0	100.0	1445.2	100.0	—

表 7.2　亭口水库主汛期不同流量级多年平均入库水沙量统计

流量分级	水		沙		出现天数 /d
	径流量/万 m³	占全年比例/%	输沙量/万 t	占全年比例/%	
<10m³/s	1309.6	5.5	42.4	2.9	45.3
10~20m³/s	952.3	4.0	74.6	5.2	7.8
20~30m³/s	660.5	2.8	68.6	4.7	3.1
30~50m³/s	821.3	3.4	114.6	7.9	2.5
50~100m³/s	1049.6	4.4	182.9	12.7	1.8
>100m³/s	2296.2	9.6	510.0	35.3	1.4
全年	24015	100	1445.2	100	—

7.2　模型的验证

　　任何一个数学模型，即便其构建原理相当精细，倘若没有经过实际资料的验证认可，仍是不能应用于实际工程计算的。因此，将构建的多泥沙河流水库水沙联合优化调度耦合模型应用于亭口水库前，须对其先行进行验证。具体到本模型而言，主要是对泥沙冲淤计算子模型的验证。

　　由于亭口水库属拟建水库，尚缺乏大量水库运行条件下库区泥沙冲淤资料，因此本章采用"多泥沙河流水库平面二维水沙数学模型"作为泥沙冲淤计算子模型，通过同条件下数学模型计算成果与工程设计阶段进行的物理模型试验成果（张红武，2007）进行对比，完成模型的验证。

7.2.1　验证计算条件

　　1. 入库水沙条件

　　采用与物理模型试验相同的 7 年设计水沙系列作为入库水沙条件进行数学模型的验证计算。7 年水沙系列中第 1~5 年根据 1954~2005 年共计 52 年汛期水沙过程设计而成，第 6~7 年则是在第 1~2 年的基础之上进一步概化而得。7 年水沙系列的相关特征参数如表 7.3 所示。

表 7.3　7 年水沙系列水沙特征参数统计

水库运用 年限	干流		支流	
	最大日流量/（m³/s）	最大日含沙量/（kg/m³）	最大日流量/（m³/s）	最大日含沙量/（kg/m³）
第 1 年	298.75	332.24	664.96	143.41
第 2 年	33.08	928.53	73.63	400.81

水库运用年限	干流		支流	
	最大日流量/（m³/s）	最大日含沙量/（kg/m³）	最大日流量/（m³/s）	最大日含沙量/（kg/m³）
第 3 年	72.93	624.80	162.33	269.70
第 4 年	43.48	510.76	96.79	220.47
第 5 年	59.64	546.23	132.75	235.78
第 6 年	298.75	332.24	664.96	143.41
第 7 年	33.08	928.53	73.63	400.81

2. 出库水位（流量）条件

同样采用与物理模型试验相同的出库水位（流量）条件，即使用根据调洪计算与水库调度运行规则确定的坝前水位（流量）过程作为模型出口控制条件。具体可描述为水库主汛期从低水位开始运行，至汛后期坝前水位逐步抬高，开始蓄水，运行过程中，若出现较大洪峰，则使坝前水位降低，洪峰过后恢复至原坝前水位。

7.2.2　计算网格的生成

以实测库区地形图为基础，采用一般曲线坐标系下曲线网格生成技术生成计算网格。本次验证整个计算区域包括干、支流两部分，出于节省计算时间及成本的考虑，在满足计算要求的基础上，干流划分 200×10 个曲线网格，支流划分 150×10 个曲线网格，沿水流方向网格平均长度约为 160m，沿河宽方向网格平均宽度约为 65m。生成的计算网格如图 7.6 所示。

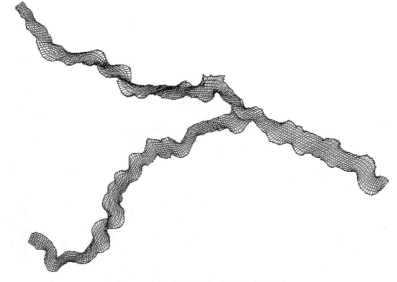

图 7.6　计算区域曲线网格生成图

7.2.3 验证计算成果及分析

结合物理模型试验成果，本小节分别从库区泥沙冲淤形态及冲淤量两个方面就"多泥沙河流水库平面二维水沙数学模型"泥沙冲淤计算子模型进行验证。

1. 库区泥沙冲淤形态验证

图 7.7 为初始库区地形图，图 7.8、图 7.10、图 7.12、图 7.14、图 7.16、图 7.18 及图 7.20 分别给出了水库运行 1～7 年之后的库区冲淤地形计算成果。与图 7.7 相比，可以看出库区基本呈逐年淤积态势，且淤积主要集中于坝前主槽范围内，淤积影响范围干流约至距坝址 20km 处，支流约至距交汇口 10km 处，与物理模型试验成果基本接近，且从定性角度也符合同类型水库的实际冲淤规律。但鉴于图形的尺度问题，水库运行 7 年间的冲淤过程体现不甚明晰，因此从图中提取库区干支流河床深泓点高程与物模试验测得的库区纵剖面成果进行对比，以进一步验证库区泥沙的冲淤形态。图 7.9、图 7.11、图 7.13、图 7.15、图 7.17、图 7.19 及图 7.21 分别给出了水库运行 1～7 年之后库区干支流纵剖面数模计算成果与物模试验成果之间的对比情况。可以看出，历年数模计算值与物模试验值之间吻合良好，淤积形态呈锥体。其中，1～7 年沿程干流深泓点高程计算值与试验值平均相差分别约为 1.51m、1.44m、1.30m、1.31m、1.40m、1.56m、1.38m，支流平均高程差分别约为 0.63m、0.77m、1.07m、1.44m、1.53m、1.34m、1.38m，初步表明本小节所采用的泥沙冲淤计算子模型可满足实际水库调度运行中对库区泥沙冲淤形态进行预测计算的需要。

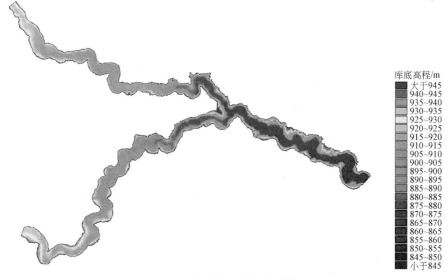

图 7.7　水库初始地形图（见彩图）

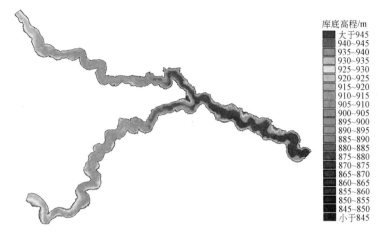

图 7.8　水库运行第 1 年库底冲淤形态图（见彩图）

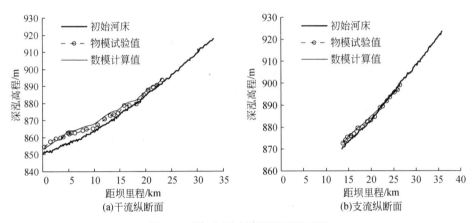

(a)干流纵断面

(b)支流纵断面

图 7.9　第 1 年干支流纵断面验证图

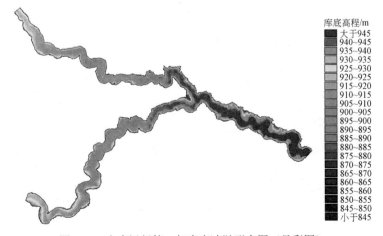

图 7.10　水库运行第 2 年库底冲淤形态图（见彩图）

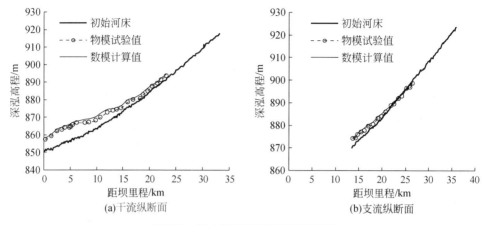

(a)干流纵断面　　　　　　　　　(b)支流纵断面

图 7.11　第 2 年干支流纵断面验证图

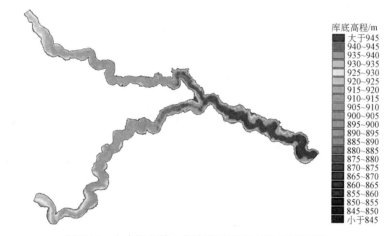

图 7.12　水库运行第 3 年库底冲淤形态图（见彩图）

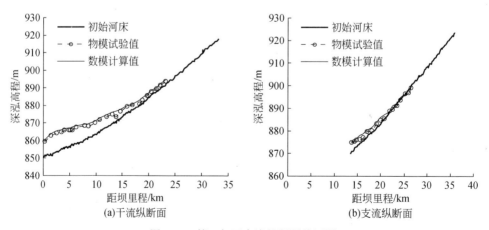

(a)干流纵断面　　　　　　　　　(b)支流纵断面

图 7.13　第 3 年干支流纵断面验证图

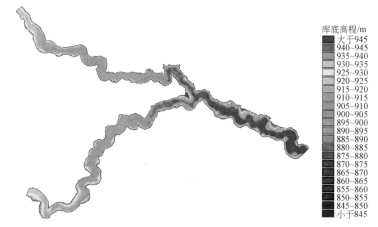

图 7.14　水库运行第 4 年库底冲淤形态图（见彩图）

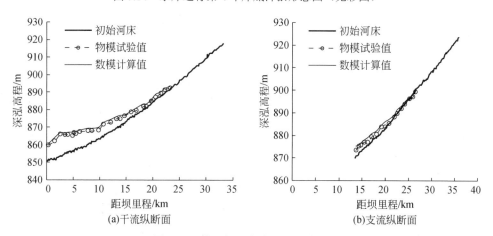

(a)干流纵断面　　　　　　　　　　　　(b)支流纵断面

图 7.15　第 4 年干支流纵断面验证图

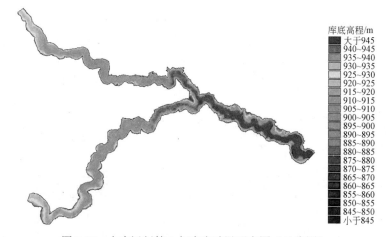

图 7.16　水库运行第 5 年库底冲淤形态图（见彩图）

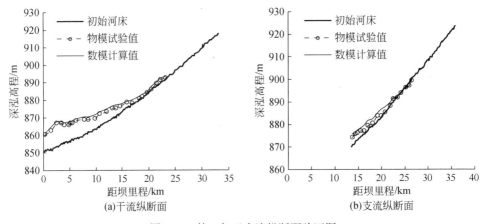

图 7.17　第 5 年干支流纵断面验证图

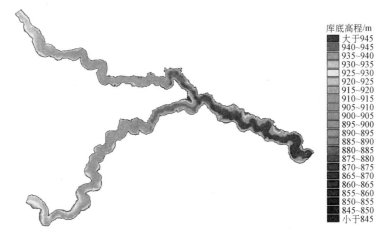

图 7.18　水库运行第 6 年库底冲淤形态图（见彩图）

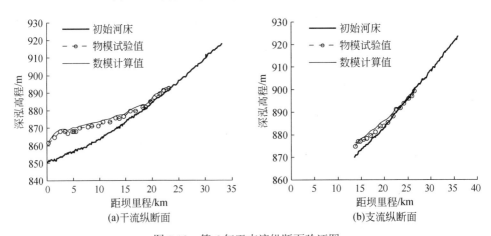

图 7.19　第 6 年干支流纵断面验证图

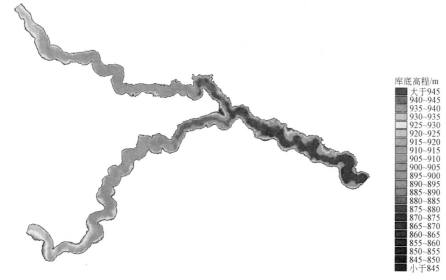

图 7.20　水库运行第 7 年库底冲淤形态图（见彩图）

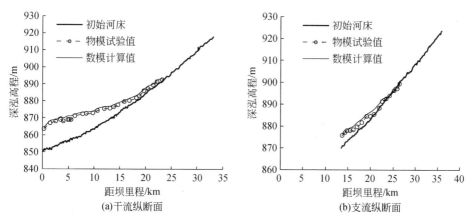

图 7.21　第 7 年干支流纵断面验证图

2. 库区泥沙冲淤量验证

与库区泥沙冲淤形态验证类似，由平面二维数模计算成果统计历年出库沙量、淤积量及排沙比，并将之与物模试验成果进行对比，对比情况详见表 7.4。

表 7.4　库区泥沙冲淤物理模型试验值与数学模型计算值对比

成果类型	试验年	入库沙量/万 t	出库沙量/万 t			淤积量/万 t			排沙比/%		
			地形法	输沙率法	平均	地形法	输沙率法	平均	地形法	输沙率法	平均
物理模型试验成果	第 1 年	2315.60	1134.12	1002.28	1068.20	1181.48	1313.32	1247.40	48.98	43.28	46.13
	第 2 年	1808.01	745.08	692.3	718.69	1062.93	1115.71	1089.32	41.21	38.29	39.75

成果类型	试验年	入库沙量/万 t	出库沙量/万 t			淤积量/万 t			排沙比/%		
			地形法	输沙率法	平均	地形法	输沙率法	平均	地形法	输沙率法	平均
物理模型试验成果	第 3 年	1607.67	872.04	779.55	825.80	735.63	828.12	781.88	54.24	48.49	51.37
	第 4 年	662.40	327.31	314.24	320.78	335.09	348.16	341.63	49.41	47.44	48.43
	第 5 年	1507.05	798.26	835.45	816.86	708.79	671.60	690.20	52.97	55.44	54.20
	第 6 年	2390.50	1606.21	1425.13	1515.67	784.29	965.37	874.83	67.19	59.62	63.40
	第 7 年	1792.30	1037.55	1000.77	1019.16	754.75	791.53	773.14	57.89	55.84	56.86
数学模型计算成果	第 1 年	2315.60	—	1032.67	—	—	1282.93	—	—	44.60	—
	第 2 年	1808.01	—	619.92	—	—	1188.09	—	—	34.29	—
	第 3 年	1607.67	—	765.29	—	—	842.38	—	—	47.60	—
	第 4 年	662.40	—	286.00	—	—	376.40	—	—	43.18	—
	第 5 年	1507.05	—	770.53	—	—	736.53	—	—	51.13	—
	第 6 年	2390.50	—	1465.26	—	—	925.24	—	—	61.30	—
	第 7 年	1792.30	—	879.09	—	—	913.21	—	—	49.05	—

同时，图 7.22、图 7.23 还分别给出了历年累计出库沙量、累计淤积量数模计算值与物模试验值之间的对比情况。可以看出，计算值与试验值之间吻合良好，就淤积量而言，吻合程度最佳的为第 1 年，相对误差约为 2.85%，其余历年相对误差分别约为 9.07%、7.74%、10.18%、6.71%、5.76% 及 18.12%，计算精度可满足实际水库调度运行中对库区冲淤量进行预测计算的需要。

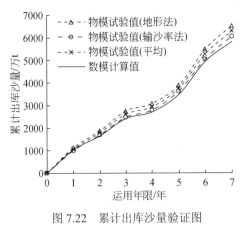

图 7.22　累计出库沙量验证图

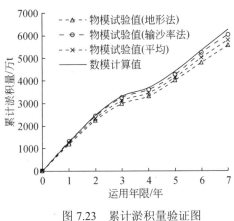

图 7.23　累计淤积量验证图

7.3 模型的工程应用

7.3.1 水库调度运行方式拟定

在确保亭口水库大坝防洪安全的前提下，以充分利用来水资源、优先保证生态用水、最大限度满足工业城镇供水需求、尽量减少库区泥沙淤积为基本原则，同时考虑保持水库长期有效库容，使水库长期发挥效益，来拟定水库的调度运行方式。拟定过程中，需考虑的问题包括：①合理设置排沙期，对入库水沙进行多年调节；②设置反调节库，解决相机敞泄排沙期间的供水问题；③优选排沙流量及沙限，协调供水与排沙的矛盾；④尽量提高供水保证率。

依据以上原则及条件，拟定 4 种水库运用方式作为计算方案，采用 1954～2005 年共计 52 年水沙系列分别进行水沙联合调节计算，通过方案比选确定合理的水库运用方式（王新宏等，2018，2011；吴巍等，2010b）。

1. 方案 1：分期蓄水运用，相机排沙

（1）正常蓄水位。第 1～10 年正常蓄水位为 875m；第 11～20 年为 880m；第 21～30 年为 885m；第 31～40 年为 890m；第 40 年以后为 893m。

（2）排沙方式。汛期（7～8 月）为排沙期，排沙期内流量不小于 30m³/s 且含沙量不小于 50kg/m³ 时，敞泄排沙，特枯年份不排沙；非汛期（9 月～次年 6 月），利用高含沙洪水入库时机，采用异重流排沙。

（3）供水方式及要求。以水库供水为主，低水位运行或敞泄排沙期供水不足时，由 700 万 m³ 辅助反调节池补充供水；供水月保证率不小于 90%，破坏深度不大于 20%。

2. 方案 2：分期蓄水运用，汛期低水位相机排沙

（1）正常蓄水位：同方案 1。

（2）排沙方式。汛期（7～8 月）为排沙期，排沙期内流量不小于 30m³/s 且含沙量不小于 50kg/m³ 时，敞泄排沙，且 7 月 1 日～8 月 10 日水库全时段控制低水位运用，有效库容不大于 200 万 m³，特枯年份不排沙；非汛期（9 月～次年 6 月），利用高含沙洪水入库时机，采用异重流排沙。

（3）供水方式及要求：同方案 1。

3. 方案 3：蓄水运用，汛期低水位相机排沙

（1）正常蓄水位：893m。

（2）排沙方式：同方案 2。
（3）供水方式及要求：同方案 1、方案 2。

4. 方案 4：控制蓄水运用，汛期低水位相机排沙

（1）正常蓄水位。第 1～40 年正常蓄水位由 880m 逐步抬高至 893m，控制蓄水运用条件为死水位以上且蓄水量最大不超过 4000 万 m³；第 40 年以后为 893m。
（2）排沙方式：同方案 2、方案 3。
（3）供水方式及要求：同方案 1、方案 2、方案 3。

7.3.2 水沙联合调节计算成果及分析

采用多泥沙河流水库水沙联合优化调度耦合模型，分别依照拟定的 4 种不同水库调度运行方式进行水沙联合调节计算。计算成果主要包括各方案下亭口水库冲淤、供水两方面的情况，详见表 7.5。

表 7.5 不同运行方式下水沙联合调节计算成果统计

方案	冲淤情况			供水情况		
	剩余库容/万 m³	排沙比/%	累计淤积量/万 m³	供水量/万 m³	月保证率/%	最大破坏深度/%
1	2198	68.0	18196	6775	94.57	19.99
2	4134	69.8	17177	7231	95.32	19.97
3	2884	66.1	19298	7109	95.62	19.98
4	3358	70.0	17034	7234	94.72	19.98

由表 7.5 可以看出，水库依照方案 1 运行 52 年后，累计淤积量相对较大，剩余有效库容、多年平均供水量均最小，在供水保证率及破坏深度要求下无法满足供水目标；依照方案 2 水库运用 52 年后，累计淤积量虽相对较小，剩余有效库容、多年平均供水量仍均较大，但是分期逐步抬高蓄水位的运行方式过于死板，难以适应亭口水库入库水沙变幅大的特点；方案 3 与方案 4 相比，在水库冲淤方面，方案 4 优势较大，水库运用 52 年后，方案 4 剩余有效库容大、累计淤积量小，在水库供水方面，两方案则相差不多，但就水库运行管理的难易度、可操作性而言，方案 3 明显优于方案 4。综合比选分析，从冲淤、供水及实际运行三方面考虑，确定亭口水库的运行方式以方案 3 为佳。

通过比选分析确定水库运行方式后，就水库规模作进一步明确与优化，因此在方案 3 的基础之上再拟定 3 种水库正常蓄水位方案，3 种方案正常蓄水位分别为 892m、893m 及 894m。针对此 3 种正常蓄水位方案，同样采用多泥沙河流水库水沙联合优化调度耦合模型，依照方案 3 的水库调度运行方式进行水沙联合调节计算，综合分析不同水库规模下冲淤、供水等成果，据此确定水库的合理工程规

模（表7.6）。

表 7.6　方案 3 运行方式下水库不同正常蓄水位时水沙联合调节计算成果

项目		不同正常蓄水位时各参数数值		
		892m	893m	894m
水库参数	初始库容/亿 m³	1.91	2.02	2.14
运行情况	运行年限/年	52	52	52
	排沙水位/m	892	893	894
冲淤情况	冲淤平衡年限/年	42	42	42
	多年平均淤积量/万 m³	382	386	399
	多年平均排沙比/%	66.4	66.1	64.9
	52 年后剩余库容/万 m³	2342	2884	3260
供水情况	可供水量/万 m³	7059	7109	7113
	月供水保证率/%	94.88	93.79	93.27
	最大破坏深度/%	19.95	19.98	19.97

由表 7.6 可以看出，随着正常蓄水位的升高，运行 52 年后剩余有效库容及多年平均可供水量均逐渐增大，但增幅呈递减趋势。其中，当正常蓄水位由 892m 抬高至 893m 时，剩余有效库容增大 542 万 m³（增幅约 23%），可供水量增大 50 万 m³（增幅约 0.7%）；当正常蓄水位由 893m 抬高至 894m 时，剩余有效库容增大 376 万 m³（增幅约 13%），可供水量增大 4 万 m³（增幅约 0.1%）。据此可以判断，从供水角度而言，正常蓄水位由 893m 抬高至 894m 时，可供水量增幅已微乎其微，徒升水位对可供水量的增加无益；就冲淤而言，情况类似，即随着蓄水位的抬升，剩余有效库容虽有所增加，但增幅不大。因此，确定亭口水库的正常蓄水位为 893m。

至此，采用本书构建的多泥沙河流水库水沙联合优化调度耦合模型，通过方案比选确定了亭口水库的合理运行方式及工程规模。依照"蓄水运用，汛期低水位相机排沙"（方案 3）的水库调度运行方式，在正常蓄水位为 893m 时，亭口水库运行 52 年间的入流及供水变化过程见图 7.24，水位变化过程见图 7.25，库容成果见图 7.26，逐年累计出库沙量成果见图 7.27，逐年累计淤积量成果见图 7.28。

由图 7.24 可以看出，在满足设计供水月保证率不小于 90%，供水破坏深度不大于 20% 的条件下，按照"以供定需"的原则推求出水库供水过程，在水库运行 52 年间，供水过程均匀平稳，最大年供水量约为 7195 万 m³，最小年供水量约为 6405 万 m³，多年平均供水量约为 7109 万 m³。

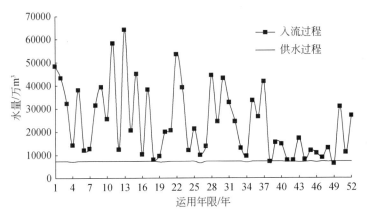

图 7.24　水库运行 52 年间的入流与供水变化过程线

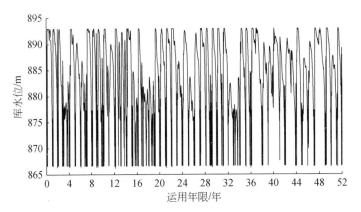

图 7.25　水库运行 52 年间库水位变化过程

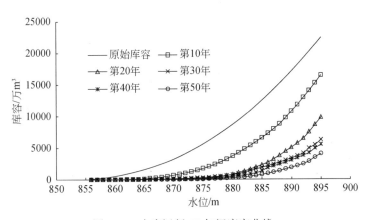

图 7.26　水库运行 52 年间库容曲线

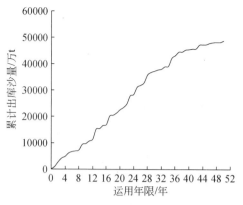

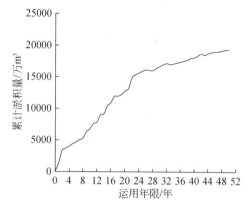

图 7.27　水库运行 52 年间逐年累计出库沙量　　图 7.28　水库运行 52 年间逐年累计淤积量

由图 7.25 可以看出，亭口水库由运行初的死水位开始蓄水，运行 52 年间，由于受汛期低水位相机排沙运行方式的影响，水位变化幅度较大，其间历经了若干次的蓄满、放空过程，至运行期末库水位降至死水位，完成整个水量调节过程。

由图 7.26 可以看出，水库运用初期，由于淤积量较大，库容曲线变化幅度也较大，当进入正常运用阶段后，淤积增加逐渐趋缓，库容曲线也相应趋缓。

由图 7.27、图 7.28 可以看出，亭口水库运用初期淤积增加较快，运用约 23 年后，由于汛期低水位不定期相机排沙运用，有效抑制了水库淤积发展的速度，淤积增加逐渐趋缓，至运用 42 年后，淤积已基本不再发生大的变化，水库接近冲淤平衡状态。冲淤平衡状态后库区地形见图 7.29。

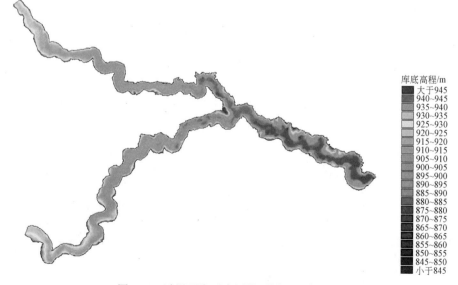

图 7.29　冲淤平衡后库区地形图（见彩图）

7.4　小　　结

为检验本书构建的多泥沙河流水库水沙联合优化调度耦合模型在实际工程中的应用效果,本章将其应用到建于泾河一级支流黑河,以解决彬长矿区工业及城镇生活用水为主要目标的典型多泥沙河流水库——亭口水库,在模型验证的基础之上,就水库的调度运用方式优化选择及供水规模确定等问题进行了计算研究。结果表明,本书所构建模型对于解决多泥沙河流水库的水沙联合调度问题而言,是一条切实可行的技术路线。重点研究内容包括如下几个方面。

(1)采用同条件下数模计算成果与物模试验成果进行对比的技术手段,就本章采用的泥沙冲淤计算子模型,即多泥沙河流水库平面二维水沙数学模型进行了验证。结果表明,计算值与试验值吻合良好,所采用模型可满足实际水库调度运行中对库区泥沙冲淤形态、冲淤量进行预测计算的需要。

(2)采用所构建模型就不同运行方式下亭口水库的冲淤、供水等情况进行比较计算,确定水库采用"蓄水运用,汛期低水位相机排沙"的调度运行方式,同时在方案优选的过程中也反映出本书构建的模型具有较强的合理性及较广的适用性,适宜于解决多泥沙河流水库的水沙联合调度问题。

第8章 三门峡水库运用方式对潼关高程影响研究

三门峡水库是黄河干流上修建的首座大型枢纽工程，因建设及初期运行阶段对泥沙问题认识不足，致使水库运用初期库区发生严重淤积，渭河下游侵蚀基准面潼关高程（黄河潼关断面在1000m³/s流量时的相应水位）急剧抬升，给渭河下游关中平原的防洪安全、生态环境及社会经济发展带来了一系列问题，使得三门峡水库运用方式及其对潼关高程的影响问题长期以来受到广泛关注。因此，本章在水利部重点研究项目"潼关高程控制及三门峡水库运用方式研究"相关工作的基础上，遵循图8.1所示的研究路线，采用本书第3章构建的模型就不同设计水沙系列下河段冲淤量、潼关高程变化过程进行模拟预测，进而为三门峡水库运用方式的调整和降低潼关高程提供技术支撑，实现模型在实际工程中的有效应用。

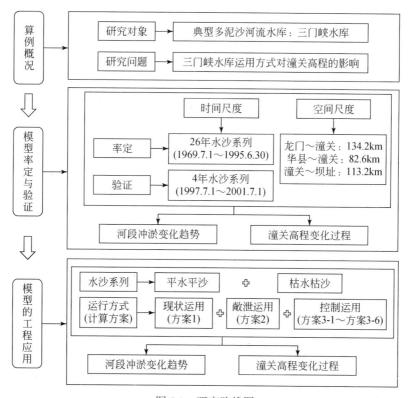

图8.1 研究路线图

8.1　工　程　概　况

　　三门峡水利枢纽工程位于黄河中游下段，是中华人民共和国成立以来在黄河干流上兴建的第一座以防洪为主，兼顾防凌、灌溉、供水、发电等任务的大型水利枢纽工程。水库坝址以上控制流域面积 68.84 万 km^2，占黄河总流域面积的 91.5%，控制黄河来水量的 89%、来沙量的 98%。工程于 1957 年 4 月动工，1960 年 9 月蓄水投入运用，后续为了减少库区泥沙淤积，水库进行了两次改建，运行方式历经了蓄水拦沙、滞洪排沙、蓄清排浑三个阶段。

　　三门峡水库库区范围包括四大库段，涉及自黄河龙门、渭河临潼、汾河河津和北洛河状头 4 个水文站至大坝区间的干支流，库区水系及主要控制断面分布见图 8.2。其中，小北干流库段由黄河龙门站至潼关站，库段长 134.2km，河宽为 4～19km，穿行于陕、晋两省之间，是两省界河，属游荡型河段；潼关以下干流库段由黄河潼关站至大坝，库段长 113.2km，河宽 1～6km，河槽宽度 500m 左右，属峡谷型河段；渭河下游库段由渭河临潼站至潼关站汇入黄河，库段长 127.7km 左右，河宽 3～6km，流经关中平原临潼、临渭、华县、大荔、华阴和潼关六县（市、区），是防洪保护重点区域；北洛河库段由北洛河状头站至入渭河口，库段长 121.9km，河宽 1～2km，两岸为黄土台塬，流经陕西省蒲城、大荔两县（王兆印等，2014；胡春宏等，2008）。

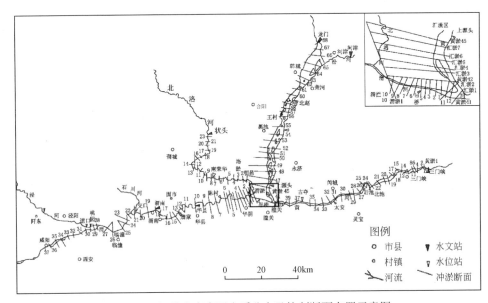

图 8.2　三门峡水库库区水系分布及控制断面布置示意图

8.2　模型的率定与验证

8.2.1　基础资料

1. 上游边界条件

模型率定及验证计算依据的上游边界条件为三门峡水库库区渭河华县、北洛河状头、汾河河津及黄河龙门四个水文站 1969~2001 年水沙系列资料。各站历年水沙量变化过程见图 8.3~图 8.6。

由图 8.3 可以看出，华县站 1969~2001 年多年平均径流量为 59.1 亿 m³，输沙量为 3.01 亿 t，含沙量为 50.9kg/m³；多年平均汛期径流量为 36.1 亿 m³，输沙量为 2.69 亿 t，含沙量为 74.5kg/m³；多年平均非汛期径流量 23.0 亿 m³，输沙量 0.32 亿 t，含沙量 13.9kg/m³。其中，1975 年、1976 年、1981 年、1983 年及 1984 年为

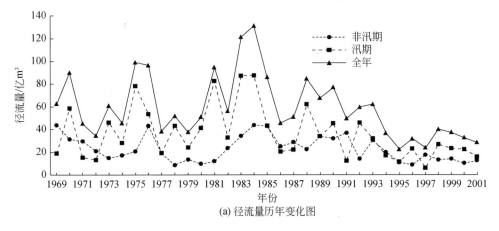

(a) 径流量历年变化图

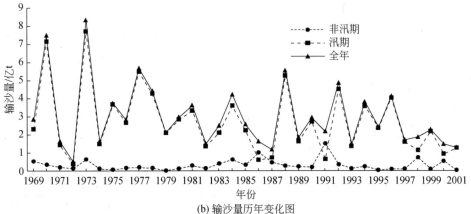

(b) 输沙量历年变化图

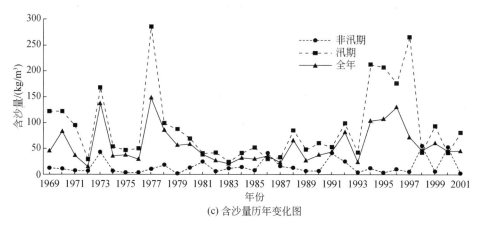

(c) 含沙量历年变化图

图 8.3　渭河华县站径流量、输沙量及含沙量历年变化图（1969～2001 年）

丰水年，汛期最大来水发生于 1984 年，来水量为 87.5 亿 m³；汛期最小来水发生于 1997 年，来水量仅为 6.1 亿 m³，该年为特枯水年；1970 年、1973 年为小水大沙年，1975 年、1981 年、1983 年、1984 年为大水小沙年，1987～1993 年为中水中沙年，1994～2001 年为枯水枯沙年。

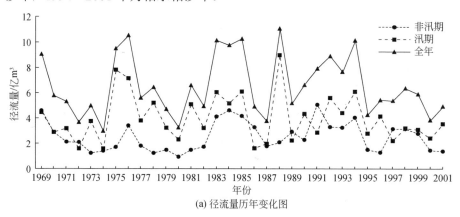

(a) 径流量历年变化图

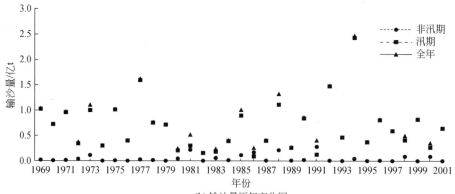

(b) 输沙量历年变化图

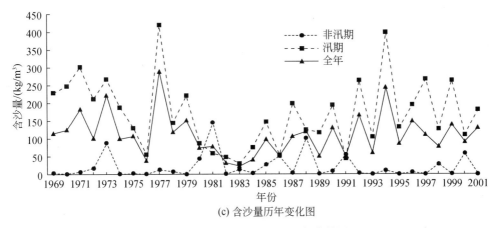

(c) 含沙量历年变化图

图 8.4　北洛河状头站径流量、输沙量及含沙量历年变化图（1969～2001 年）

由图 8.4 可以看出，状头站 1969～2001 年多年平均径流量为 6.53 亿 m³，输沙量为 0.712 亿 t，含沙量为 109.00kg/m³；多年平均汛期径流量为 3.99 亿 m³，输沙量为 0.665 亿 t，含沙量为 166.40kg/m³；多年平均非汛期径流量 2.54 亿 m³，输沙量 0.047 亿 t，含沙量 18.60kg/m³。其中，1975 年、1983～1985 年、1988 年为丰水小沙年，1984 年为中水大沙，其余为中水中沙年。

由图 8.5 可以看出，河津站 1969～2001 年多年平均径流量为 7.35 亿 m³，输沙量为 0.093 亿 t，含沙量为 12.70kg/m³；多年平均汛期径流量为 4.55 亿 m³，输沙量为 0.084 亿 t，含沙量为 18.50kg/m³；多年平均非汛期径流量 2.80 亿 m³，输沙量 0.009 亿 t，含沙量 3.20kg/m³。

由图 8.6 可以看出，龙门站 1969～2001 年多年平均径流量为 244.00 亿 m³，输沙量为 6.06 亿 t，含沙量为 24.90kg/m³；多年平均汛期径流量为 120.10 亿 m³，输沙量为 5.19 亿 t，含沙量为 43.20kg/m³；多年平均非汛期径流量 123.90 亿 m³，输沙量 0.87 亿 t，含沙量 7.10kg/m³。

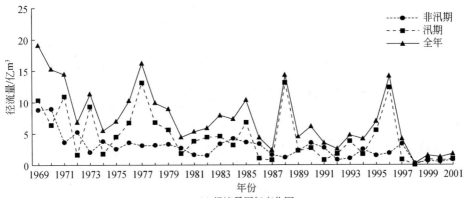

(a) 径流量历年变化图

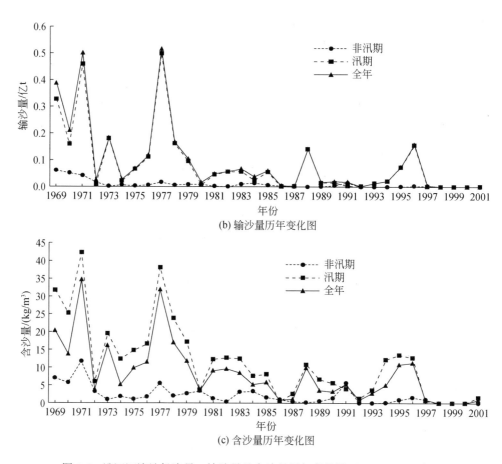

(b) 输沙量历年变化图

(c) 含沙量历年变化图

图 8.5　汾河河津站径流量、输沙量及含沙量历年变化图（1969～2001 年）

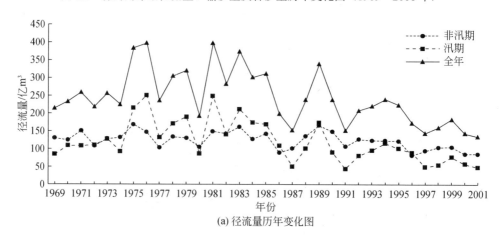

(a) 径流量历年变化图

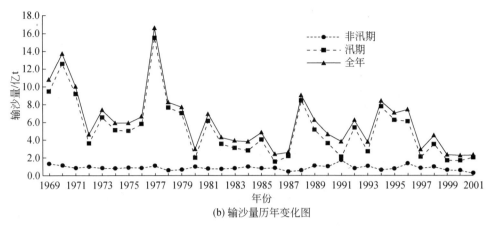

(b) 输沙量历年变化图

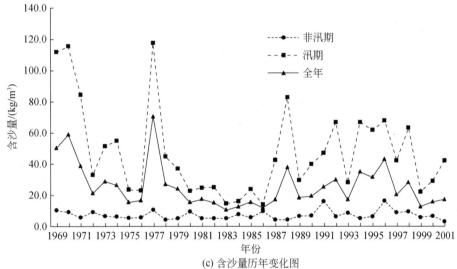

(c) 含沙量历年变化图

图 8.6　黄河龙门站径流量、输沙量及含沙量历年变化图（1969～2001 年）

综合图 8.3～图 8.6 可以看出，就径流量而言，四站来水量最大的为龙门站（占潼关来水量的 77.5%），其次为华县站（占潼关来水量的 18.8%）、河津站（占潼关来水量的 2.3%），最小为状头站（占潼关来水量的 2.1%）；就输沙量而言，四站来沙量最大的为龙门站（占潼关来沙量的 64.9%），其次为华县站（占潼关来沙量的 32.2%）、状头站（占潼关来沙量的 7.6%），最小为河津站（占潼关来沙量的 1.0%）；就多年平均含沙量而言，四站含沙量最大的为状头站，其次为华县站、龙门站，最小为河津站。

2. 下游边界条件

模型率定及验证计算依据的下游边界条件为三门峡水库坝前史家滩水位站

1969～2001 年水位变化过程，该站历年水位变化过程见图 8.7。

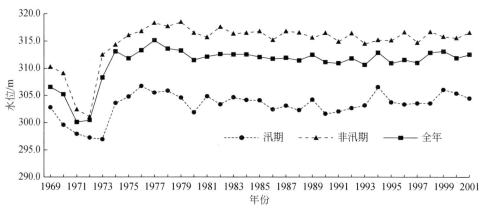

图 8.7　史家滩水位站历年水位变化图（1969～2001 年）

由图 8.7 可以看出，史家滩水位站 1969～2001 年汛期平均水位为 303.24m，非汛期平均水位 314.82m，年平均水位为 311.00m；模型率定期 1969～1995 年汛期平均水位为 302.98m，非汛期平均水位为 314.57m，年平均水位为 310.74m；模型验证期 1997～2001 年汛期平均水位为 304.61m，非汛期平均水位为 315.86m，年平均水位为 312.28m。就水位变化趋势而言，1969～1972 年史家滩水位站实测水位呈逐年下降趋势，年平均水位从 306.58m 逐渐下降至 300.46m，降幅达 6.12m。究其原因，主要是 1969～1972 年三门峡水库低水位运用，汛期基本上敞泄。自 1973 年起，三门峡水库开始控制运用，坝前水位与 1972 年相比有显著抬高，此后水位变化基本保持较小幅度。

3. 河段实测冲淤资料

模型率定及验证主要考察河段冲淤量，计算依据的河段实测冲淤资料见图 8.8～图 8.10。其中，图 8.8 给出了三门峡潼关以下库区河段 1969 年汛前至 2001 年实测累计冲淤量变化情况，图 8.9 给出了渭河下游库区河段 1969 年汛前至 2001 年实测累计冲淤量变化情况，图 8.10 给出了黄河小北干流库区河段 1969 年汛前至 2001 年实测累计冲淤量变化情况。

由图 8.8 可以看出，1969 年汛前至 2001 年汛后潼关以下三门峡库区累计冲刷 2.14 亿 m^3，其中坝址～黄淤 12、黄淤 12～黄淤 22、黄淤 22～黄淤 31、黄淤 31～黄淤 36、黄淤 36～黄淤 41 各河段分别冲刷 0.20 亿 m^3、0.53 亿 m^3、1.04 亿 m^3、0.29 亿 m^3、0.08 亿 m^3，分别占库区冲刷总量的 9.5%、24.6%、48.6%、13.4% 和 3.9%。

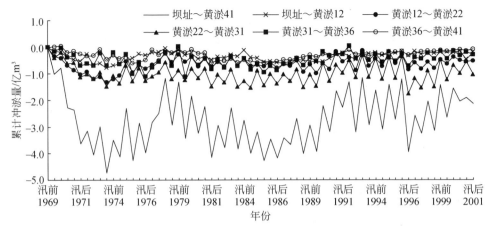

图 8.8　三门峡潼关以下库区各河段汛前及汛后实测累计冲淤量变化图（1969～2001 年）

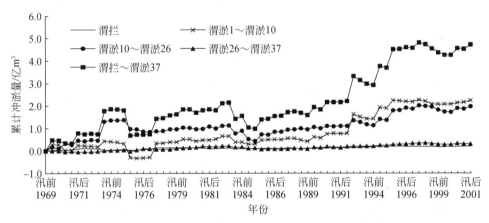

图 8.9　渭河下游各河段汛前及汛后实测累计冲淤量变化图（1969～2001 年）

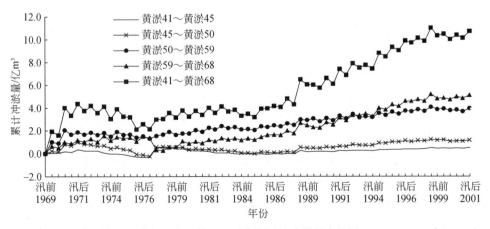

图 8.10　黄河小北干流各河段汛前及汛后实测累计冲淤量变化图（1969～2001 年）

　　同时可看出,潼关以下发生累积性淤积的时段主要集中在 1973 年汛后至 1978 年汛前(累计淤积 3.55 亿 m³)以及 1986 年汛后至 1991 年汛前(累计淤积 2.52 亿 m³)。1973 年汛后至 1978 年汛前的累计淤积主要是由于 1973 年之后三门峡水库恢复运用所致;1986 年汛后至 1991 年汛前的累计淤积主要与 1986 年之后黄河上游龙羊峡、刘家峡两库投入运行后导致的黄河水沙变异有关。潼关以下发生累积性冲刷的时段主要集中在 1969 年汛前至 1973 年汛后之前(累计冲刷 4.73 亿 m³)以及 1978 年汛前至 1986 年汛后(累计冲刷 2.99 亿 m³)。1969 年汛前至 1973 年汛后的累计冲刷主要是由于 1969~1972 年三门峡水库敞泄运用所致;1978 年汛前至 1986 年汛后的累计冲刷主要与这一时期来水条件有利有关;1991 年之后基本上冲淤平衡。

　　由图 8.9 可以看出,1969 年汛前至 2001 年汛后渭河下游累计淤积 4.72 亿 m³,其中渭淤 1~渭淤 10 和渭淤 10~渭淤 26 河段分别为 2.24 亿 m³ 和 1.97 亿 m³,分别占渭河下游总淤积量的 47.3%和 41.8%,渭河淤积主要集中在渭淤 1~渭淤 26 河段。

　　同时可看出,渭河发生累积性淤积的时段主要集中在 1973 年之前(1969 年汛前至 1973 年汛后累计淤积 1.78 亿 m³,占 1969~2001 年总淤积量的 37.7%)和 1990 年之后(1990 年汛后至 2001 年汛后累计淤积 2.89 亿 m³,占 1969~2001 年总淤积量的 61.2%),这两个时段的总淤积量占渭河 1969~2001 年总淤积量的 98.9%。究其原因,1969~1973 年产生的累积性淤积,主要是由于 1969 年之前潼关高程抬升造成渭河下游溯源淤积向上游发展;1974~1990 年基本上冲淤平衡,一方面是由于 1969 年之后潼关高程下降引起的溯源冲刷向上发展抑制了渭河下游的累积性淤积,另一方面该时段渭河来水量相对较多,促使渭河冲淤向平衡状态发展;1990~1995 年,由于 1992 年、1994 年、1995 年均为小水大沙年,加之期间潼关高程由 1986 年的 327.0m 左右抬升至 328.3m 左右,该时段渭河发生了强烈的累积性淤积;1996~2001 年,渭河来水基本稳定,潼关高程也基本维持在 328.3m 左右,在该时段渭河冲淤基本平衡。

　　由图 8.10 可以看出,黄河小北干流自 1969 年汛前至 2001 年汛后累计淤积 10.74 亿 m³,其中黄淤 50~黄淤 59 和黄淤 59~黄淤 68 两河段分别淤积 3.95 亿 m³ 和 5.11 亿 m³,分别占 36.8%和 47.6%,黄河小北干流淤积主要集中在黄淤 50~黄淤 68 河段。

　　同时可看出,黄河小北干流发生累积性淤积的时段主要集中在 1970 年之前和 1987 年~1996 年两个时段,这两个时段的淤积量为 9.86 亿 m³,占 1969 年~2001 年总淤积量的 91.8%;1970 年汛后至 1986 年汛后的 16 年间,小北干流累计淤积量仅为 0.15 亿 m³,基本上保持冲淤平衡;1997 年之后,小北干流累计淤积量也较少,接近冲淤平衡。小北干流累计淤积量随时间的变化过程与渭河下游具有许多相似之处，不同特征时段小北干流发生累积性淤积或接近冲淤平衡的原因与渭河的原因基本相同，本小节不再赘述。

8.2.2　模型率定

本次模型率定主要依托三门峡潼关以下库区、黄河小北干流及渭河下游河段实测冲淤资料开展，空间范围涉及黄河小北干流龙门站至潼关站 134.2km 河段、渭河下游华县站至潼关站 82.6km 河段以及潼关以下库区潼关站至三门峡坝址 113.2km 河段，模型率定期为 1969 年 7 月 1 日至 1995 年 6 月 30 日，共计 26 年水沙系列。

模型率定计算的主要内容包括黄河小北干流黄淤 41～黄淤 45、黄淤 45～黄淤 50、黄淤 50～黄淤 59、黄淤 59～黄淤 68 河段历年汛期、非汛期冲淤量；潼关以下库区河段坝址～黄淤 12、黄淤 12～黄淤 22、黄淤 22～黄淤 31、黄淤 31～黄淤 36、黄淤 36～黄淤 41 河段历年汛期、非汛期冲淤量；渭河下游渭拦（渭拦 12～渭淤 1）、渭淤 1～渭淤 10 河段历年汛期、非汛期冲淤量；潼关高程（潼关断面在 1000m³/s 流量时的相应水位）变化过程等。

1. 计算条件及主要参数率定值

（1）时间步长。模型率定计算中时间步长确定为非汛期每旬一个计算时段，汛期每日一个计算时段。计算中若某个时段冲淤量过大，则模型对该时段重新细分加以计算。

（2）河段及断面划分。模型率定计算上游边界为华县、状头、龙门及河津四站，下游边界为史家滩水位站。黄河干流由龙门站至坝址划分为 59 个河段，共 60 个控制断面，沿程相继有汾河和渭河汇入；支流渭河由华县站至渭河口划分为 20 个河段，共 21 个控制断面，沿程有北洛河汇入。实测大断面资料采用 1969 年汛前大断面资料。

（3）边界条件。模型率定计算上游边界条件为华县、状头、龙门及河津四站 1969 年 7 月 1 日至 1995 年 6 月 30 日共 26 年实测日平均流量过程、输沙率过程和悬移质级配过程。其中悬移质级配过程，汛期根据实测级配插补为日过程，非汛期采用月平均级配。计算过程中，北洛河状头站和汾河河津站作为节点加入。模型率定计算下游边界条件为史家滩水位站 1969 年 7 月 1 日至 1995 年 6 月 30 日的实测日平均水位过程。

（4）初始床沙级配。初始床沙级配采用 1969 年汛前实测淤积物级配成果。

（5）泥沙分界粒径。模型率定计算中将泥沙分成 9 组，悬移质和床沙的分组粒径相同，见表 8.1。

表 8.1　泥沙分级粒径

组数	1	2	3	4	5	6	7	8	9
分级粒径/mm	0.007	0.010	0.025	0.05	0.1	0.25	0.5	1.0	2.0

（6）淤积物干容重。根据实测资料统计分析，不同河段淤积物初期干容重有差别，即使在同一河段，汛前和汛后，冲刷阶段和淤积阶段也有差别。尽管淤积物的干容重在空间和时间上呈现一定的变化，但这种变化的幅度在潼关以上河段变化并不是很大，为了便于计算，本次模拟将（龙门～潼关段）和渭河下游淤积物干容重取为定值。（龙门～潼关段）河段和渭河下游河段的实测干容重资料表明，（龙门～潼关段）段初期干容重变化范围为 1.53～1.62t/m³，率定计算中取均值 1.58t/m³ 为（龙门～潼关段）段泥沙冲淤计算的淤积干容重。渭河下游淤积物初期干容重变化范围为 1.45～1.51t/m³，率定计算中取 1.48t/m³ 作为渭河下游泥沙冲淤计算的淤积物干容重。潼关以下三门峡库区泥沙冲淤计算的淤积物干容重取值为 1.35t/m³。

（7）初始综合糙率 n_0 及糙率调整系数 C_n。河道的初始综合糙率可根据河道实测水位资料，通过水面线试算反推确定。本次计算各河段不同流量级初始综合糙率 n_0 取值见表 8.2，糙率调整系数 C_n 值经调试计算确定取值为 0.4～0.6。

表 8.2　模型率定期不同流量级初始综合糙率 n_0

河段	不同流量级（m³/s）初始综合糙率										
	100	200	500	600	1000	2000	4000	6000	8000	10000	20000
龙门～潼关段	—	0.045	—	0.036	0.020		0.014	0.013	—	0.011	0.010
黄河下游	0.020	—	0.019	—	0.017	0.016	0.0155	—	0.015	0.015	—

（8）恢复饱和系数。恢复饱和系数的确定在模型率定计算过程中同步进行。经试算，确定黄河小北干流河段恢复饱和系数 α 淤积时取值为 0.025，冲刷时取值为 0.05；渭河下游河段恢复饱和系数 α 淤积时取值为 0.02，冲刷时取值为 0.06；潼关以下河段恢复饱和系数 α 明渠流冲刷时取值为 0.06，淤积时取值为 0.025，异重流冲刷时取值为 1.0，淤积时取值为 0.5。

2. 率定计算结果与分析

1）黄河干流龙门～潼关段冲淤量率定

黄河龙门～潼关段 1969 年 7 月 1 日～1995 年 6 月 30 日累计冲淤量率定计算成果见图 8.11～图 8.15。其中，图 8.11 为黄河小北干流全河段的累计冲淤量率定成果，图 8.12～图 8.15 分别是黄淤 41～黄淤 45、黄淤 45～黄淤 50、黄淤 50～黄淤 59、黄淤 59～黄淤 68 河段的累计冲淤量率定成果。

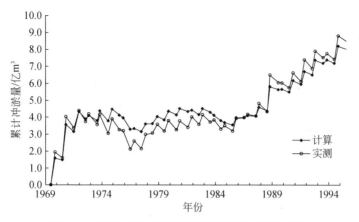

图 8.11　龙门～潼关段累计冲淤量率定计算结果图

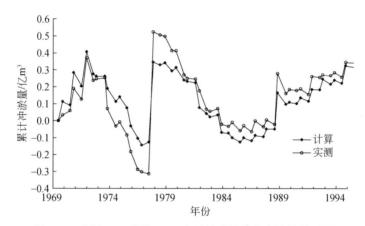

图 8.12　黄淤 41～黄淤 45 河段累计冲淤量率定计算结果图

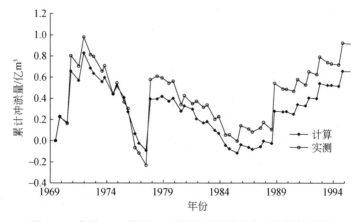

图 8.13　黄淤 45～黄淤 50 河段累计冲淤量率定计算结果图

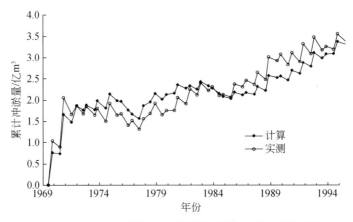

图 8.14　黄淤 50～黄淤 59 河段累计冲淤量率定计算结果图

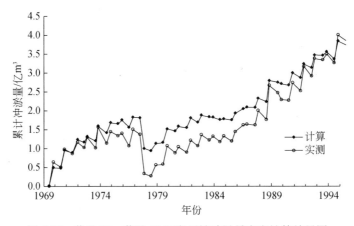

图 8.15　黄淤 59～黄淤 68 河段累计冲淤量率定计算结果图

由率定计算结果可以看出，第 3 章所构建的数学模型从总体上能够反映黄河龙门～潼关河段汛期淤积、非汛期冲刷的冲淤变化规律，冲淤趋势与实测资料符合较好，绝大多数时段冲淤量与实测资料比较接近，仅有一些时段计算结果与实测资料相差较大。究其原因，主要是由于小北干流断面形态非常复杂，河槽的横向摆动十分频繁，目前的泥沙数学模型尚不能对主槽的展宽、缩窄和摆动等河道平面形态的复杂冲淤变化进行准确模拟。

2）潼关以下库区河段冲淤量率定

潼关以下库区河段 1969 年 7 月 1 日～1995 年 6 月 30 日累计冲淤量率定计算成果见图 8.16～图 8.21。其中，图 8.16 为潼关以下库区河段的累计冲淤量率定成果，图 8.17～图 8.21 分别为坝址～黄淤 12、黄淤 12～黄淤 22、黄淤 22～黄淤 31、黄淤 31～黄淤 36、黄淤 36～黄淤 41 各河段的累计冲淤量率定成果。

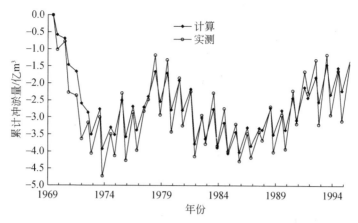

图 8.16　潼关以下库区河段累计冲淤量率定计算结果图

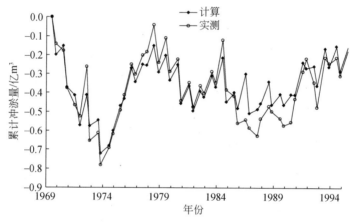

图 8.17　坝址～黄淤 12 河段累计冲淤量率定计算结果图

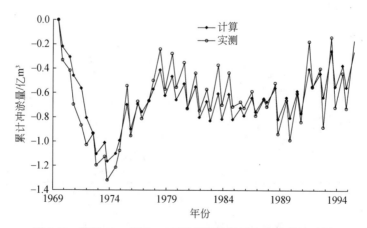

图 8.18　黄淤 12～黄淤 22 河段累计冲淤量率定计算结果图

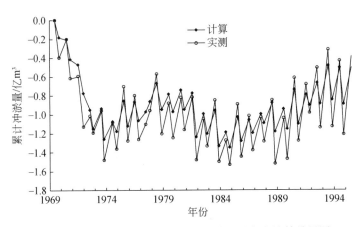

图 8.19　黄淤 22～黄淤 31 河段累计冲淤量率定计算结果图

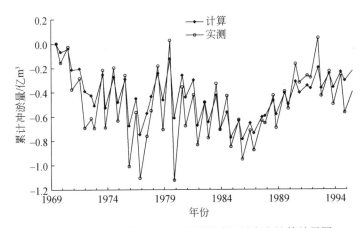

图 8.20　黄淤 31～黄淤 36 河段累计冲淤量率定计算结果图

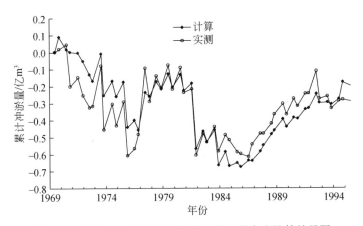

图 8.21　黄淤 36～黄淤 41 河段累计冲淤量率定计算结果图

由率定计算结果可以看出，第 3 章所构建的数学模型从总体上能够反映该潼关以下库区河段汛期冲刷、非汛期淤积的冲淤变化规律，模型计算得到的累计冲淤趋势与实测资料符合较好，时段冲淤量计算值与实测资料较接近。

3）渭河下游冲淤量率定

渭河下游华县～渭河口段 1969 年 7 月 1 日～1995 年 6 月 30 日累计冲淤量率定计算成果见图 8.22～图 8.24。其中，图 8.22 为渭河下游华县以下河段的累计冲淤量率定成果，图 8.23、图 8.24 分别为渭拦、渭淤 1～渭淤 10 河段的累计冲淤量率定成果。

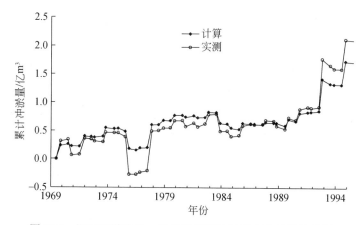

图 8.22　渭河下游华县～潼关段累计冲淤量率定计算结果图

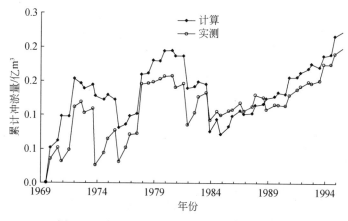

图 8.23　渭拦河段累计冲淤量率定计算结果图

由率定计算结果可以看出，第 3 章所构建的数学模型基本上能够反映渭河华县以下各河段的冲淤变化规律，模型计算得到的累计冲淤趋势与实测资料符合较好，时段冲淤量计算值与实测资料较接近。从总体上看，渭淤 1～渭淤 10 河段除

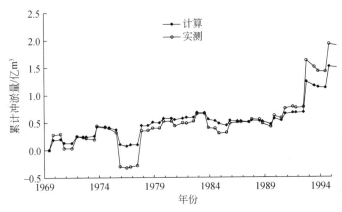

图 8.24　渭淤 1～渭淤 10 河段累计冲淤量率定计算结果图

几个实测冲淤量较大的时段计算误差较大外，其余时段的计算结果与实测资料十分接近。由于渭拦河段的实测冲淤幅度非常小，一些时段冲淤量计算偏差较大，但总体冲淤趋势与实测资料符合较好。

　　4）潼关高程变化过程率定

　　潼关高程变化过程率定计算结果见图 8.25。可以看出，第 3 章所构建的数学模型可以反映出潼关高程随时间升降的变化规律，从模型率定的角度而言，达到了后续验证及方案计算的要求。

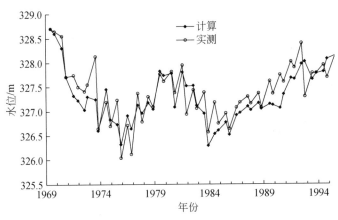

图 8.25　潼关高程变化过程率定计算结果图

8.2.3　模型验证

　　本次模型验证与率定相类似，空间范围为龙门至三门峡坝址 247.4km 河段及渭河下游华县站至潼关站 82.6km 河段，模型验证期为 1997 年 7 月 1 日至 2001 年 6 月 30 日，共计 4 年水沙系列。模型验证计算的主要内容与率定计算一致。

1. 计算条件及主要参数取值

模型验证计算所采用的时间步长、断面划分、泥沙分界粒径、淤积物干容重、糙率、恢复饱和系数等参数与 8.2.2 小节率定计算保持一致。

验证计算中实测大断面资料采用 1997 年汛前大断面资料；上游边界条件为华县、状头、龙门及河津四站 1997 年 7 月 1 日至 2001 年 6 月 30 日共 4 年实测日平均流量过程、输沙率过程和悬移质级配过程；下游边界条件为史家滩水位站 1997 年 7 月 1 日至 2001 年 6 月 30 日的实测日平均水位过程；初始床沙级配为 1997 年汛前实测淤积物级配成果。

2. 验证计算结果与分析

1）黄河小北干流龙门～潼关段冲淤量验证

黄河龙门～潼关段 1997 年 7 月 1 日～2001 年 6 月 30 日累计冲淤量验证计算成果见图 8.26～图 8.30。其中，图 8.26 为黄河小北干流全河段的累计冲淤量验证成果，图 8.27～图 8.30 分别是黄淤 41～黄淤 45、黄淤 45～黄淤 50、黄淤 50～黄淤 59、黄淤 59～黄淤 68 河段的累计冲淤量验证成果。

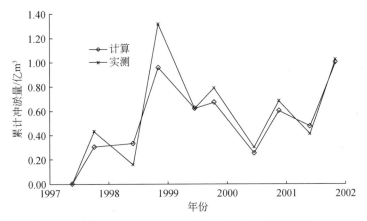

图 8.26　龙门～潼关段累计冲淤量验证计算结果图

由图 8.26～图 8.30 可以得出，截至 2001 年汛前全河段累计冲淤量计算值为 1.002 亿 m³，实测值为 1.024 亿 m³；黄淤 41～黄淤 45 河段累计冲淤量计算值为 0.155 亿 m³，实测值为 0.105 亿 m³；黄淤 45～黄淤 50 河段累计冲淤量计算值为 0.129 亿 m³，实测值为 0.144 亿 m³；黄淤 50～黄淤 59 累计冲淤量计算值为 0.291 亿 m³，实测值为 0.251 亿 m³；黄淤 59～黄淤 68 河段累计冲淤量计算值为 0.427 亿 m³，实测值为 0.525 亿 m³。验证计算结果表明，各河段累计冲淤积量计算与实测趋势总体保持一致，第 3 章所构建模型可用于后续方案计算。

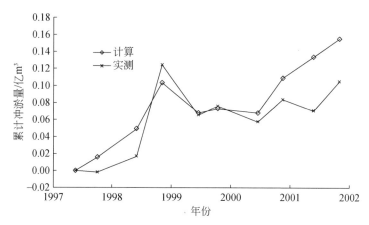

图 8.27　黄淤 41～黄淤 45 河段累计冲淤量验证计算结果图

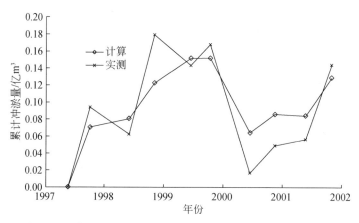

图 8.28　黄淤 45～黄淤 50 河段累计冲淤量验证计算结果图

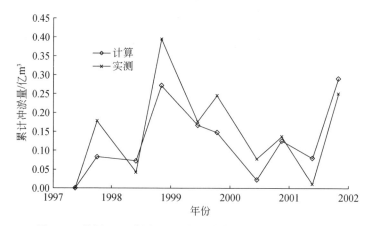

图 8.29　黄淤 50～黄淤 59 河段累计冲淤量验证计算结果图

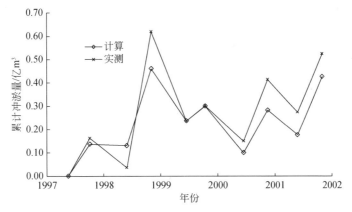

图 8.30　黄淤 59～黄淤 68 河段累计冲淤量验证计算结果图

2）潼关以下库区河段冲淤量验证

潼关以下库区河段 1997 年 7 月 1 日～2001 年 6 月 30 日累计冲淤量验证计算成果见图 8.31～图 8.36。其中，图 8.31 为潼关以下库区河段（坝址～黄淤 41）的累计冲淤量验证成果，图 8.32～图 8.36 分别为坝址～黄淤 12、黄淤 12～黄淤 22、黄淤 22～黄淤 31、黄淤 31～黄淤 36、黄淤 36～黄淤 41 各河段的累计冲淤量验证成果。

由图 8.31～图 8.36 可以得出，截至 2001 年汛前全河段累计冲淤量计算值为 0.177 亿 m³，实测值为 0.432 亿 m³；坝址～黄淤 12 河段累计冲淤量计算值为-0.057 亿 m³，实测值为-0.041 亿 m³；黄淤 12～黄淤 22 河段累计冲淤量计算值为 0.066 亿 m³，实测值为 0.061 亿 m³；黄淤 22～黄淤 31 累计冲淤量计算值为 0.238 亿 m³，实测值为 0.148 亿 m³；黄淤 31～黄淤 36 河段累计冲淤量计算值为 0.140 亿 m³，实测值为 0.104 亿 m³；黄淤 36～黄淤 41 河段累计冲淤量计算值为 0.143 亿 m³，实测值为 0.160 亿 m³。

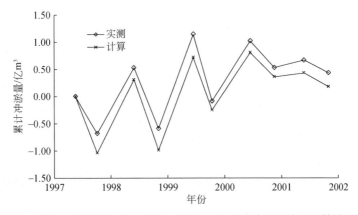

图 8.31　潼关以下库区河段（坝址～黄淤 41）累计冲淤量验证计算结果图

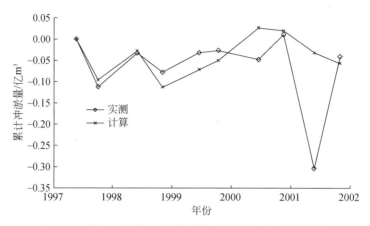

图 8.32 坝址～黄淤 12 河段累计冲淤量验证计算结果图

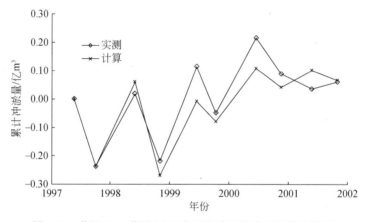

图 8.33 黄淤 12～黄淤 22 河段累计冲淤量验证计算结果图

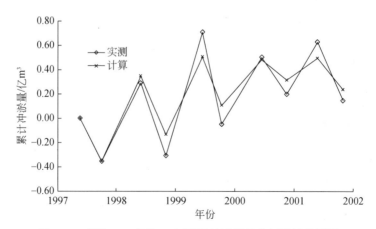

图 8.34 黄淤 22～黄淤 31 河段累计冲淤量验证计算结果图

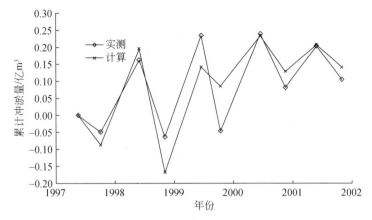

图 8.35 黄淤 31～黄淤 36 河段累计冲淤量验证计算结果图

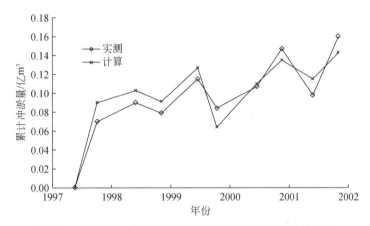

图 8.36 黄淤 36～黄淤 41 河段累计冲淤量验证计算结果图

验证计算结果表明，虽然全河段累计冲淤量计算值与实测值有一定差距，但各时段、分河段的冲淤量计算值与实测值符合较好，且冲淤变化趋势与实际情况吻合良好，第 3 章所构建模型基本上可以反映该河段冲淤变化规律。

3）渭河下游冲淤量验证

渭河下游华县～渭河口段 1997 年 7 月 1 日～2001 年 6 月 30 日累计冲淤量验证计算成果见图 8.37～图 8.39。其中，图 8.37 为渭河下游华县以下河段的累计冲淤量验证成果，图 8.38、图 8.39 分别为渭拦河段（渭拦 12～渭淤 1）、渭淤 1～渭淤 10 河段的累计冲淤量验证成果。

由图 8.37 可以看出，渭河下游华县～潼关段在 4 年间整体上呈现先淤后冲又缓慢淤积的态势，其中 1997～1999 年汛前为淤积，1999 年汛前至 2000 年汛后为冲刷，从 2000 年汛后至 2001 年汛前又开始缓慢淤积，由 1997 年汛前至 2001 年汛前累计实测淤积量为 0.058 亿 m³，计算淤积量为 0.0674 亿 m³，两者较为接近。

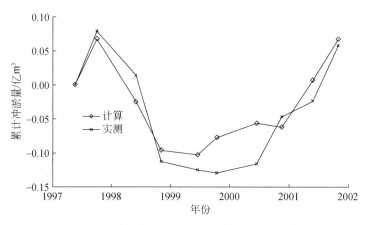

图 8.37　渭河下游华县～潼关段累计冲淤量验证计算结果图

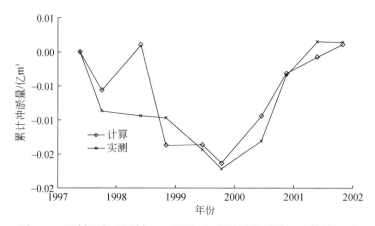

图 8.38　渭拦河段（渭拦 12～渭淤 1）累计冲淤量验证计算结果图

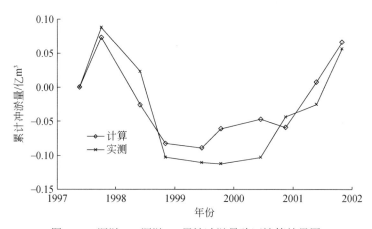

图 8.39　渭淤 1～渭淤 10 累计冲淤量验证计算结果图

由图 8.38、图 8.39 可以看出，截至 2001 年汛前渭河华县以下渭拦 12～渭淤 1 河段累计冲淤量计算值为 0.0011 亿 m^3，实测值为 0.0014 亿 m^3；渭淤 1～渭淤 10 河段累计冲淤量计算值为 0.066 亿 m^3，实测值为 0.057 亿 m^3。同时，各河段累积冲淤趋势基本一致，均呈现先淤后冲再淤的态势，冲淤变化趋势与实际情况吻合良好，模型基本上可以反映该河段冲淤变化规律。

4）潼关高程变化过程验证

潼关高程变化过程验证计算成果见图 8.40。由该验证计算结果可以看出，汛前、汛后潼关高程的计算值与实测值基本相符，第 3 章所构建模型可反映潼关高程随时间升降的变化规律。

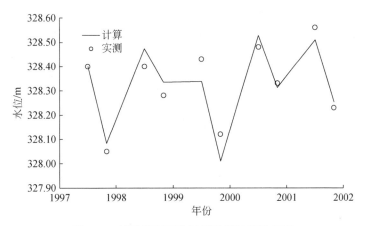

图 8.40　潼关高程变化过程验证计算结果图

8.3　模型的实践应用

利用第 3 章所构建的泥沙数学模型针对不同模拟水沙系列组合进行方案计算，分析三门峡水库各种运用方式对降低潼关高程的作用。

8.3.1　计算方案及条件

1. 计算方案

为了分析三门峡水库不同运用方式对潼关高程升降的影响，本次计算考虑三门峡水库现状运用、敞泄运用和控制运用三种运用方式，设置如下计算方案。

（1）方案 1。现状方案，采用三门峡水库目前的运用方式来研究潼关高程的演变趋势。

（2）方案 2。敞泄方案，采用三门峡水库目前的泄流曲线，在汛期和非汛期都采用敞泄的情况下研究潼关高程的演变趋势。

（3）方案 3。汛期敞泄或低水位控制运用，非汛期控制运用，研究潼关高程的演变趋势。①方案 3-1：汛期敞泄，非汛期控制坝前最高水位不超过 318m；②方案 3-2：汛期当流量大于 1500m³/s 时敞泄排沙，否则按 305m 控制运用，非汛期控制坝前最高水位不超过 318m；③方案 3-3：汛期敞泄，非汛期控制坝前最高水位不超过 315m；④方案 3-4：汛期当流量大于 1500m³/s 时敞泄排沙，否则按 305m 控制运用，非汛期控制坝前最高水位不超过 315m；⑤方案 3-5：汛期敞泄，非汛期控制坝前最高水位不超过 310m；⑥方案 3-6：汛期当流量大于 1500m³/s 时敞泄排沙，否则按 305m 控制运用，非汛期控制坝前最高水位不超过 310m。

2. 设计水沙系列

1）水沙代表系列的选择原则

根据工作需要，水沙代表系列长度按 15 年考虑。由于来水来沙条件变化随机性较大，目前对水量准确的长期预报还很不成熟，沙量预报难度更大。因此，从研究的实际需要和现实工作基础两方面出发，立足于 20 世纪 70 年代以来的实测水沙条件，进行水沙系列选择。同时考虑黄河上游现状工程龙羊峡和刘家峡水库调节、黄河流域工农业供水增加到 370 亿 m³，进行三门峡入库水沙条件的分析。

水沙代表系列选择的原则为：①以 2010 年水平四站（龙门、华县、河津、状头）多年平均水量 298.9 亿 m³、多年平均沙量 10.22 亿 t 为依据，进行丰、平、枯水段不同水沙系列组合的选择；②水沙系列应反映丰、平、枯水年的水沙情况；③水沙系列应尽量具有自然连续性并有较完整的实测资料；④充分利用以往研究成果，注意与相关项目成果的衔接。

2）水沙代表系列的确定

据研究，黄河 1922～1932 年连续 11 年枯水段重现期在 200 年以上；1981～1985 年丰水段重现概率约为 20 年一遇。在 15 年代表系列中出现这两个时段的概率很小，采用系列中可不予考虑。

根据分析和选择原则，进行 15 年滑动平均水沙量分析，在实测系列中选择了两个系列，分别为 1978～1982+1987～1996 年（系列Ⅰ）、1987～2001 年（系列Ⅱ）。

在两个系列中，系列Ⅰ多年平均实测水量、沙量分别为 304.45 亿 m³、9.78 亿 t，与 2010 年水平长系列多年平均四站水量（298.90 亿 m³）、沙量（10.22 亿 t）接近，可作为平水平沙系列的代表。由于系列中含有黄河上游龙羊峡、刘家峡水库投入运用前的实测水沙过程，考虑两库调节作用，将实测水沙系列进行修正得到系列Ⅰ设计水沙系列，四站综合水沙特征参数统计见表 8.3，各站历年水沙量过程见图 8.41、图 8.42。

表 8.3　系列 I（1978～（1982+1987）～1996 年）四站历年水沙量统计表

系列年		水量/亿 m³			沙量/亿 t			含沙量/（kg/m³）		
年序	实际年份	汛期	非汛期	全年	汛期	非汛期	全年	汛期	非汛期	全年
1	1978	209.53	163.09	372.62	12.83	0.70	13.53	61.23	4.29	36.31
2	1979	186.74	168.54	355.29	9.93	1.16	11.09	53.18	6.88	31.21
3	1980	111.20	139.46	250.66	5.03	1.28	6.31	45.23	9.18	25.17
4	1981	244.26	154.37	398.63	9.81	0.88	10.69	40.16	5.70	26.82
5	1982	149.28	190.82	340.10	5.11	1.07	6.18	34.23	5.61	18.17
6	1987	75.61	127.16	202.78	3.28	1.07	4.35	43.38	8.41	21.45
7	1988	185.96	175.13	361.09	14.95	1.34	16.29	80.39	7.65	45.11
8	1989	211.76	203.51	415.26	6.99	1.25	8.24	33.01	6.14	19.84
9	1990	142.22	191.78	334.00	7.18	3.49	10.67	50.49	18.20	31.95
10	1991	60.48	124.70	185.18	2.86	1.17	4.03	47.29	9.38	21.76
11	1992	133.87	161.54	295.42	11.38	1.21	12.58	85.01	7.49	42.58
12	1993	136.55	150.32	286.88	4.54	0.91	5.45	33.25	6.05	19.00
13	1994	140.60	137.22	277.82	13.92	0.82	14.74	99.00	5.98	53.06
14	1995	121.19	134.06	255.26	9.07	1.45	10.52	74.84	10.82	41.21
15	1996	129.17	106.59	235.76	11.10	0.94	12.04	85.93	8.82	51.07
	最大	244.26	203.51	415.26	14.95	3.49	16.29	—	—	—
	最小	60.48	106.59	185.18	2.86	0.70	4.03	—	—	—
	平均	149.23	155.22	304.45	8.53	1.25	9.78	57.16	8.05	32.12

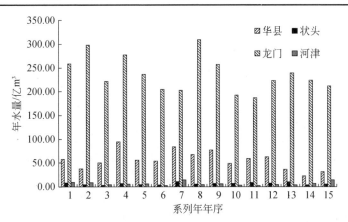

图 8.41　系列 I 华县、状头、龙门、河津四站历年水量过程图

系列 II 为枯水枯沙系列，15 年平均实测水沙量分别为 253.9 亿 m³、8.28 亿 t，该系列中无论是水量还是沙量，均呈现逐年减小的趋势。因该实测系列已反映了龙羊峡、刘家峡水库的调节作用，可以代表未来一定时期的来水来沙过程，故直接采用实测水沙系列作为设计水沙系列，四站综合水沙特征参数统计见表 8.4，各站历年水沙量过程见图 8.43、图 8.44。

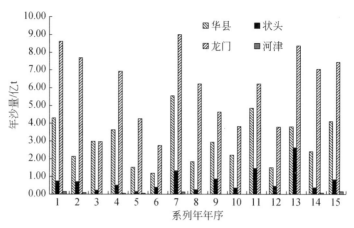

图 8.42 系列 I 华县、状头、龙门、河津四站历年沙量过程图

表 8.4 系列 II（1987～2001 年）四站历年水沙量统计表

系列年		水量/亿 m³			沙量/亿 t			含沙量/（kg/m³）		
年序	实际年份	汛期	非汛期	全年	汛期	非汛期	全年	汛期	非汛期	全年
1	1987	75.61	127.16	202.78	3.28	1.07	4.35	43.38	8.41	21.45
2	1988	185.96	175.13	361.09	14.95	1.34	16.29	80.39	7.65	45.11
3	1989	211.76	203.51	415.26	6.99	1.25	8.24	33.01	6.14	19.84
4	1990	142.22	191.78	334.00	7.18	3.49	10.67	50.49	18.20	31.95
5	1991	60.48	124.70	185.18	2.86	1.17	4.03	47.29	9.38	21.76
6	1992	133.87	161.54	295.42	11.38	1.21	12.58	85.01	7.49	42.58
7	1993	136.55	150.32	286.88	4.54	0.91	5.45	33.25	6.05	19.00
8	1994	140.60	137.22	277.82	13.92	0.82	14.74	99.00	5.98	53.06
9	1995	121.19	134.06	255.26	9.07	1.45	10.52	74.84	10.82	41.21
10	1996	129.17	106.59	235.76	11.10	0.94	12.04	85.93	8.82	51.07
11	1997	58.67	112.37	171.04	4.29	1.82	6.11	73.12	16.20	35.72
12	1998	87.57	121.98	209.55	5.06	0.70	5.76	57.78	5.74	27.49
13	1999	104.74	117.80	222.53	4.71	1.20	5.91	44.97	10.19	26.56
14	2000	83.29	100.70	183.99	2.88	0.31	3.19	34.58	3.08	17.34
15	2001	68.69	103.29	171.98	4.01	0.34	4.35	58.38	3.29	25.29
	最大	211.76	203.51	415.26	14.95	3.49	16.29	—	—	—
	最小	58.67	100.70	171.04	2.86	0.31	3.19	—	—	—
	平均	116.02	137.88	253.90	7.08	1.20	8.28	61.02	8.70	32.61

设计水沙系列 I、II 中，龙门、华县、河津、状头四站水沙特性对比见表 8.5。可以看出，系列 II 与系列 I 相比，各站多年平均水量和沙量都有所减少，多年平均含沙量除华县站有所增加之外，其余各站均有所减少。总体来看，系列 II 与系列 I 相比，除华县站之外，其余各站水量减少的幅度小于沙量减少的幅度，从河道输沙的角度来说，系列 II 比系列 I 更为有利。

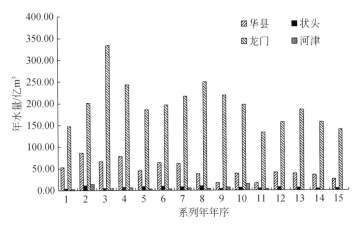

图 8.43　系列 II 华县、状头、龙门、河津四站历年水量过程图

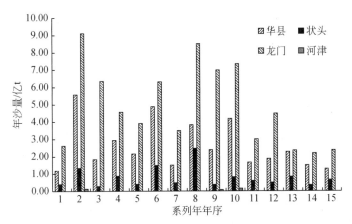

图 8.44　系列 II 华县、状头、龙门、河津四站历年沙量过程图

表 8.5　系列 I 与系列 II 各站水沙量特性对比

项目	水沙系列	四站水沙量特征值				
		龙门	华县	河津	状头	四站综合
平均水量/亿 m³	系列 I	235.17	56.26	6.55	6.51	304.49
	系列 II	197.37	46.96	4.81	6.51	255.64
平均沙量/亿 t	系列 I	5.98	3.00	0.06	0.75	9.78
	系列 II	4.90	2.60	0.03	0.78	8.32
含沙量/（m³/s）	系列 I	25.41	53.27	8.70	115.84	32.13
	系列 II	24.84	55.4	6.59	120.0	32.53

2. 坝前控制运用水位及泄流曲线

现状运用方案非汛期（11 月 1 日至次年 6 月 30 日）采用三门峡水库坝前史

家滩水位站控制水位过程曲线,该过程曲线由三门峡水库 1996~2001 年非汛期史家滩实测逐日水位过程平均而得,坝前平均水位为 316.02m,见图 8.45;汛期(7 月 1 日至 10 月 31 日)采用史家滩水位站 1987~2001 年实测逐日平均水位,坝前平均水位为 303.77m。

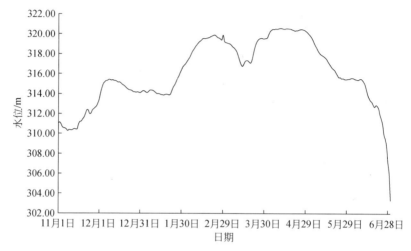

图 8.45　非汛期史家滩控制水位过程曲线图

　　敞泄运用方案坝前控制水位依照水库泄流曲线确定(图 8.46)。控制运用方案非汛期同现状方案,按照史家滩水位过程控制,且不得高于各方案提出的最高控制水位。汛期依照三门峡水库现状泄流能力进行调洪计算确定控制水位,当调洪水位大于史家滩控制水位时,方案计算采用史家滩控制水位,出库流量等于入库流量;当调洪水位小于方案提出的控制水位时,出库流量按 200m³/s 控制,若入库流量小于 200m³/s,则按实际值控制。

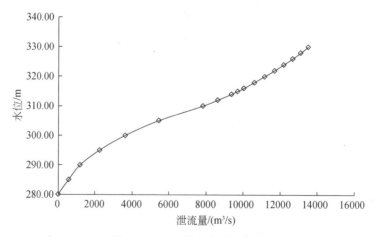

图 8.46　三门峡水库泄流曲线

3.计算条件及主要参数取值

模型方案计算所采用的时间步长、断面划分、泥沙分界粒径、淤积物干容重、糙率、恢复饱和系数等参数与 8.2 节率定、验证计算保持一致。

方案计算中初始河床地形、床沙级配分别采用 2001 年汛后实测大断面及淤积物级配成果；上游边界条件为华县、状头、龙门及河津四站设计水沙系列第 1 年 11 月 1 日至第 15 年 10 月 31 日共 14 年日平均流量、输沙率和悬移质级配过程；下游边界条件为三门峡水库坝前控制水位与泄流曲线。

8.3.2　计算结果及分析

1.平水平沙系列 I 计算结果与分析

1）河段冲淤量

系列 I 各方案不同河段冲淤量计算结果见图 8.47～图 8.50 及表 8.6。其中，图 8.47 给出了各方案 14 年后不同河段累计冲淤量对比情况，图 8.48～图 8.50 则分别给出了各方案龙门～潼关河段、潼关以下库区河段及渭河华县以下河段累计冲淤量随时间变化过程，表 8.6 给出了不同计算方案分河段累计冲淤量计算成果。

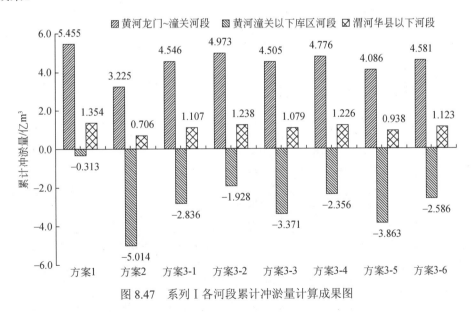

图 8.47　系列 I 各河段累计冲淤量计算成果图

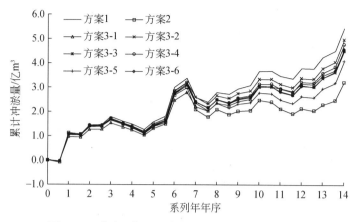

图 8.48　系列 I 龙门～潼关河段累计冲淤量过程图

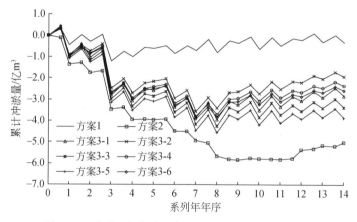

图 8.49　系列 I 潼关以下库区河段累计冲淤量过程图

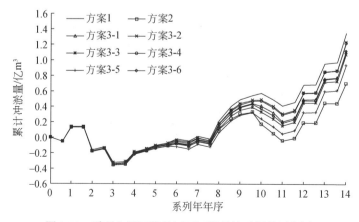

图 8.50　系列 I 渭河华县以下河段累计冲淤量过程图

表 8.6　系列 I 不同计算方案分河段累计冲淤量统计表　　（单位：亿 m³）

河段		方案 1 (现状)	方案 2 (敞泄)	方案 3（汛期敞泄或低水位控制，非汛期控制）					
				方案 3-1 (318+敞泄)	方案 3-2 (318+305)	方案 3-3 (315+敞泄)	方案 3-4 (315+305)	方案 3-5 (310+敞泄)	方案 3-6 (310+305)
潼关以下库区河段	坝址～黄淤 12	-0.048	-0.608	-0.538	-0.292	-0.596	-0.357	-0.586	-0.392
	黄淤 12～黄淤 22	-0.090	-1.143	-0.881	-0.553	-1.036	-0.676	-1.108	-0.742
	黄淤 22～黄淤 31	-0.113	-1.862	-1.074	-0.693	-1.250	-0.847	-1.389	-0.930
	黄淤 31～黄淤 36	-0.055	-1.055	-0.258	-0.337	-0.387	-0.412	-0.675	-0.452
	黄淤 36～黄淤 41	-0.009	-0.345	-0.086	-0.052	-0.103	-0.064	-0.105	-0.070
	合计	-0.315	-5.013	-2.837	-1.927	-3.372	-2.356	-3.863	-2.586
龙门～潼关河段	黄淤 41～黄淤 45	0.170	-0.020	0.075	0.137	0.113	0.114	0.028	0.093
	黄淤 45～黄淤 50	0.519	0.034	0.326	0.444	0.385	0.399	0.229	0.356
	黄淤 50～黄淤 59	1.416	0.595	1.083	1.264	1.129	1.189	0.916	1.116
	黄淤 59～黄淤 68	3.350	2.617	3.061	3.127	2.878	3.074	2.913	3.017
	合计	5.455	3.226	4.545	4.972	4.505	4.776	4.086	4.582
渭河华县以下河段	渭淤 1 以下	0.061	-0.092	0.014	0.048	0.015	0.045	0.000	0.018
	渭淤 1～渭淤 10	1.293	0.798	1.093	1.190	1.063	1.181	0.938	1.105
	合计	1.354	0.706	1.107	1.238	1.078	1.226	0.938	1.123

由图 8.47～图 8.50 及表 8.6 可以看出，在设计水沙系列 I 的来水来沙条件下，对于潼关以下库区河段，除现状方案有少许冲刷外，其余方案河段累计冲刷量普遍较大，且呈现控制运用水位越低冲刷越明显的规律，如方案 3-5 冲刷量达 3.863 亿 m³。对于龙门～潼关河段和渭河华县以下河段，不同计算方案整体上均呈现淤积态势，三门峡水库的不同运用方式对河段冲淤存在较大影响。例如，三门峡水库依现状方案运行时两河段累计淤积量分别为 5.455 亿 m³、1.354 亿 m³，而按敞泄方案运行时两河段累计淤积量分别为 3.225 亿 m³、0.706 亿 m³，表明三门峡水库敞泄运用较现状运用可使龙门～潼关河段和渭河华县以下河段分别减少淤积量 2.230 亿 m³、0.648 亿 m³，减淤率分别为 41%、48%，减淤效果显著，但在其他运用方式下河段减淤效果明显减小，且非汛期控制运用水位越高减淤效果越弱。其中，与现状运行方案相比较，龙门～潼关河段方案 3-1～方案 3-6 减少淤积量分别为

0.910 亿 m³、0.483 亿 m³、0.950 亿 m³、0.679 亿 m³、1.369 亿 m³、0.873 亿 m³,
减淤率分别为 17%、9%、17%、12%、25%、16%;渭河华县以下河段方案 3-1~
方案 3-6 减少淤积量分别为 0.247 亿 m³、0.116 亿 m³、0.277 亿 m³、0.128 亿 m³、
0.416 亿 m³、0.232 亿 m³,减淤率分别为 18%、9%、18%、9%、31%、17%。

　　2)潼关高程变化过程

　　系列 I 各方案潼关高程相关计算结果见图 8.51、图 8.52。其中,图 8.51 给出
了各方案 14 年后潼关高程及其相较于起始时刻 2011 年汛末 328.23m 的升降值,
图 8.52 则给出了 14 年间潼关高程变化过程。

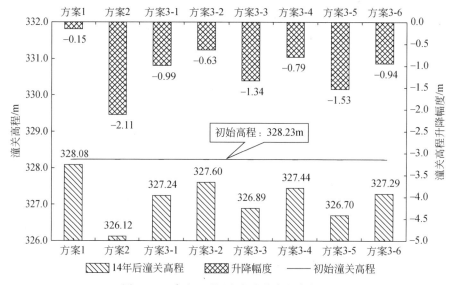

图 8.51　系列 I 不同方案潼关高程变幅图

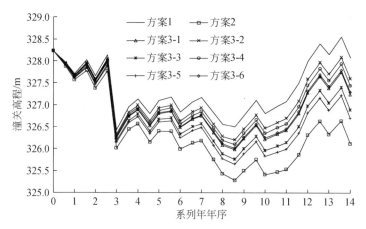

图 8.52　系列 I 不同方案潼关高程变化过程图

由图 8.51 可以看出，在设计水沙系列 I 来水来沙条件下，三门峡水库的不同运用方式对潼关高程变化存在较大影响。当三门峡水库采用现状方案运行时，潼关高程下降幅度最小，14 年后仅下降 0.15m；三门峡水库全年敞泄运用对降低潼关高程作用显著，降幅达 2.11m；三门峡水库汛期敞泄或部分敞泄（即流量大于 1500m³/s 时敞泄排沙，否则按 305m 控制运用），非汛期控制水位运用时，14 年后方案 3-1~方案 3-6 潼关高程均有不同幅度下降，降幅为 0.63~1.53m，且呈现敞泄时间越长、控制运用水位越低，降幅越大的规律。

由图 8.52 可以看出，在设计水沙系列 I 来水来沙条件下，各方案潼关高程变化在 14 年运用期内表现为运用初期（前 3 年）急剧下降，运用中期（第 3~10 年）有升有降，运用后期（第 10~14 年）逐步抬升的规律。该变化过程呈现出的特点主要是由于水库运用方式改变的最初几年对潼关高程影响较大，随后影响逐渐趋于平缓，后期则是来水过程偏枯导致潼关高程有所抬升。

2. 枯水枯沙系列 II 计算结果与分析

1）河段冲淤量

系列 II 各方案不同河段冲淤量计算结果见图 8.53~图 8.56 及表 8.7。其中，图 8.53 给出了各方案 14 年后不同河段累计冲淤量对比情况，图 8.54~图 8.56 则分别给出了各方案龙门~潼关河段、潼关以下库区河段及渭河华县以下河段累计冲淤量随时间变化过程，表 8.7 给出了不同计算方案分河段累计冲淤量计算成果。

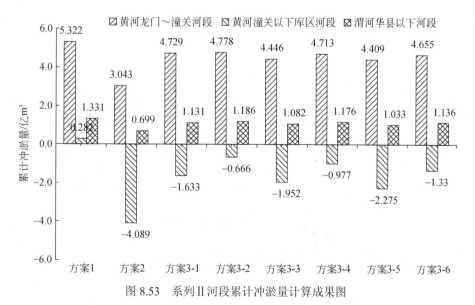

图 8.53　系列 II 河段累计冲淤量计算成果图

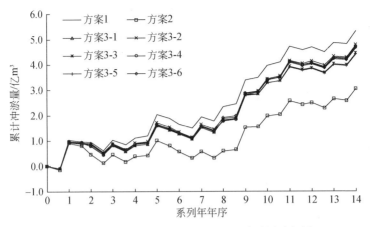

图 8.54　系列Ⅱ龙门～潼关河段累计冲淤量过程图

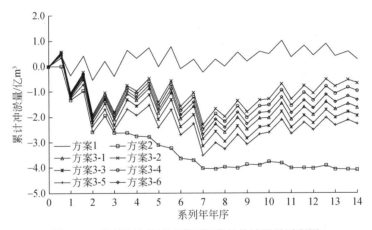

图 8.55　系列Ⅱ潼关以下库区河段累计冲淤量过程图

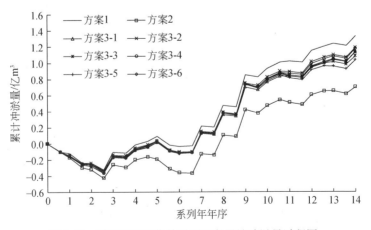

图 8.56　系列Ⅱ渭河华县以下河段累计冲淤量过程图

表 8.7 系列 II 不同计算方案分河段累计冲淤量统计表 （单位：亿 m³）

河段		方案 1 （现状）	方案 2 （敞泄）	方案 3-1 （318+敞泄）	方案 3-2 （318+305）	方案 3-3 （315+敞泄）	方案 3-4 （315+305）	方案 3-5 （310+敞泄）	方案 3-6 （310+305）
潼关以下库区河段	坝址~ 黄淤 12	0.036	-0.739	-0.514	-0.151	-0.441	-0.221	-0.515	-0.301
	黄淤 12~ 黄淤 22	0.059	-1.201	-0.560	-0.207	-0.607	-0.304	-0.708	-0.414
	黄淤 22~ 黄淤 31	0.083	-1.250	-0.392	-0.203	-0.594	-0.297	-0.693	-0.405
	黄淤 31~ 黄淤 36	0.039	-0.640	-0.108	-0.073	-0.214	-0.107	-0.250	-0.146
	黄淤 36~ 黄淤 41	0.065	-0.259	-0.059	-0.032	-0.095	-0.047	-0.110	-0.065
	合计	0.282	-4.089	-1.633	-0.666	-1.951	-0.976	-2.276	-1.331
龙门~潼关河段	黄淤 41~ 黄淤 45	0.539	-0.044	0.393	0.358	0.296	0.367	0.254	0.347
	黄淤 45~ 黄淤 50	1.071	0.188	0.858	0.853	0.726	0.827	0.745	0.823
	黄淤 50~ 黄淤 59	0.845	0.378	0.746	0.727	0.709	0.732	0.661	0.670
	黄淤 59~ 黄淤 68	2.867	2.521	2.732	2.840	2.715	2.787	2.749	2.815
	合计	5.322	3.043	4.729	4.778	4.446	4.713	4.409	4.655
渭河华县以下河段	渭淤 1 以下	-0.005	-0.142	-0.029	-0.035	-0.062	-0.031	-0.074	-0.043
	渭淤 1~ 渭淤 10	1.337	0.841	1.160	1.220	1.144	1.208	1.108	1.179
	合计	1.332	0.699	1.131	1.185	1.082	1.177	1.034	1.136

由图 8.53~图 8.56 及表 8.7 可以看出，在设计水沙系列 II 的来水来沙条件下，对于潼关以下库区河段，除现状方案有少许淤积外，其余方案河段累计冲刷量普遍较大，但小于来水量较丰的平水平沙系列 I，同时呈现控制运用水位越低冲刷越明显的规律，如方案 3-5 冲刷量达 2.276 亿 m³。对于龙门~潼关河段和渭河华县以下河段，不同计算方案整体上均呈现淤积态势，三门峡水库的不同运用方式对河段冲淤存在较大影响。例如，三门峡水库依现状方案运行时两河段累计淤积量分别为 5.322 亿 m³、1.331 亿 m³，而按敞泄方案运行时两河段累计淤积量分别为 3.043 亿 m³、0.699 亿 m³，表明三门峡水库敞泄运用较现状运用可使龙门~潼关河段和渭河华县以下河段分别减少淤积量 2.279 亿 m³、0.632 亿 m³，减淤率分别为 43%、47%，减淤效果显著，但在其他运用方式下河段减淤效果明显减小，且非汛期控制运用水位越高减淤效果越弱。其中，与现状运行方案相比较，龙门~潼关河段方案 3-1~方案 3-6 减少淤积量分别为 0.593 亿 m³、0.544 亿 m³、0.876

亿 m^3、0.609 亿 m^3、0.913 亿 m^3、0.667 亿 m^3，减淤率分别为 11%、10%、16%、11%、17%、13%；渭河华县以下河段方案 3-1～方案 3-6 减少淤积量分别为 0.201 亿 m^3、0.147 亿 m^3、0.250 亿 m^3、0.155 亿 m^3、0.298 亿 m^3、0.196 亿 m^3，减淤率分别为 15%、11%、19%、12%、22%、15%。

2）潼关高程变化过程

系列 II 各方案潼关高程相关计算结果见图 8.57、图 8.58。其中，图 8.57 给出了各方案 14 年后潼关高程及其相较于起始时刻 2011 年汛末 328.23m 的升降值，图 8.58 则给出了 14 年间潼关高程变化过程。

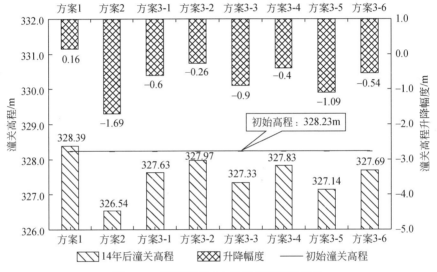

图 8.57　系列 II 不同方案潼关高程变幅图

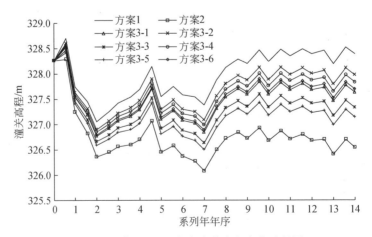

图 8.58　系列 II 不同方案潼关高程变化过程图

由图 8.57 可以看出，与系列 Ⅰ 类似，在系列 Ⅱ 来水来沙条件下，三门峡水库的不同运用方式对潼关高程变化存在较大影响。当三门峡水库采用现状方案运行时，潼关高程下降幅度最小，14 年后仅抬升 0.16m；三门峡水库全年敞泄运用对降低潼关高程作用显著，降幅达 1.69m，略低于系列 Ⅰ；三门峡水库汛期敞泄或部分敞泄（即流量大于 1500m³/s 时敞泄排沙，否则按 305m 控制运用），非汛期控制水位运用时，14 年后方案 3-1～方案 3-6 潼关高程均有不同幅度下降，降幅为 0.40～1.09m，且呈现敞泄时间越长、控制运用水位越低，降幅越大的规律。

由图 8.58 可以看出，在系列 Ⅱ 来水来沙条件下，各方案潼关高程变化在 14 年运用期内表现为运用初期（前 2 年）急剧下降，运用中期（第 2～8 年）有升有降，运用后期（第 8～14 年）逐步趋于平缓的规律。

8.4　小　　结

本章在水利部重点研究项目"潼关高程控制及三门峡水库运用方式研究"相关工作的基础上，进一步率定验证了本书第 3 章构建的模型，并就不同设计水沙系列下河段冲淤量、潼关高程变化过程进行模拟预测，为三门峡水库运用方式的调整和降低潼关高程提供技术支撑，实现了模型在实际工程中的有效应用。重点研究内容包括如下几个方面。

（1）依据三门峡水库潼关以下、黄河小北干流及渭河下游库区河段实测冲淤资料，以渭河华县、北洛河状头、汾河河津及黄河龙门四个水文站 1969～2001 年水沙系列资料为上游边界条件，三门峡水库坝前史家滩水位站 1969～2001 年水位过程为下游边界条件对模型进行率定验证，其中模型率定期为 1969 年 7 月 1 日至 1995 年 6 月 30 日，验证期为 1997 年 7 月 1 日至 2001 年 7 月 1 日。结果表明，第 3 章所构建模型计算得到河段冲淤变化趋势、潼关高程变化过程与实际情况吻合良好，模型可以反映三门峡库区水沙冲淤变化规律。

（2）采用第 3 章所构建数学模型，考虑三门峡水库现状运用、敞泄运用和控制运用三种运用方式，设置 8 组计算方案，模拟分析了平水平沙、枯水枯沙两种水沙条件下三门峡水库不同运用方式对库区河段冲淤及潼关高程升降的影响。结果表明，三门峡水库的不同运用方式对河段冲淤及潼关高程变化存在较大影响，其中敞泄方案运行对河段减淤及降低潼关高程效果显著，且呈现敞泄时间越长、控制运用水位越低，减淤越多、降幅越大的规律。

第9章　主　要　结　论

本书针对我国西北干旱地区水资源短缺及时空分布不均、水土流失严重导致河库含沙量高等问题，面向推进生态文明建设和构筑生态安全屏障、保障生态安全的国家需求，从发挥河库生态系统服务功能的视角出发，历经十余载，以水沙科学技术领域内"泥沙运动过程模拟及水沙调控"这一关键科学问题为突破点，紧密围绕"多泥沙"核心要素，兼顾理论研究与实际应用，采用水力学、河流动力学及水文与水资源学等多学科交叉结合的技术手段，透过对多泥沙河库水沙运动机理的分析，从不同空间尺度出发，构建基于多泥沙河库挟沙水流特性的泥沙冲淤预测模型，并以此为基础，耦合水沙资源多目标优化配置模型，形成了多泥沙河库水沙联合调控技术支撑模式，为西北旱区多泥沙河库水沙调控综合体系的建设提供了理论依据与技术支撑。取得以下主要结论。

（1）分析了多泥沙河流水库的特性。基于水库特性分析是进行水沙联合调度研究的重要基础这一认识，以极具代表性的典型多泥沙河流水库——三门峡水库为例，通过分析其来水来沙及冲淤特性，明确了多泥沙河流水库具有来水来沙年际年内分配不均匀、水少沙多、含沙量高，入库悬沙级配较细且汛期尤细于非汛期的特点，同时其滩槽冲淤基本呈现先淤主槽，再行逐渐扩展至滩面，滩槽共同逐渐淤高，但始终保持一定槽库容的特点，纵向沿程冲淤则呈现逐渐抬升，但淤积上延较为轻微，库区整体淤积呈锥体形态分布的特点。此外，多泥沙河流水库挟沙水流在密度及流变特性两方面异于清水或少泥沙河流水库的一般挟沙水流，属可压缩变密度流，且当含沙量大到一定程度时，流体由牛顿流体转化为非牛顿流体（宾厄姆流体），流变关系发生变化。

（2）构建了兼顾纵向冲淤和横向变形的多泥沙河库准二维泥沙冲淤预测模型。多泥沙河库中，河槽的横、纵向形态均处于不断冲淤调整之中。基于对河槽冲淤调整过程中河岸（或滩地）坍塌下滑土动力学机理的分析，揭示了岸壁泥沙坍塌过程及其物理机理，给出了岸壁泥沙坍塌量的估算办法，探讨了分组泥沙的恢复饱和系数与混合沙综合平均恢复饱和系数之间的关系，得出了分组沙的恢复饱和系数与其沉速成反比的初步结论，论述了河岸水力侵蚀和重力侵蚀的物理过程和相互作用机理，并提出了相应的模拟方法，分析了河岸泥沙失稳崩塌的纵向范围、水位变化对河岸稳定性的影响以及塌岸泥沙的冲淤特性等问题。在对这些关键问题研究的基础上，提出了一套可以同时反映河槽纵向冲淤和横向变形过程的准二维河库泥沙冲淤演变预测模拟技术。该模型首先通过联立求解一维水流方程和简化平面二维水流方程，得到水力要素在横向及纵向的分布，水流计算的结果用于河槽纵向和横向的泥沙冲淤计算。河槽的纵向冲淤变形是通过联立求解分粒径组泥沙的连续方程和河床变形方程得出，河槽的横向变形是通过联解河岸（或滩地）的稳定性和水沙输移计算结果得到。求解中将河岸泥沙侵蚀量分成两部分，一部分就地淤积，另一部分作为侧向悬移质输沙率参与河槽的纵向泥沙输移计算，以此反映河槽纵向冲淤与横向变形的相互作用。

（3）构建了基于多泥沙河库挟沙水流特性的平面二维泥沙冲淤预测模型。以水沙两相流的无滑移模式为基础，将多连续介质模式中相间滑移（水沙两相间存在速度差）理论引入，从水沙运动的三维瞬时方程入手，兼顾传统时均方程的推导办法，得出了水沙运动的三维质量加权平均方程，并最终导出考虑高浓度挟沙水流非牛顿体流变特性及其可压缩变密度特点的平面二维水沙运动控制方程。针对多泥沙河库实际工程中需要研究的通常都是复杂边界大尺度区域的水沙运动规律问题，采用偏微分方程拟合坐标变换法，实现对多泥沙河库水沙运动模拟中动态不规则复杂边界问题的有效处理。将传统的 SIMPLE 算法扩展运用至一般曲线坐标系下基于同位网格系统的多泥沙河库水沙运动模拟中，推导给出流速-水位-密度的耦合求解算法，并提出以流场及悬沙场耦合求解为核心的算法实施步骤。最后，针对所构建模型的特点，给出模型求解的定解条件及相关关键问题的处理办法。

（4）构建了基于自适应粒子群算法优化 BP 神经网络的多泥沙河库泥沙冲淤预测模型。模型将多泥沙河库冲淤变化过程视为一个非线性动力系统，系统以入库（河）水沙量、库（河）水位及出库（河）水量等诸多影响河库冲淤变化的因子为输入，以表征河库冲淤变化过程的冲淤量及冲淤形态为输出，利用人工神经网络在处理大规模复杂非线性动力学问题方面的优势，实现从输入状态到输出状态的非线性映射，进而完成对多泥沙河库冲淤过程的预测。同时，为进一步提高与改善人工神经网络的收敛速度和预测精度，采用自适应粒子群优化算法对 BP 神经网络的初始连接权值和阈值进行优化，该算法参数少，结构简单，易于实现。该模型能够根据上游来水来沙条件，准确、迅速地预测出某一具体河库调控模式下泥沙的冲淤变化过程，模型相对简便，计算效率高，且能保证一定计算精度。

（5）形成了多泥沙河库水沙联合调控技术支撑模式。根据水沙资源利用的功能及需求分析，确定多泥沙河库水沙资源多目标优化配置有生态、社会及经济效益 3 个子目标，采用多目标规划层次分析法确定各指标权重，构造以综合效益最大，包含生态、泥沙两方面因素的目标函数。将优化理论与水沙动力学数学模型相结合，以泥沙冲淤预测模型计算确定的动态水沙过程、河床变形等作为约束条件，完成非线性动态规划优化配置模型的构建。引入以可行性规则为指导基于模拟退火算法的约束处理机制，将多泥沙河库水沙资源多目标优化配置这一约束优化问题，转化为等价的无约束优化问题，进而采用改进后的混合粒子群算法完成对模型的求解。

在此基础之上，将泥沙冲淤预测模型与水沙资源多目标优化配置模型耦合，模型之间通过耦合变量及相关参数的传递与循环，实现对模型定解条件、约束条件的影响，进而完成耦合模型的迭代求解。以库坝工程为例，首先，确定模型之间的耦合变量，该变量不仅与水沙联合调控的目标有关，还须体现在各模型中，对于面向生态的多泥沙河库，兼顾生态、兴利及减淤三方面问题，寻求能体现三者联系的耦合变量，从与河库调度运行方式有关的变量入手是一条可行的途径，本书采用水库某一蓄水时机对应的库容作为耦合变量，该变量作为水库调控中的一个重要因子，既影响多目标优化配置模型的起调变量，又决定着泥沙冲淤预测模型的冲淤形态、冲淤量等。其次，明确耦合思路，根据初拟的优化配置方案，调用泥沙冲淤预测模型，获得冲淤后新耦合变量（库容），将新耦合变量代入水沙资源多目标优化配置模型中改变其约束条件，求解获得水库流量过程（含生态需水过程、兴利需水过程等）、水位过程等，以此为新边界条件。最后，调用泥沙冲淤预测模型，依此路径反复循环，直至耦合变量稳定，不再发生大的变化，即认为实现在保障生态需水前提下水、沙调节能力的相互匹配与协调，完成了多泥沙河库水沙联合调控，给出了合理水沙配置方案。

（6）实现了多泥沙河流水库水沙联合优化调度耦合模型在实际工程中的应用。基于检验前述构建模型实际应用效果的目的，将其应用到拟建于泾河一级支流黑河，以解决彬长矿区工业及城镇生活用水为主要目标的典型多泥沙河流水库——亭口水库，在采用物模试验成果与数模计算成果对比的方法对泥沙冲淤计算子模型进行验证的基础之上，就水库的调度运用方式优化选择及供水规模确定等问题进行了计算研究，结果表明本书构建的模型具有较强的合理性及较广的适用性，适宜于解决多泥沙河流水库的水沙联合调度问题。

（7）实现了多泥沙河流水库纵向冲淤和横向变形数学模型在三门峡水利枢纽工程中的应用。依据三门峡水库库区河段实测冲淤资料，以库区华县、状头、河津及龙门四站1969～2001年水沙系列资料为上游边界，坝前史家滩水位站1969～2001年水位过程为下游边界，完成了对模型的率定与验证。在此基础之上，考虑三门峡水库现状运用、敞泄运用和控制运用三种运用方式，设置8组计算方案，模拟分析了平水平沙、枯水枯沙两种水沙条件下三门峡水库不同运用方式对库区河段冲淤及潼关高程升降的影响。结果表明，三门峡水库的不同运用方式对河段冲淤及潼关高程变化存在较大影响，其中敞泄方案运行对河段减淤及降低潼关高程效果显著，且呈现敞泄时间越长、控制运用水位越低，减淤越多、降幅越大的规律。

参 考 文 献

白玉川, 徐海珏, 2008. 高含沙水流流动稳定性特征的研究[J]. 中国科学(G 辑), 38(2): 135-155.

包为民, 万新宇, 荆艳东, 2007. 多沙水库水沙联合调度模型研究[J]. 水力发电学报, 26(6): 101-105.

曹如轩, 1987. 高含沙引水渠道输沙能力的数学模型[J]. 水利学报, (9): 39-46.

曹文洪, 张启舜, 1997. 多系统不平衡输沙数学模型[J]. 泥沙研究, (2): 60-63.

畅建霞, 黄强, 王义民, 2001a. 基于改进遗传算法的水电站水库优化调度[J]. 水力发电学报, 20(3), 85-90.

畅建霞, 黄强, 王义民, 2001b. 基于改进 BP 网络的西安供水水库群优化调度函数的求解方法[J]. 西安理工大学
学报, 17(2), 169-173.

陈德明, 郭炜, 魏国远, 1998. 河工模型变率问题研究综述[J]. 长江科学院院报, 15(3): 20-23, 34.

陈国祥, 陈界仁, 沙捞·巴里, 1998. 三维泥沙数学模型的研究进展[J]. 水利水电科技进展, 18(1): 13-19, 69.

陈建, 2007. 水库调度方式与水库泥沙淤积关系研究[D]. 武汉: 武汉大学.

陈界仁, 1994. 高含沙水流运动立面二维数学模型[J]. 河海大学学报, 22(4): 101-104.

陈景仁, 1989. 湍流模型及有限分析法[M]. 上海: 上海交通大学出版社.

陈水利, 蔡国榕, 郭文忠, 等, 2007. PSO 算法加速因子的非线性策略研究[J]. 长江大学学报, 4(4): 1-4, 16.

陈雄波, 邸国明, 顾列亚, 2010. 挟沙水流数学模型的研究与实践[M]. 郑州: 黄河水利出版社.

陈一梅, 徐造林, 2002. 基于神经网络的河道浅滩演变预测模型[J]. 水利学报, (8): 68-72.

邓安军, 郭庆超, 陈建国, 2007. 挟沙水流综合糙率系数的研究[J]. 泥沙研究, (5): 24-29.

丁刿, 周雪漪, 李玉梁, 等, 1994. 完全深度平均紊流模型及在潮流侧向排污计算中的应用[J]. 水利学报, (11):
70-76.

丁刿, 周雪漪, 余常昭, 等, 1996. 正变坐标系下完全深度平均湍流方程组[J]. 应用数学和力学, 17(1): 53-61.

都金康, 李罕, 王腊春, 等, 1995. 防洪水库(群)洪水优化调度的线性规划方法[J]. 南京大学学报(自然科学版),
31(2): 301-309.

窦国仁, 1963. 潮汐水流中的悬沙运动及冲淤计算[J]. 水利学报, (4): 13-24.

窦国仁, 1977. 全沙模型相似律及设计实例[J]. 水利水运科技情报, (3): 1-20.

窦国仁, 1978. 丁坝回流及其相似律的研究[J]. 水利水运科技情报, (3): 1-24.

窦国仁, 董凤舞, 窦希萍, 等, 1995. 河口海岸泥沙数学模型研究[J]. 中国科学(A 辑), 25(9): 995-1001.

窦希萍, 王向明, 赵晓冬, 2007. 物理模型变率影响研究进展[J]. 水科学进展, 18(6): 907-914.

杜殿勚, 朱厚生, 1992. 三门峡水库水沙综合调节优化调度运用的研究[J]. 水力发电学报, (37): 12-24.

樊必健, 1991. 浅水长波方程及其湖泊流动的数值模拟[J]. 工程数学学报, 8(2): 149-158.

费祥俊, 1982. 高浓度浑水的粘滞系数(刚度系数)[J]. 水利学报, (3): 57-63.

费祥俊, 1991. 黄河中下游含沙水流粘度的计算模型[J]. 泥沙研究, (2): 3-15.

费祥俊, 舒安平, 2004. 泥石流运动机理与灾害防治[M]. 北京: 清华大学出版社.

傅德薰, 马延文, 李新亮, 等, 2010. 可压缩湍流直接数值模拟[M]. 北京: 科学出版社.

葛文波, 2008. 线性规划在三峡-葛洲坝梯级枢纽优化调度中的应用[D]. 重庆: 重庆大学.

顾圣平, 田富强, 徐得潜, 2009. 水资源规划及利用[M]. 北京: 中国水利水电出版社.

郭庆超, 曹文洪, 陈建国, 等, 2009. 河流泥沙学科几个方面发展跟踪[J]. 中国水利水电科学研究院学报, 7(2):
294-300.

郭生练, 陈炯宏, 刘攀, 等, 2010. 水库群联合优化调度研究进展与展望[J]. 水科学进展, 21(4): 496-503.

韩其为, 1979. 非均匀悬移质不平衡输沙的研究[J]. 科学通报, (17): 804-808.

韩其为, 2003. 水库淤积[M]. 北京: 科学出版社.

韩其为, 何明民, 1987. 水库淤积与河床演变的(一维)数学模型[J]. 泥沙研究, (3): 14-29.

韩其为, 何明民, 1988. 泥沙数学模型中冲淤计算的几个问题[J]. 水利学报, (5): 18-27.

韩其为, 何明民, 1997a. 论非均匀悬移质二维不平衡输沙方程及其边界条件[J]. 水利学报, (1): 1-10.

韩其为, 何明民, 1997b. 恢复饱和系数初步研究[J]. 泥沙研究, (3): 32-40.

韩其为, 杨小庆, 2003. 我国水库泥沙淤积研究综述[J]. 中国水利水电科学研究院学报, 1(3): 169-178.

韩巧兰, 张启卫, 2006. 分组水流挟沙力级配计算方法初探[J]. 吉林水利, (1): 1-3.

何明民, 韩其为, 1989. 挟沙能力级配及有效床沙级配的概念[J]. 水利学报, (3): 17-26.

何明民, 韩其为, 1990. 挟沙能力级配及有效床沙级配的确定[J]. 水利学报, (3): 1-12.

侯志军, 王开荣, 杨晓阳, 2008. 黄河河口动床阻力分析与计算[J]. 人民黄河, 30(1): 33-34, 39.

胡春宏, 2018. 三峡水库和下游河道泥沙模拟与调控技术研究[J]. 水利水电技术, 49(1): 1-6.

胡春宏, 陈建国, 郭庆超, 2008. 三门峡水库淤积与潼关高程[M]. 北京: 科学出版社.

胡春宏, 王延贵, 张燕菁, 2006. 河流泥沙模拟技术进展与展望[J]. 水文, 26(3): 37-41, 84.

胡明罡, 2004. 多沙河流水库电站优化调度[D]. 天津: 天津大学.

华祖林, 2000. 拟合曲线坐标下弯曲河段水流三维数学模型[J]. 水利学报, (1): 1-8.

黄才安, 2004. 水流泥沙运动基本规律[M]. 北京: 海洋出版社.

黄才安, 严恺, 2002. 动床阻力的研究进展及发展趋势[J]. 泥沙研究, (4): 75-81.

黄金池, 万兆惠, 2001. 高含沙水流二维数值模拟[J]. 水动力学研究与进展, 16(1): 92-100.

黄强, 王义民, 2009. 水能利用[M]. 北京: 中国水利水电出版社.

纪昌明, 刘方, 彭杨, 等, 2013. 基于鲶鱼效应粒子群算法的水库水沙调度模型研究[J]. 水力发电学报, 33(5): 70-76.

假冬冬, 邵学军, 周建银, 等, 2014. 水沙条件变化对河型河势影响的三维数值模拟研究[J]. 水力发电学报, 32(1): 108-113.

江恩惠, 赵连军, 张红武, 2008. 多沙河流洪水演进与冲淤演变[M]. 郑州: 黄河水利出版社.

姜乃森, 傅玲燕, 1997. 中国的水库泥沙淤积问题[J]. 湖泊科学, 9(1): 1-8.

焦恩泽, 2004. 黄河水库泥沙[M]. 郑州: 黄河水利出版社.

金兴平, 许全喜, 2018. 长江上游水库群联合调度中的泥沙问题[J]. 人民长江, 49(3): 1-8, 31.

李保如, 1991. 我国河流泥沙物理模型的设计方法[J]. 水动力学研究与进展, 6(S): 113-122.

李昌华, 1966. 论动床河工模型的相似律[J]. 水利学报, (4): 20-26.

李东风, 张红武, 许雨新, 等, 1999. 黄河下游平面二维水沙运动模拟的有限元方法[J]. 泥沙研究, (4): 59-63.

李东风, 张红武, 钟德钰, 等, 2004. 黄河口水沙运动的二维数学模型[J]. 水利学报, (6): 1-6.

李福田, 倪浩清, 2001. 工程湍流模式的研究开发及其应用[J]. 水利学报, (5): 22-31.

李继伟, 纪昌明, 彭杨, 等, 2014. 基于三阶段逐步优化算法的三峡水库水沙联合优化调度研究[J]. 水电能源科学, 32(3): 57-60, 121.

李丽, 牛奔, 2009. 粒子群优化算法[M]. 北京: 冶金工业出版社: 108-117.

李明超, 冯耀龙, 2003. 基于 MATLAB 神经网络的三门峡水库泥沙冲淤变化预测分析[J]. 泥沙研究, (4): 57-60.

李人宪, 2008. 有限体积法基础 [M]. 2 版. 北京: 国防工业出版社.

李荣, 李义天, 2002. 基于神经网络理论的河道水情预报模型[J]. 水动力学研究与进展, 17(2): 238-244.

李褆来, 徐学军, 陈黎明, 等, 2010. OpenMP 在水动力数学模型并行计算中的应用[J]. 海洋工程, 28(3): 112-116, 122.

李肖男, 钟德钰, 黄海, 等, 2015. 基于两相浑水模型的三维水沙数值模拟[J]. 中国科学: 技术科学, 45(10): 1060-1072.

李义天, 1989. 河道平面二维泥沙数学模型研究[J]. 水利学报, (2): 26-35.

李义天, 谢鉴衡, 1986. 冲积河道平面流动的数值模拟[J]. 水利学报, (11): 11-17.

李义天, 赵明登, 曹志芳, 2001. 河道平面二维水沙数学模型[M]. 北京: 中国水利水电出版社.

李褆来, 窦希萍, 黄晋鹏, 2002. 长江口边界拟合坐标的三维潮流数学模型[J]. 水利水运科学研究, (3): 1-6.

练继建, 胡明罡, 刘媛媛, 2004. 多沙河流水库水沙联调多目标规划研究[J]. 水力发电学报, 23(2): 12-16.

梁国亭, 姜乃迁, 赖瑞勋, 等, 2005. 基于 GIS 的黄河下游二维水沙数学模型可视化构件设计[J]. 人民黄河, 27(3): 47-48.

梁书秀, 2000. 潮汐水域中污染物输移扩散的数值模拟研究[D]. 大连: 大连理工大学.

梁志勇, 姚文广, 李文学, 等, 2003. 多沙河流的河性[M]. 北京: 中国水利水电出版社.

刘涵, 2006. 水库优化调度新方法研究[D]. 西安: 西安理工大学.

刘攀, 2005. 水库洪水资源化调度关键技术研究[D]. 武汉: 武汉大学.

刘攀, 郭生练, 庞博, 等, 2006. 三峡水库运行初期蓄水调度函数的神经网络模型研究及改进[J]. 水力发电学报, 25(2), 83-89.

刘士和, 刘江, 罗秋实, 等, 2011. 工程湍流[M]. 北京: 科学出版社.

刘树坤, 宋玉山, 程晓陶, 1999. 黄河滩区及分滞洪区风险分析和减灾对策——黄河治理与水资源开发[M]. 郑州: 黄河水利出版社.

刘媛媛, 练继建, 2005. 遗传算法改进的BP神经网络对汛期三门峡水库泥沙冲淤量的计算[J]. 水力发电学报, 24(4): 110-113, 88.

刘月兰, 余欣, 2011. 黄河悬移质非均匀不平衡输沙挟沙力计算[J]. 泥沙研究, (1): 28-32.

刘子龙, 王船海, 李光炽, 等, 1996. 长江口三维水流模拟[J]. 河海大学学报, 24(5): 108-110.

龙仙爱, 夏利民, 2005. 基于遗传算法的水沙联合调度模型[J]. 计算机工程与应用, (34): 187-189.

陆永军, 2002. 三维紊流泥沙数学模型及其应用[D]. 南京: 南京水利科学研究院.

罗云霞, 王万良, 周慕逊, 2008. 基于自适应粒子群算法的梯级小水电群优化调度研究[J]. 水力发电学报, 27(4): 7-11.

马光文, 王黎, 1997. 遗传算法在水电站优化调度中的应用[J]. 水科学进展, 8(3): 275-280.

马启南, 陈永平, 张金善, 等, 2001. 杭州湾的三维水流数值模拟[J]. 海洋工程, 19(4): 58-66.

马细霞, 储冬冬, 2006. 粒子群优化算法在水库调度中的应用分析[J]. 郑州大学学报(工学版), 27(4), 121-124.

毛野, 王勇华, 2003. 河工动床模型研究述评[J]. 河海大学学报(自然科学版), 31(2): 124-127.

倪浩清, 2010. 现代水力学工程湍流数值模拟及其应用[M]. 北京: 中国水利水电出版社.

倪浩清, 李福田, 2006. 悬沙冲淤问题的湍流两相模型[J]. 水利学报, 37(4): 411-417.

倪浩清, 沈永明, 陈惠泉, 1994. 深度平均的k-ε紊流全场模型及其验证[J]. 水利学报, (11): 8-17.

倪晋仁, 王光谦, 1992. 固液两相流研究的两种基本方法之比较[J]. 泥沙研究, (3): 95-102.

倪晋仁, 王兆印, 王光谦, 2008. 江河泥沙灾害形成机理及其防治[M]. 北京: 科学出版社.

彭杨, 2002. 水库水沙联合调度方法研究及应用[D]. 武汉: 武汉大学.

彭杨, 纪昌明, 刘方, 2013. 梯级水库水沙联合优化调度多目标决策模型及应用[J]. 水利学报, 44(11): 1272-1277.

彭杨, 李义天, 张红武, 2004. 水库水沙联合调度多目标决策模型[J]. 水利学报, (4): 1-7.

钱宁, 1981. 高含沙水流运动的几个问题[J]. 人民黄河, (4): 1-9.

钱宁, 1989. 高含沙水流运动[M]. 北京: 清华大学出版社.

钱宁, 万兆惠, 1983. 泥沙运动力学[M]. 北京: 科学出版社.

钱宁, 万兆惠, 1985. 高含沙水流运动研究述评[J]. 水利学报, (5): 27-34.

钱宁, 万兆蕙, 钱意颖, 1979. 黄河的高含沙水流问题[J]. 清华大学学报(自然科学版), (2): 1-17.

钱意颖, 曲少军, 曹文洪, 等, 1998. 黄河泥沙冲淤数学模型[M]. 郑州: 黄河水利出版社.

秦文凯, 府仁寿, 韩其为, 1995. 反坡异重流的研究[J]. 水动力学研究与进展(A辑), 10(6): 637-647.

邱林, 马建琴, 王文川, 等, 2009. 滦河下游水库群联合调度研究[M]. 郑州: 黄河水利出版社.

屈孟浩, 1981. 黄河动床河道模型的相似原理及设计方法[J]. 泥沙研究, (3): 29-42.

沙玉清, 1996. 泥沙运动学引论[M]. 西安: 陕西科学技术出版社.

陕西省水利科学研究所河渠研究室, 清华大学水利工程系泥沙研究室, 1979. 水库泥沙[M]. 北京: 水利电力出版社.

尚松浩, 2006. 水资源系统分析方法及应用[M]. 北京: 清华大学出版社.

邵学军, 王兴奎, 2008. 河流动力学概论[M]. 北京: 清华大学出版社.

舒安平, 费祥俊, 2008. 高含沙水流挟沙能力[J]. 中国科学(G辑), 38(6): 653-667.

水利部科技教育司, 交通部三峡工程航运领导小组办公室, 1993. 长江三峡工程泥沙与航运关键技术研究专题研究报告集[M]. 武汉: 武汉工业大学出版社.

汤立群, 1999. 河流及流域泥沙数学模型的研究与应用[D]. 南京: 河海大学.

唐存本, 1963. 泥沙起动规律[J]. 水利学报, (2): 3-14.

陶建华, 2005. 水波的数值模拟[M]. 天津: 天津大学出版社.

陶文铨, 2001. 数值传热学[M]. 2版. 西安: 西安交通大学出版社.

陶文铨, 2005. 计算传热学的近代发展[M]. 北京: 科学出版社.

陶文铨, 2009. 传热与流动问题的多尺度数值模拟: 方法与应用[M]. 北京: 科学出版社.

童思陈, 周建军, 2006. 水库可持续利用初步探讨[J]. 水力发电学报, 25(1): 10-14.

涂启华, 杨赍斐, 2006. 泥沙设计手册[M]. 北京: 中国水利水电出版社.

万新宇, 包为民, 钟平安, 2013. 基于相似推理的多沙河流水库坝址泥沙预测[J]. 水电能源科学, 31(12): 191-194.

万远扬, 金中武, 黄仁勇, 2006. 泥沙模型研究述评与前景展望[J]. 南水北调与水利科技, 4(1): 48-51, 56.

汪德爟, 1989. 计算水力学理论与应用[M]. 南京: 河海大学出版社.

王本德, 许海军, 2003. 水库防洪实时调度决策模糊推理神经网络模型及其应用[J]. 水文, 23(6), 8-11.

王栋, 许圣斌, 2001. 水库群系统防洪联合调度研究进展[J]. 水科学进展, 12(1): 118-124.

王福军, 2004. 计算流体动力学分析——CFD软件原理与应用[M]. 北京: 清华大学出版社.

王光谦, 1999. 中国泥沙研究述评[J]. 水科学进展, 10(3): 337-344.

王光谦, 2007. 河流泥沙研究进展[J]. 泥沙研究, (2): 64-81.

王光谦, 张红武, 夏军强, 2006. 游荡型河流演变及模拟[M]. 北京: 科学出版社.

王建军, 张明进, 2009. 河道二维水沙数学模型并行计算技术研究[J]. 水道港口, 30(3): 222-225.

王厥谋, 1985. 丹江口水库防洪优化调度模型简介[J]. 水利水电技术, (8): 54-58.

王凌, 刘波, 2008. 微粒群优化与调度算法[M]. 北京: 清华大学出版社: 1-14, 36-37.

王少波, 解建仓, 汪妮, 2008. 基于改进粒子群算法的水电站水库优化调度研究[J]. 水力发电学报, 27(3): 12-15, 21.

王士强, 1993. 冲积床面阻力关系分析比较[J]. 水科学进展, 4(2): 113-119.

王士强, 谢树楠, 1995. 黄河中游水库和下游河道水动力学泥沙冲淤数学模型及方案计算[R]. 北京: "八五"国家科技攻关子专题.

王巍, 2008. 浅水方程有限体积法的并行计算研究[D]. 上海: 上海交通大学.

王新宏, 曹如轩, 沈晋, 2003. 非均匀悬移质恢复饱和系数的探讨[J]. 水利学报, (3): 120-128.

王新宏, 龚立尧, 吴巍, 等, 2018. 高含沙河流供水水库运用方式研究——以王瑶水库为例[J]. 泥沙研究, 43(2): 33-39.

王新宏, 刘秀, 吴巍, 等, 2011. 亭口水库运用方式初步研究[J]. 泥沙研究, (5): 45-50.

王泽农, 2008. 物理学中的唯象方法与唯象理论的认识论意义[J]. 现代物理知识, (3): 52-54.

王兆印, 刘成, 余国安, 等, 2014. 河流水沙生态综合管理[M]. 北京: 科学出版社.

韦直林, 谢鉴衡, 傅国岩, 等, 1997. 黄河下游河床变形长期预测数学模型的研究[J]. 武汉大学学报(工学版), 30(6): 1-5.

吴杰康, 郭壮志, 秦砺寒, 等, 2009. 基于连续线性规划的梯级水电站优化调度[J]. 电网技术, 33(8): 24-29, 40.

吴腾, 钟德钰, 张红武, 2010. 水库自适应控制运用模型及其在亭口水库的应用[J]. 水力发电学报, 29(3): 97-102, 131.

吴巍, 周孝德, 王新宏, 等, 2010a. 复杂边界大尺度流场模拟中同位网格的实施[J]. 西北农林科技大学学报(自然科学版), 38(5): 209-216.

吴巍, 周孝德, 王新宏, 等, 2010b. 多泥沙河流供水水库水沙联合优化调度的研究与应用[J]. 西北农林科技大学学报(自然科学版), 38(12): 221-229.

吴巍, 周孝德, 王新宏, 等, 2011. 基于自适应粒子群算法优化神经网络的多沙水库冲淤预测模型研究及应用[J]. 西北农林科技大学学报(自然科学版), 39(4): 216-226.

夏爱平, 2003. 二维水流泥沙数学模型在沙坡头水利枢纽中的应用研究[D]. 南京: 河海大学.

夏云峰, 2002. 感潮河道三维水流泥沙数值模型研究与应用[D]. 南京: 河海大学.

夏震寰, 1992. 现代水力学[M]. 北京: 高等教育出版社.

向波, 纪昌明, 罗庆松, 2008. 免疫粒子群算法及其在水库优化调度中的应用[J]. 河海大学学报(自然科学版), 36(2), 198-202.

谢鉴衡, 1990. 河流模拟[M]. 北京: 水利电力出版社.

谢鉴衡, 魏良琰, 1987. 河流泥沙数学模型的回顾与展望[J]. 泥沙研究, (3): 1-13.

徐林春, 2004. 河道平面二维水沙数值模拟及其动态显示技术的研究[D]. 武汉: 武汉大学.

许唯临, 杨永全, 邓军, 2010. 水力学数学模型[M]. 北京: 科学出版社.

杨国录, 1993. 河流数学模型[M]. 北京: 海洋出版社.

杨明, 余欣, 姜恺, 等, 2007. 水动力学数学模型并行计算技术研究及实现[J]. 泥沙研究, (3): 1-3.

姚文艺, 王德昌, 侯志军, 2002. 多沙河流河工动床模型 "人工转折设计方法" 研究[J]. 泥沙研究, (5): 25-31.

游进年, 纪昌明, 付湘, 2003. 基于遗传算法的多目标问题求解方法[J]. 水利学报, 34(7): 64-69.

余常昭, 1992. 环境流体力学导论[M]. 北京: 清华大学出版社.

余利仁, 1990. 紊流深度平均二方程新模式及其在天然河道数值模拟中的应用[J]. 水动力学研究与进展, 5(1): 108-117.

余欣, 杨明, 王敏, 等, 2005. 基于 MPI 的黄河下游二维水沙数学模型并行计算研究[J]. 人民黄河, 27(3): 49-50, 53.

虞邦义, 俞国青, 2000. 河工模型变态问题研究进展[J]. 水利水电科技进展, 20(5): 23-26.

喻国良, 敖汝庄, 郑丙辉, 等, 1999. 冲积河床的河床阻力[J]. 水利学报, (4): 1-9.

苑希民, 李鸿雁, 刘树坤, 等, 2002. 神经网络和遗传算法在水科学领域的应用[M]. 北京: 中国水利水电出版社.

张根广, 王新宏, 赵克玉, 等, 2004. 潼关高程抬升成因相关分析[J]. 泥沙研究, (1): 56-62.

张红武, 1995. 黄河下游洪水模型相似律的研究[D]. 北京: 清华大学.

张红武, 2001. 河工动床模型相似律研究进展[J]. 水科学进展, 12(2): 418-423.

张红武, 2007. 陕西省咸阳市黑河亭口水库库区泥沙模型及枢纽模型试验报告[R]. 北京: 清华大学土木水利学院黄河研究中心.

张红武, 冯顺新, 2001. 河工动床模型存在问题及其解决途径[J]. 水科学进展, 12(3): 418-423.

张红武, 吕昕, 1993. 弯道水力学[M]. 北京: 水利电力出版社.

张红武, 张清, 1992. 黄河水流挟沙力的计算公式[J]. 人民黄河, (11): 7-9.

张红艺, 杨明, 张俊华, 等, 2001. 高含沙水库泥沙运动数学模型的研究及应用[J]. 水利学报, (11): 20-25.

张金良, 刘媛媛, 练继建, 2004. 模糊神经网络对汛期三门峡水库泥沙冲淤量的计算[J]. 水力发电学报, 23(2): 39-43.

张俊华, 张红武, 2000. 黄河河工模型研究回顾与展望[J]. 人民黄河, 22(9): 4-7.

张俊华, 张红武, 江春波, 等, 2001. 黄河水库泥沙模型相似律的初步研究[J]. 水力发电学报, (3): 52-58.

张凌武, 1990. 应用 k-ε 两方程紊流模型计算深度平均二维流场[J]. 武汉水利电力学院学报, 23(5): 25-32.

张启舜, 1980. 明渠水流泥沙扩散过程的研究及其应用[J]. 泥沙研究, (1): 37-52.

张启舜, 张振秋, 1982. 水库冲淤形态及其过程的计算[J]. 泥沙研究, (1): 1-13.

张瑞瑾, 谢鉴衡, 陈文彪, 2007. 河流动力学[M]. 武汉: 武汉大学出版社.

张书农, 1988. 天然河道横向扩散系数的研究[J]. 水利学报, (12): 10-20.

张兆顺, 崔桂香, 许春晓, 2005. 湍流理论与模拟[M]. 北京: 清华大学出版社.

赵连军, 张红武, 1997. 黄河下游河道水流摩阻特性研究[J]. 人民黄河, (9): 30-37.

郑邦民, 槐文信, 齐鄂荣, 2000. 洪水水力学[M]. 武汉: 湖北科学技术出版社.

中华人民共和国水利部, 2018. 中国泥沙河流公报 (2000~2016) [EB/OL]. www. mwr. gov. cn/sj/tigb/zghlnsgb.

钟德钰, 王士强, 王光谦, 1998. 河流冲泄质水流挟沙力研究[J]. 泥沙研究, (3): 34-40.

钟德钰, 张红武, 2004. 考虑环流横向输沙及河岸变形的平面二维扩展数学模型[J]. 水利学报, (7): 14-19.

钟登华, 熊开智, 成立芹, 2003. 遗传算法的改进及其在水库优化调度中的应用研究[J]. 中国工程科学, 5(9), 22-26.

周力行, 1991. 湍流两相流动和燃烧的理论与数值模拟[M]. 北京: 清华大学出版社.

周明孙, 树栋, 2001. 遗传算法原理及应用[M]. 北京: 国防工业出版社.

朱鉴远, 2010. 水库泥沙调度——控制泥沙淤积的主要措施[C]//中国水力发电工程学会. 水利水电工程泥沙设计. 北京: 中国水利水电出版社.

朱鹏程, 1986. 论变态动床河工模型及变率的影响[J]. 泥沙研究, (1): 14-29.

朱庆平, 2005. 基于 GSI 的二维水沙数学模型及其在黄河下游应用的研究[D]. 南京: 河海大学.

PALMIERI A, 吴保生, 刘孝盈, 等, 2010. 水库保持——水库泥沙淤积管理措施的经济与工程评价[M]. 武汉: 中国地质大学出版社.

ALAM A M, KENNEDY J F, 1969. Friction factors for flow in sand-bed channels[J]. Journal of the Hydraulics Division, 95(6): 1973-1992.

ANDERSON J J D, 1995. Computational Fluid Dynamics: The Basics with Application[M]. New York: McGraw-Hill Companies, Inc.

BARROS M T L, TSAI F T, YANG S, et al., 1997. Optimization of large-scale hydropower system operations[J]. Journal of Water Resources Planning and Management, 123(5): 178-188.

BELLMAN R E, 1957. Dynamic Programming[M]. Princeton: Princeton University Press.

BELLMAN R E, DREYFUS S E, 1962. Applied Dynamic Programming[M]. Princeton: Princeton University Press.

BROWN G L, 2008. Approximate Profile for Non-equilibrium Suspended Sediment[J]. Journal of Hydraulic Engineering, 134(7): 1010-1014.

CAO Z X, DAY R, EGASHIRA S, 2002. Coupled and decoupled numerical modeling of flow and morphological evolution in alluvial rivers[J]. Journal of Hydraulic Engineering, 128(3): 306-321.

CHANDRAMOULI V, RAMAN H, 2001. Multireservoir modeling with dynamic programming and neural networks[J]. Journal of Water Resources Planning and Management, 127(2): 89-98.

COOK C B, RICHMOND M C, 2004. Monitoring and simulating 3-D Density currents at the confluence of the snake and clearwater rivers[J]. World Water Congress, 186(10): 1-9.

DARBY S E, THORNE C R, 1996. Development and testing of riverbank stability analysis[J]. Journal of Hydraulic Engineering, 122(8): 443-454.

DEB K, 2000. An efficient constraint handing method for genetic algorithms[J]. Computer Methods in Applied Mechanics and Engineering, 186: 311-338.

EINSTEIN H A, 1950. The bed-load function for sediment transportation in open channel flows[R]. Technical Bulletin, US Dept of Agriculture, Soil Conservation Service, 1026: 71.

EINSTEIN H A, BARBAROSSA N, 1952. River channel roughness[J]. Transactions, 117: 1121-1132.

EINSTEIN H A, NING C, 1953. Transport of sediment mixture with large range of grain sizes[R]. Sediment Series No. 2, Mis-souri River Div, Omaha: US Corp of Eng: 49.

ENGELUND F, 1966. Hydraulic resistance of alluvial streams[J]. Journal of the Hydraulics Division, 92(4): 77-100.

FAVRE A, 1964. The Mechanics of Turbulence[M]. New York: Gordon and Breach Publishing.

GILBERT G K, 1914. The transportation of debris by running water[R]. US Geological Survey Professional Paper, 86: 59.

HEIDARI M, CHOW V T, KOKOTOVIC P V, et al., 1971. Discrete differential dynamic programing approach to water resources systems optimization[J]. Water Resources Research, 7(2): 273-282.

HJELMFELT A T, LENAU C W, 1970. Non-equilibrium transport of suspended sediment[J]. Journal of Hydraulics Division, 96(17): 1567-1586.

HOLLAND J H, 1975. Adaptation in Natural and Artificial Systems[M]. Cambridge: MIT Press.

HOWARD R A, 1960. Dynamic Programming and Markov Processes[M]. Cambridge: MIT Press.

HOWSON H R, SANCHO N G F, 1975. A new algorithm for the solution of multi-state dynamic programming problems[J]. Mathematical Programming, 8(1): 104-116.

HUANG Y H, 1983. Stability Analysis of Earth Slops[M]. Boston: Springer-Verlag.

JAIN M, 2006. 3D sediment transport modeling of a hyper-eutrophic lake[C]. World Environmental and Water Resources Congress.

JOHNSON D, MAYNE D, 1970. Differential Dynamic Programming[M]. New York: Elsevier.

KASSEM A, IMRAN J, KHAN J A, 2003. Three-dimensional modeling of negatively buoyant flow in diverging channels[J]. Journal of Hydraulic Engineering, 129(12): 936-947.

KAVVAS M L, SHARMA S, 2005. Modeling noncohesive suspended sediment transport in stream channels using an ensemble-averaged conservation equation[J]. Journal of Hydraulic Research, 131(5): 380-389.

KENNEDY J, EBERHART R C, 1995. Particle Swarm Optimization[C]. Proceedings IEEE International Conference on Neural Networks, Los Alamos: IEEE Press: 1942-1948.

LABADIE J W, 2004. Optimal operation of multireservoir systems: state-of-the-art review[J]. Journal of Water Resources Planning and Management, 130(2): 93-111.

LARSON R E, 1968. State Increment Dynamic Programming[M]. New York: Elsevier.

LITTLE J D C, 1955. The use of storage water in a hydroelectric system[J]. Operational Research, (3): 187-197.

MAASS A, HUFSCHMIDT M, DORFMAN R, et al., 1962. Design of Water-resource Systems[M]. Cambridge: Harvard University Press.

MARCH C H, MASLIKE C R, 1994. A non-orthogonal finite-volume method for the solution of all speed flows using collocated variables[J]. Numerical Heat Transfer, Part B, 26: 293-311.

MORRICE H A W, ALLAN W N, 1959. Planning for the ultimate hydraulic development of the Nile valley[J]. ICE Proceedings, 14(2): 101-156.

NEEDHAM J T, WATKINS D W J, LUND J R, et al., 2000. Linear programming for flood control in the Iowa and Des Moines rivers[J]. Journal of Water Resources Planning and Management, 126(3): 118-127.

OSMAN A M, THORNE C R, 1988. Riverbank stability analysis. I: Theory[J]. Journal of Hydraulic Engineering, 114(2): 134-150.

PAPANICOLAOU A N, ELHAKEEM M, KRALLIS G, et al., 2008. Sediment transport modeling review—current and future developments[J]. Journal of Hydraulic Engineering, 134(1): 1-14.

REUSS M, 2003. Is it time to resurrect the harvard water program? [J]. Journal of Water Resources Planning and Management, 129(5): 357-360.

RHIE C M, CHOW W L, 1983. Numerical study of the turbulent flow past an airfoil with trailing edge separation[J]. AIAA Journal, 21(11): 1525-1532.

SCHOELLHAMER D H, 1988. Two-dimensional lagrangian simulation of suspended sediment[J]. Journal of Hydraulic Engineering, 114(10): 1192-1209.

SIMPSON G, 2006. Coupled model of surface water flow, sediment transport and morphological evolution[J]. Computers & Geosciences, 32(10): 1600-1614.

THORNE C R, OSMAN A M, 1988. Riverbank Stability Analysis. II: Applications[J]. Journal of Hydraulic Engineering, ASCE, 114(2): 151-172.

VAN RIJN L C, 1984a. Sediment transport, part I: bed load transport[J]. Journal of Hydraulic Engineering, 110(10): 1431-1456.

VAN RIJN L C, 1984b. Sediment transport, Part II: Suspended load transport[J]. Journal of Hydraulic Engineering, 110(11): 1613-1641.

VAN RIJN L C, 1984c. Sediment transport, part III: bed forms and alluvial roughness[J]. Journal of Hydraulic Engineering, 110(12): 1733-1754.

VAN RIJN L C, ROSSUM H V, TERMES P, 1990. Field verification of 2-D and 3-D suspended-sediment models[J]. Journal of Hydraulic Engineering, 116(10): 1270-1288.

VELIKANOV M A, 1958. Alluvial Process[M]. Moscow: State Publishing House for Physical and Mathematical Literature.

VERSTEEG H K, MALALASEKERA W, 2007. An Introduction to Computational Fluid Dynamics: The Finite Volume method (second edition)[M]. Harlow: Pearson Education Limited.

VRIEND H J, 1983. Main flow velocity in short river bends[J]. Journal of Hydraulic Engineering, 109(7): 991-1011.

WANG S Q, WHITE W R, 1993. Alluvial resistance in the transition regime[J]. Journal of the Hydraulics Division, 119(6): 1-17.

WANG X L, YANG L l, SUN Y F, et al., 2008. Three-dimensional simulation on the water flow field and suspended solids concentration in the rectangular sedimentation tank[J]. Journal of Environmental Engineering, 134(11): 902-911.

WARDLAW R, SHARIF M, 1999. Evaluation of genetic algorithms for optimal reservoir system operation[J]. Journal of Water Resources Planning and Management, 125(1): 25-33.

WEBEL G, SCHAZMANN M, 1984. Transverse mixing in open channel flows[J]. Journal of Hydraulic Engineering, 110(4): 423-435.

WINDSOR J S, 1981. Model for the optimal planning of structural flood control systems[J]. Water Resources Research,

17(17): 289-292.

WU W M, 1992. Computational River Dynamics[M]. London: Taylor & Francis Group.

WU W M, VIEIRA D A, WANG S S Y, 2004. One-dimensional numerical model for nonuniform sediment transport under unsteady flows in channel networks[J]. Journal of Hydraulic Engineering, 130(9): 914-923.

WU W M, WANG S S Y, 2000. Mathematical models for liquid-solid two-phase flow[J]. International Journal of Sediment Research, 15(3): 288-298.

WU W M, WANG S S Y, 2008. One-dimensional explicit finite-volume model for sediment transports[J]. Journal of Hydraulic Research, 46(1): 87-98.

YANG C T, 1973. Incipient motion and sediment transport[J]. Journal of Hydraulic Engineering, 99(10): 1679-1704.

YANG C T, 1976. Minimum unit stream power and fluvial hydraulics[J]. Journal of the Hydraulics Division, 102(7): 769-784.

YANG C T, MOLINOS A, 1982. Sediment transport and unit stream power function[J]. Journal of the Hydraulics Division, 108(6): 774-793.

YE J, MCCORQUODALE J A, 1997. Depth-average hydrodynamic model in curvilinear collocated grid[J]. Journal of Hydraulic Engineering, 123(5): 380-388.

ZHOU J G, 1995. Velocity-depth coupling in shallow-water flows[J]. Journal of Hydraulic Engineering, 121(10): 717-724.

ZHOU J J, LIN B N, 1998. One-dimensional mathematical model for suspended sediment by lateral integration[J]. Journal of Hydraulic Engineering, 124(7): 712-717.

彩 图

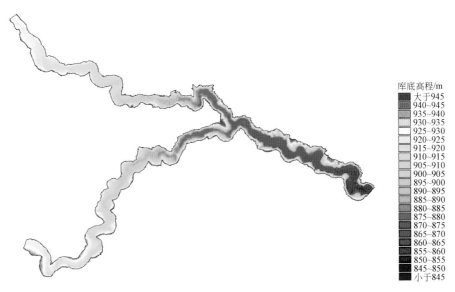

库底高程/m
- 大于945
- 940~945
- 935~940
- 930~935
- 925~930
- 920~925
- 915~920
- 910~915
- 905~910
- 900~905
- 895~900
- 890~895
- 885~890
- 880~885
- 875~880
- 870~875
- 865~870
- 860~865
- 855~860
- 850~855
- 845~850
- 小于845

图 7.7　水库初始地形图

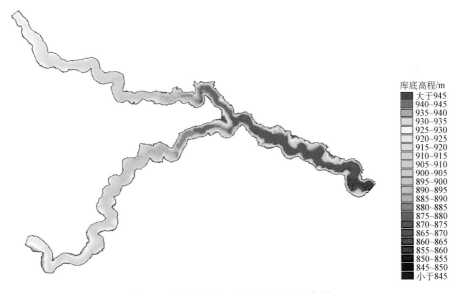

库底高程/m
- 大于945
- 940~945
- 935~940
- 930~935
- 925~930
- 920~925
- 915~920
- 910~915
- 905~910
- 900~905
- 895~900
- 890~895
- 885~890
- 880~885
- 875~880
- 870~875
- 865~870
- 860~865
- 855~860
- 850~855
- 845~850
- 小于845

图 7.8　水库运行第 1 年库底冲淤形态图

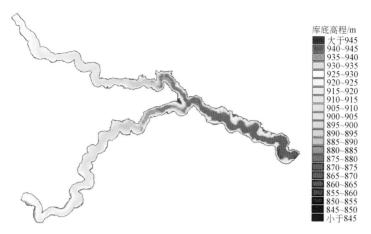

库底高程/m
大于945
940~945
935~940
930~935
925~930
920~925
915~920
910~915
905~910
900~905
895~900
890~895
885~890
880~885
875~880
870~875
865~870
860~865
855~860
850~855
845~850
小于845

图 7.10　水库运行第 2 年库底冲淤形态图

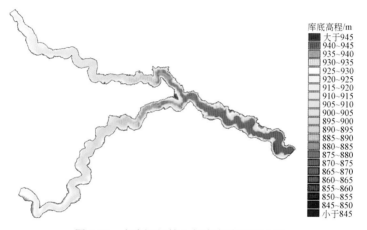

库底高程/m
大于945
940~945
935~940
930~935
925~930
920~925
915~920
910~915
905~910
900~905
895~900
890~895
885~890
880~885
875~880
870~875
865~870
860~865
855~860
850~855
845~850
小于845

图 7.12　水库运行第 3 年库底冲淤形态图

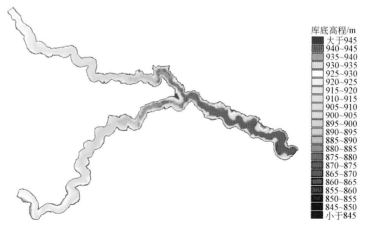

库底高程/m
大于945
940~945
935~940
930~935
925~930
920~925
915~920
910~915
905~910
900~905
895~900
890~895
885~890
880~885
875~880
870~875
865~870
860~865
855~860
850~855
845~850
小于845

图 7.14　水库运行第 4 年库底冲淤形态图

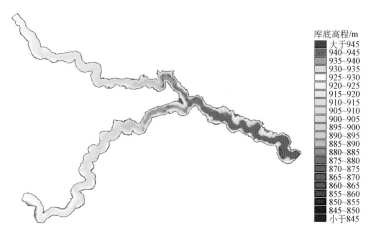

图 7.16 水库运行第 5 年库底冲淤形态图

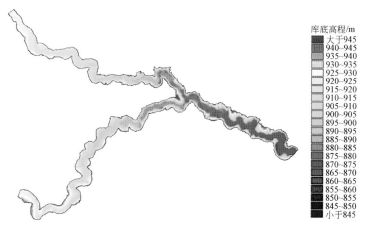

图 7.18 水库运行第 6 年库底冲淤形态图

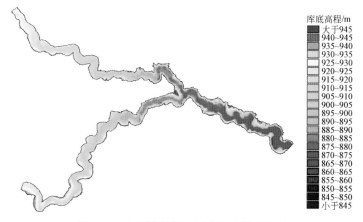

图 7.20 水库运行第 7 年库底冲淤形态图

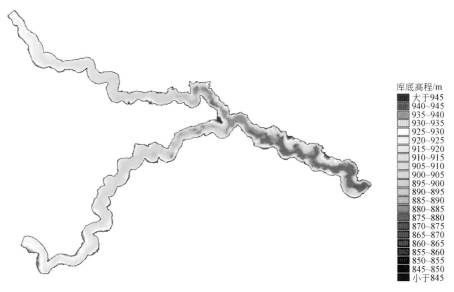

库底高程/m
- 大于945
- 940~945
- 935~940
- 930~935
- 925~930
- 920~925
- 915~920
- 910~915
- 905~910
- 900~905
- 895~900
- 890~895
- 885~890
- 880~885
- 875~880
- 870~875
- 865~870
- 860~865
- 855~860
- 850~855
- 845~850
- 小于845

图 7.29 库区冲淤平衡后地形图